高等职业教育电子与信息大类“十四五”系列教材

电工电子项目式教程

主　编 ◎ 黄晓艳　邓文亮　杨小强

副主编 ◎ 胡誉双　刘　静　朱亚红　冯金龙　朱敬花

参　编 ◎ 余金洋　陈香宇

电子课件

中国 · 武汉

图书在版编目(CIP)数据

电工电子项目式教程/黄晓艳,邓文亮,杨小强主编.—武汉:华中科技大学出版社,2023.6(2024.8 重印)
ISBN 978-7-5680-9416-0

Ⅰ.①电… Ⅱ.①黄… ②邓… ③杨… Ⅲ.①电工技术-教材 ②电子技术-教材 Ⅳ.①TM ②TN

中国国家版本馆 CIP 数据核字(2023)第 075730 号

电工电子项目式教程
Diangong Dianzi Xiangmushi Jiaocheng

黄晓艳　邓文亮　杨小强　主编

策划编辑:康　序
责任编辑:刘　静
封面设计:孢　子
责任监印:朱　玢
出版发行:华中科技大学出版社(中国·武汉)　电话:(027)81321913
武汉市东湖新技术开发区华工科技园　邮编:430223
录　排:武汉正风天下文化发展有限公司
印　刷:武汉科源印刷设计有限公司
开　本:787mm×1092mm　1/16
印　张:11.75
字　数:292 千字
版　次:2024 年 8 月第 1 版第 2 次印刷
定　价:48.00 元

前言

PREFACE

“电工电子项目式教程”是一门理实一体的课程，本书内容选编符合教育部制定的《高职高专教育电工技术基础课程教学基本要求》。全书包括音乐门铃电路的制作与调试、LED闪烁灯电路的制作与调试、常用电路定理的仿真与验证、家庭照明电路的安装、声控延时小夜灯电路的制作与调试、七彩声控旋转LED灯电路的制作与调试等六个学习项目，主要内容包括安全用电、仪器仪表的使用、手工焊接工艺、常用电子元器件（电阻、电容、二极管、三极管）的分类和命名及极性判别、基尔霍夫电流定律的仿真与验证、基尔霍夫电压定律的仿真与验证、叠加定理的仿真与验证、戴维南定理的仿真与验证、诺顿定理的仿真与验证、正弦交流电的基本概念和要素、单相正弦交流电路、三相交流电路、单级放大电路基础知识、多级放大电路基础知识、负反馈放大电路的分类与判断、计数制的概念与转换、基本门电路知识、复合门电路知识、逻辑函数的基本规则、逻辑函数的概念、逻辑函数的公式化简法、卡诺图化简逻辑函数、分立元件门电路、TTL集成逻辑门电路等。

本书的特色是：以项目描述为引领，以任务实施为驱动，将理论学习与技能实训相结合；运用电路理论知识指导技能实训，在实训操作中验证电路基本理论，使学生能熟练掌握相关电路理论与基本技能；将“理论够用、重在实践”的教学理念融入项目中，以实施项目为载体，先学习与项目相关的理论知识，然后将电路图进行仿真调试，最后做成实物并进行小组互评；教学内容具有实效性与前瞻性，项目内容注重与日常生活、生产中的应用事例相结合，理论联系实际，让学生学有所用、学有所成；通过实施任务完成过程，巩固学生所学知识，培养学生的职业技能和专业素养，激发学生的学习兴趣。本书在编写的过程中，参考了同类学科教材及相关文献，在此谨向相关作者表示衷心的感谢。

本书由重庆科创职业学院黄晓艳、邓文亮、杨小强担任主编，重庆科创职业学院胡誉双、刘静、朱亚红，以及南京高等职业技术学校冯金龙、九州职业技术学院朱敬花担任副主编，重庆华中数控技术有限公司余金洋、上汽通用五菱汽车股份有限公司重庆分公司陈香宇参与了编写工作。

本书可作为高职高专智能制造、电子信息等电类专业教学用书，也可作为初、中级电工技能培训教材，还可供从事电工电子技术工作的工程人员参考。为了方便教学，本书另配有教学课件和在线学习资料，任课教师可以发邮件至hustpeiit@163.com索取。

由于编者水平有限，本书中难免有疏漏和不妥之处，恳请各位读者提出宝贵意见并指正，以便修订时改进。

目录

CONTENTS

项目 4 家庭照明电路的安装

项目 5 声控延时小夜灯电路的制作与调试

项目 6 七彩声控旋转 LED 灯电路的制作与调试

参考文献

项目1

音乐门铃电路的制作与调试

项目要求

通过本项目的学习，学生应明白安全用电知识，会使用常用的仪器仪表，会搭建简易电路板，掌握焊接技术。

项目描述

本项目要完成的学习任务是音乐门铃电路的制作与调试，电路原理图如图 1-1 所示。制作要求如下：

(1) 利用 Proteus 软件新建一个工程文件，并命名为“项目 1”；

(2) 在模型库里对应找出图 1-1 中所有元件的模型，并用导线正确连接；

(3) 利用 Proteus 软件仿真调试音乐门铃电路；

(4) 用万能板将电路制作成成品并调试。

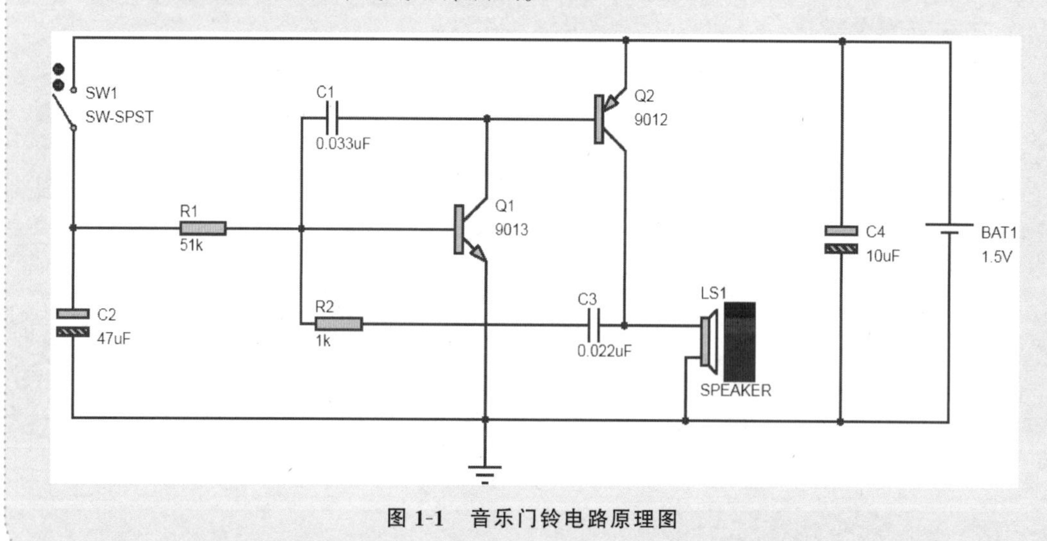

图 1-1　音乐门铃电路原理图

相关知识

任务 1　安全用电

一、触电与触电伤害

安全用电关系到国计民生，影响到千家万户。安全用电的意义在于尽量避免或减少用电事故的发生。一旦发生用电事故，应采取有效措施迅速处理，尽一切可能避免或减少人身伤害和财产损失。

人体是导体，当人体与带电部位接触构成回路时，就会有电流通过人体，电流对人体的伤害作用就是触电。在 50 Hz 交流电中，人体能承受的电流强度是很小的。

电流对人体危害的主要形式可分为电击和电伤两大类。

电击是指电流通过人体而引起的病理、生理效应。它会破坏人的心肺及神经系统，使人出现痉挛、呼吸窒息、心室纤维性颤动、心搏骤停等。

电伤是指电流通过体表时，会对人体外部造成局部伤害，即电流的热效应、化学效应、机械效应对人体外部组织或器官造成伤害，如电灼伤、金属溅伤、电烙印等。

电流对人体的危害程度与下列六个因素有关。

① 电流的大小：电流越大，危害也越大。一般情况下，感知电流为 1 mA（工频），摆脱电流为 10 mA，致命电流为 50 mA（持续时间 1 s 以上），安全电流为 30 mA。直流电一般引起电伤，而交流电则电击、电伤两者都产生。

② 电流持续的时间：时间越长，危害越大。

③ 电流的频率：工频电流对人体的危害最为严重。特别是 40～100 Hz 的交流电，对人体最危险。

④ 电流通过人体的部位：以通过心脏、中枢神经（脑、脊髓）、呼吸系统最为危险。

⑤ 人体的状况：与触电者的性别、年龄、健康状况、精神状态等有关。

⑥ 人体的电阻：人体的电阻值通常在 10～100 kΩ 之间，基本上按表皮角质层电阻大小而定，但它会随时、随地、随人等因素而变化，极具不确定性，并且随电压的升高而减小。

人体对电流的反应如下。

① 100～200 μA：对人体无害，反而能治病。

② 8～10 mA：手摆脱电极已感到困难，有剧痛感（手指关节）。

③ 20～25 mA：手迅速麻痹，不能自动摆脱电极，呼吸困难。

④ 50～80 mA：呼吸困难，心房开始震颤。

⑤ 90～100 mA：呼吸麻痹，3 s 后心脏开始麻痹，停止跳动。

作用于人体的电压低于一定数值时，在短时间内，对人体不会造成严重的伤害事故，我们称这种电压为安全电压。

在一般情况下，也就是在干燥而触电危险性较小的环境下，安全电压规定为 36 V。对于潮湿而触电危险性较大的环境（如金属容器、管道内施焊检修），安全电压规定为 12 V。安全电压的等级分为 42 V、36 V、24 V、12 V、6 V。当电源设备采用 24 V 以上的安全电压时，必须采取防止可能直接接触带电体的保护措施。

二、触电形式

触电形式一般分为低压触电和高压触电。低压触电又分为单相触电、两相触电和接触触电，高压触电又分为高压跨步触电和高压电弧触电。

当人体直接碰触带电设备其中的一相带电体时，电流通过人体流入大地，这种触电方式称为单相触电。单相触电示意图如图 1-2 所示。

人体同时接触带电设备或线路中的两相导体，电流从一相导体通过人体流入另一相导体，构成一个闭合电路，这种触电方式称为两相触电。发生两相触电时，作用于人体上的电压等于线电压，这种触电是最危险的。两相触电示意图如图 1-3 所示。

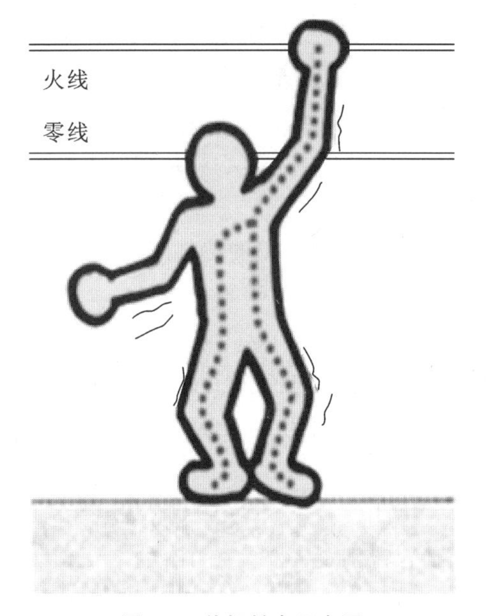

图 1-2 单相触电示意图

图 1-3 两相触电示意图

因触摸而导致的触电称为接触触电。接触触电示意图如图 1-4 所示。

高压带电体与人体之间形成电压、击穿空气称为高压电弧触电。高压电弧触电示意图如图 1-5 所示。

图 1-4 接触触电示意图

图 1-5 高压电弧触电示意图

当电气设备发生接地故障，接地电流通过接地体向大地流散，在地面上形成电位分布时，如果人在接地短路点周围行走，则人两脚之间的电位差就是跨步电压。跨步电压触电示意图如图 1-6 所示。

跨步电压的大小受接地电流大小、鞋和地面特征、两脚之间的跨距、两脚的方位以及与接地点的距离等很多因素的影响。人的跨距一般按 0.8 m 考虑。由于跨步电压受很多因素

图 1-6　跨步电压触电示意图

的影响以及地面电位分布具有复杂性，几个人在同一地带(如同一棵大树下或同一故障接地点附近)遭到跨步电压电击时，完全可能出现截然不同的后果。

三、如何避免触电伤害

避免触电伤害主要采用使用用电安全器具和采取防止触电的技术措施两种方式。

操作高压隔离开关和油断路器等设备、在带电运行的高压和低压电气设备上工作时，需佩戴用电安全器具，预防接触电压。常用的用电安全器具有绝缘手套、绝缘靴、绝缘棒三种。

绝缘手套由绝缘性能良好的特种橡胶制成，有高压、低压两种。

绝缘靴也由绝缘性能良好的特种橡胶制成。带电操作高压或低压电气设备时，穿绝缘靴可防止跨步电压对人体的伤害。

绝缘棒又称绝缘杆、操作杆或拉闸杆，用塑料、环氧玻璃布棒等材料制成，结构如图 1-7 所示。它一般在闭合或拉开高压隔离开关，装拆携带式接地线，以及进行测量和试验时使用。

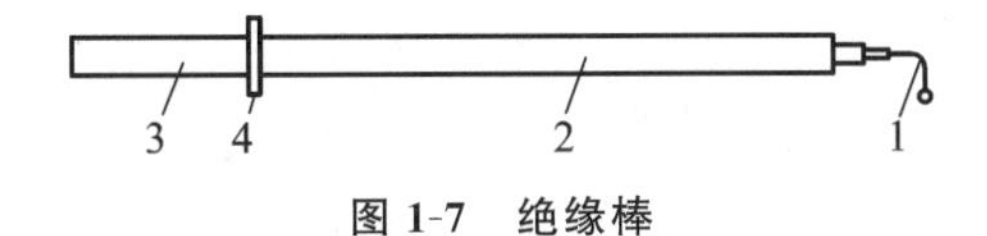

图 1-7　绝缘棒

1—工作部分；2—绝缘部分；3—握手部分；4—保护环

防止触电的技术措施主要有绝缘、屏护和保持间距。

绝缘是指用绝缘材料把带电体封闭起来。瓷、玻璃、云母、橡胶、木材、塑料、布、纸和矿物油等都是常用的绝缘材料。

> **注意：**
> 很多绝缘材料受潮后会丧失绝缘性能，或在强电场作用下会遭到破坏，从而丧失绝缘性能。

屏护是采用遮挡、护罩、护盖、箱匣等把带电体同外界隔绝开来，以防止直接触电的措施。例如，铁壳开关、磁力启动器、电动机设金属外壳作为屏护，断路器设塑料外壳作为屏护，在公共场所的变配电装置设遮挡作为屏护。电气开关的可动部分一般不能使用绝缘，而需要采取屏护措施。高压设备不论是否绝缘，均应采取屏护措施。

间距是人体与带电体之间的安全距离，防止人体无意地接触或过分接近带电体。间距的大小由电压高低决定。保持间距除可防止人体触及或过分接近带电体外，还能起到防止火灾、防止混线、方便操作的作用。在低压工作中，最小检修距离不应小于 0.1 m。

安全用电的原则是：不接触低压带电体，不靠近高压带电体。

四、触电事故的应急处置措施

一旦发生触电事故，监护人员应立即拉下电源开关或拔掉电源插头，使触电者迅速脱离电源；无法及时找到或断开电源时，可用干燥的竹竿、木棒等绝缘物挑开电线。在未切断电源或触电者未脱离电源时，切不可触摸触电者。切断电源的方法主要有以下几种。

（1）拉：就近拉开电源开关，使电源断开，如图 1-8 所示。

图 1-8　拉断电源

（2）切：用带有可靠绝缘柄的工具，如电工钳、锹、镐、刀、斧等利器将电源切断。切断电源时应注意防止带电导线断落而碰触周围人，如图 1-9 所示。

图 1-9　切断电源时应注意防止带电导线断落而碰触周围人

(3) 挑:如果导线搭落在触电者身上或被触电者压在身下,可用干燥的木棒、竹竿将导线挑开,如图 1-10 所示。

图 1-10　挑开导线

(4) 拽:救护者戴上手套或在手上包缠干燥的衣物等绝缘物品,然后拖拽触电者脱离电源。

(5) 垫:触电者由于痉挛手指紧握导线或导线绕在触电者身上时,可先将干燥的木板或橡胶绝缘垫塞进触电者身下,使其与大地绝缘,隔断电源的通路。

> **温馨提示:**
> 切勿用潮湿的工具或金属物质拨开导线;切勿徒手触及带电者;切勿用潮湿的物件搬动电击者。

触电后的急救流程如图 1-11 所示。

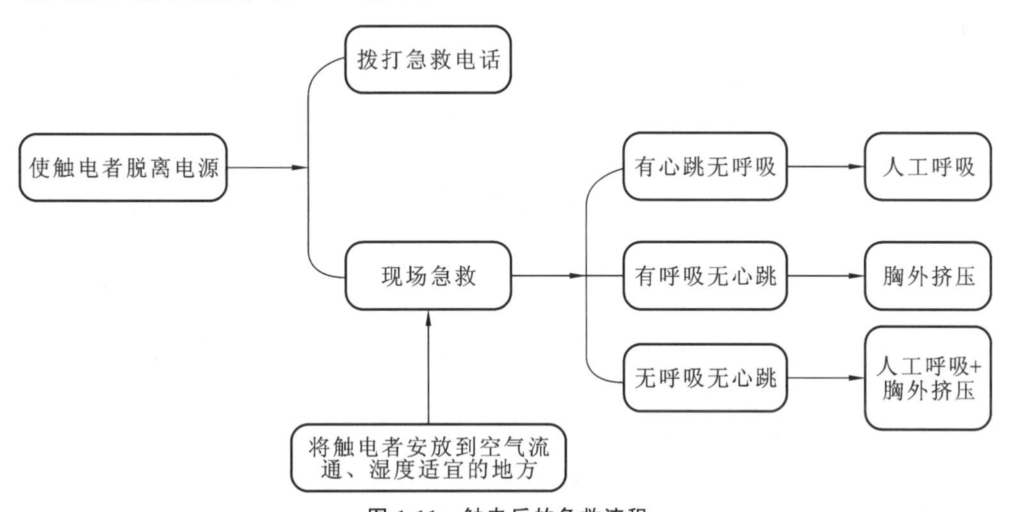

图 1-11　触电后的急救流程

五、电火灾成因及预防措施

有统计表明,因电气引起的火灾事故仅次于明火。引起电火灾的原因有短路、过载、接触不良、雷电和静电、电火花和电弧、散热不良等。

1. 短路

短路是电气设备最严重的事故之一。短路发生后,电流将成倍数上升超出额定值,直至无穷大，瞬间在导线上产生大量的热量，周围环境温度很快升高，最终引起线路绝缘材料起火，引燃附近的可燃易燃物，从而造成电火灾。

预防短路事故的措施如下。

(1) 严格检查线路敷设是否符合规范要求。

(2) 定期测量线路的绝缘电阻值。

(3) 正确选择与导线截面积相配套的熔断器或空气开关。

2. 过载

电气设备或导线的功率和电流超过了其额定值会产生过载现象。电气设备或导线过载后发生过热现象，而其自身的绝缘材料大部分是可燃物(一般为有机绝缘材料油、纸、麻、丝或棉纺织品、树脂、沥青漆、塑料、橡胶等)，发热量累积到一定程度，就会引燃这些材料发生电火灾。

预防导线过载的措施如下。

(1) 严格按设计标准及规范要求施工，切不可擅自减小导线截面积，要经常巡视检查，掌握设备及线路运行状态，发现过热及异味应及时采取降低负荷及停电措施。

(2) 严格按照设备容量选择导线截面积，架空线还应满足机械强度要求。安全电流按铜导线 1 mm^2通过 6 A 电流、铝导线 1 mm^2通过 4 A 电流计算。自动空气开关动作整定电流选定为 1.5 倍的额定电流，要求过载时能自动跳闸。

(3) 每一回路不允许带过多的用电设备，必须同时带几台用电设备时，宜将导线截面积在额定值的前提下调大一级。

3. 接触不良

导线之间或电缆之间接头处不紧，或接到用电设备端子上的导线及电缆压接不紧，都可在连接处形成接触电阻，流过电流后使接点处发热形成氧化层，随着时间的推移接触电阻越来越大，导致接点处的热量越来越大，最后形成电火灾。

预防接触不良的措施如下。

(1) 经常巡视易发生故障部位，发现接头处过热或有异味要立即停电处理。

(2) 对于新使用的电气设备或在振动环境下使用的电气设备，要注意检查其电缆的紧固件的紧固是否牢靠。电气设备与导线连接时，可将已削去绝缘层的线头弯成小环套，按顺时针方向压接到接线柱上，接线柱要压牢、压实。多股导线要用端子与设备连接，或涮锡后再与设备连接。

4. 雷电

雷电是在大气中产生的。雷云是大气电荷的载体，当雷云与地面建筑物或构筑物接近到一定距离时，雷云高电位就会把空气击穿放电，产生闪电、雷鸣现象，从而因直击雷、侧击雷、球状闪电引起电火灾。雷电一旦发生，往往破坏力较强，人类抗拒雷电的方法是主动去预防，重视建筑工程中防雷设施的安装，利用防雷设施安全地将雷电引入大地。

一般防雷装置由接闪器、引下线和接地装置三个部分紧密连接而成。这三个部分的连接方法多为焊接。

六、安全用电的技术措施

1. 工作接地(N 线接地)

工作接地是指把电力系统的中性点接地，以便电气设备可靠运行，如图 1-12 所示。它的作用是降低人体的接触电压，因为在一相导线接地后，可形成单相短路电流，有关保护装置能及时动作，从而切断电源。

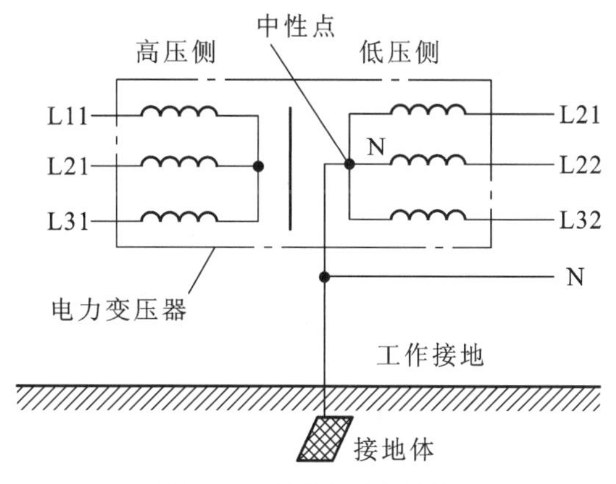

图 1-12 工作接地示意图

2. 保护接地（PN 线接地）

保护接地是指把电气设备的金属外壳及与外壳相连的金属构架接地，如电动机的外壳接地、敷线的金属管接地等。采取保护接地措施后，当电气设备的金属外壳因带电部分的绝缘损坏而带电，而人体触及金属外壳时，由于接地线的电阻远小于人体电阻，大部分电流经过接地线入地，从而保证了人体的安全。保护接地示意图如图 1-13 所示。

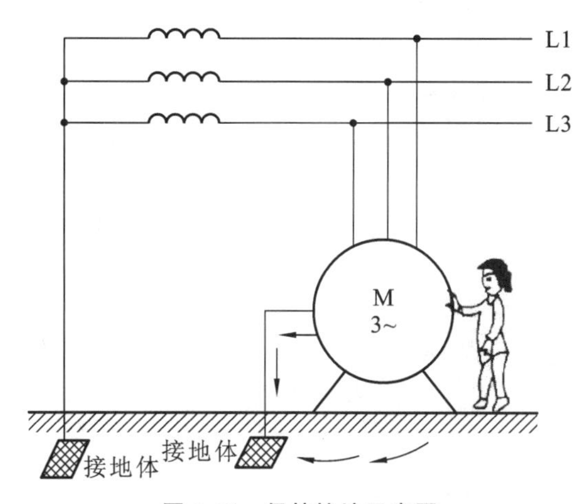

图 1-13 保护接地示意图

3. 保护接零（PEN 线接地）

保护接零是指在中性点接地的三相四线制系统中，将电气设备的金属外壳、金属构架等与中线连接，如图 1-14 所示。采取保护接零措施的电气设备，若绝缘损坏而使外壳带电，因为中线接地电阻很小，所以短路电流很大，导致电路中保护开关动作或保险丝熔断，从而避免触电危险。

七、安全用电标志

使用明确统一的标志是保证用电安全的一项重要措施。统计表明，不少电气事故完全是由于标志不统一而造成的。安全用电标志分为颜色标志和图形标志。颜色标志常用来区

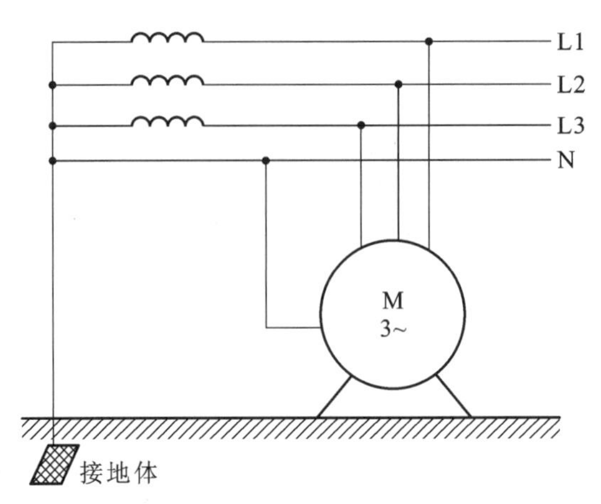

图 1-14　保护接零示意图

分各种不同性质、不同用途的导线，或用来表示某处的安全程度。为保证安全用电，必须严格按有关标准使用颜色标志和图形标志。我国安全色标采用的标准基本上与国际标准草案相同。安全色标一般采用红色、黄色、绿色、蓝色及黑色。

(1) 红色：用来标志禁止、停止和消防，如信号灯、信号旗、机器上的紧急停止按钮等都是用来表示“禁止”的信息。

(2) 黄色：用来标志注意危险，如“当心触电”“注意安全”等。

(3) 绿色：用来标志安全无事，如“在此工作”“已接地”等。

(4) 蓝色：用来标志强制执行，如“必须戴安全帽”等。

(5) 黑色：用来标志图像、文字符号和警告标志的几何图形。

按照规定，为便于识别，防止误操作，确保运行及检修人员的安全，采用不同颜色来区别设备特征。例如电气母线，A 相为黄色，B 相为绿色，C 相为红色，明敷的接地线为黑色。在二次系统中，交流电压回路为黄色，交流电流回路为绿色，信号和警告回路为白色。常见的用电标志如图 1-15 所示。

图 1-15　常见的用电标志

任务 2　仪器仪表的使用

一、指针式万用表——MF 47

万用表又称多用表、三用表、复用表，是用来测量电流、电压等多种电路参量和电阻器、电容器、电感器等多种元器件参数的电工电子仪表。它分机械式与数字式两类，各类又有多种型号。机械式万用表通过指针在表盘上摆动的大小来指示被测量的数值，由于具有价格便宜、使用方便、量程多、功能全等优点深受使用者的欢迎。

MF 47 型万用表是磁电式多量程万用表，可用于测量直流电流、交直流电压、电阻、电平、电容、电感、晶体管电流放大系数。万用表在结构上主要由表头（指示部分）、测量电路、转换装置三个部分组成。万用表的面板上有带有多条标度尺的刻度盘、转换开关旋钮、调零旋钮和接线插孔等，如图 1-16 所示。

图 1-16　MF 47 型万用表的面板

刻度盘共有六条刻度，第一条专供测电阻用，第二条供测交直流电压、直流电流用，第三条供测晶体管电流放大系数用，第四条供测电容用，第五条供测电感用，第六条供测音频电平用，如图 1-17 所示。

图 1-17　MF 47 型万用表的刻度盘

刻度盘上装有反光镜，以消除视差。读数时，眼睛应垂直于表面观察，使表针与反光镜中的表针镜像重合，如图 1-18(a)所示。这时读数无视差。如果视线不垂直于表面，将会产生视差，如图 1-18(b)所示，使得读数出现误差。

MF 47 型万用表的面板结构如图 1-19 所示。

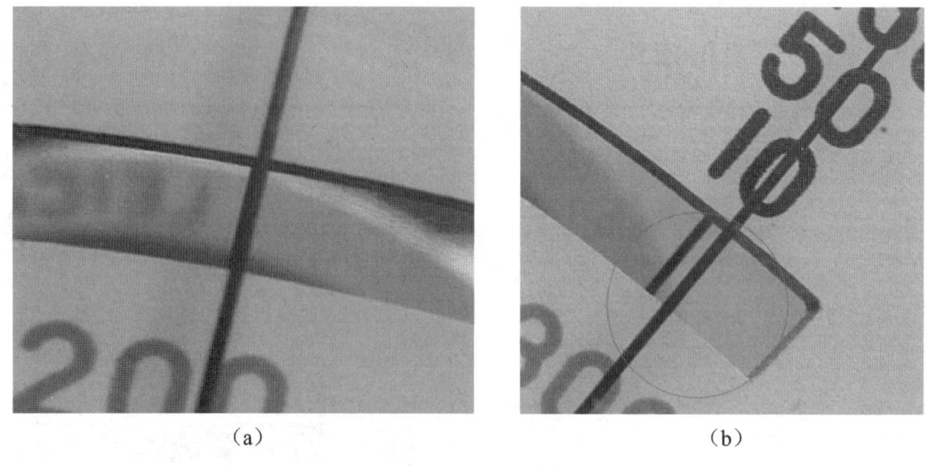

图 1-18 刻度盘读数

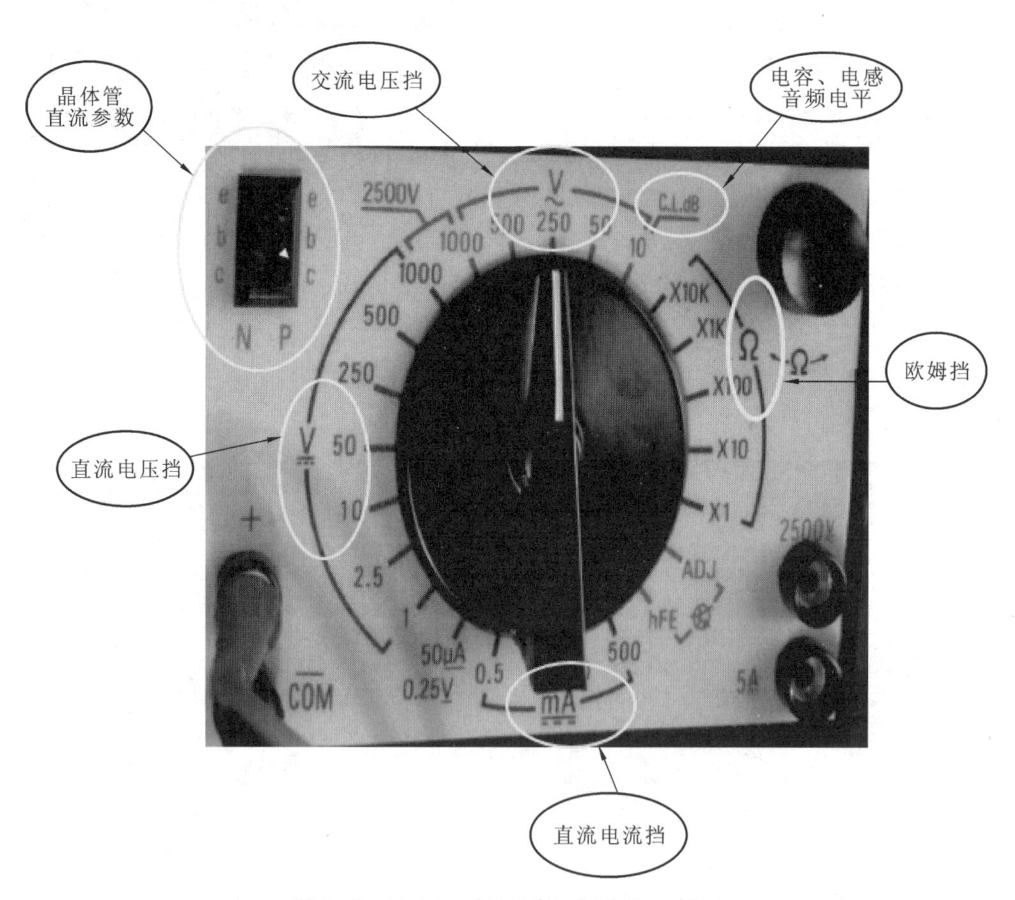

图 1-19 MF 47 型万用表面板结构示意图

二、MF 47 型万用表的使用方法

1. 测量前的准备

在使用前，应检查指针是否指在机械零位上，若指针不指在机械零位上，可调节表头轴心附近的机械调零装置使指针指示在机械零位上；然后将两测试表笔分别插到相应插孔中，

即将黑表笔插在标有“COM”的公共插孔内，将红表笔插在“＋”插孔内。

2. 测量直流电流

根据所测直流电流值的大致范围，将量程开关拨至相应的电流挡上，测量时红表笔接触电路正端，黑表笔接触电路负端。万用表串联在被测电路中。使用 10 A 挡时，红表笔插入 10 A 插座，量程开关置于 500 mA 挡。

> **温馨提示：**
> ① 万用表必须串联在被测电路中，测量时必须先断开电路串入电流表；
> ② 红表笔接被测电路的高电位端，黑表笔接被测电路的低电位端；
> ③ 在测量过程中不能拨动转换开关选择量程，以避免拨到过小量程而撞弯指针。

3. 测量直流电压

根据所测直流电压值的大致范围，将量程开关转到相应的直流电压挡上，红表笔接触电路正端，黑表笔接触电路负端。万用表并联在被测电路两端。使用直流 2500 V 挡时，量程开关拨至 1000 V 挡位，红表笔改插至 2500 V 插座。

测量前，必须注意表笔的正负极，将红表笔接在被测电路的高电位端，将黑表笔接在被测电路的低电位端。若表笔接反了，表头指针会反方向偏转，容易被撞弯。若不知道被测电路的高低电位，可将一表笔接被测电路一端，另一表笔试触另一端，若表头指针正方向转，则说明接法正确，反之说明接法不正确。要正确选择量程挡位，若误选交流电压挡，读数要么偏高要么为零；若误选了电流挡或电阻挡，会造成指针被撞弯或表头烧坏。

4. 测量交流电压

方法与测量直流电压相同。

测量前，必须先将开关调到最大量程。测量时，将表笔并联在被测电路或被测元件的两端；在测量中不能拨动转换开关选择量程，这样会导致电弧烧坏转换开关触点；先将一表笔固定放在被测电路的公共端，单手拿另一表笔进行测量。万用表表盘上交流电压标度尺是按正弦交流电的有效值来做的，若被测电量不是正弦量，则误差很大。

5. 测量电阻

将量程开关拨至电阻挡合适的量程位置，然后进行欧姆调零。具体做法是：将两表笔短接，指针自左向右偏转。此时调整“Ω”调零电位器，使指针对准欧姆刻度线的零位（对于表头来说是满刻度偏转）。完成调零后，分开两表笔，将两表笔分别接在被测电阻两端。表头指针在第一条 Ω 刻度线上的指示值，乘以该电阻挡的倍率，即为被测电阻值。

> **温馨提示：**
> ① 严禁在被测电路带电的情况下测量电阻；
> ② 测电阻时直接将表笔跨接在被测电阻或电路的两端；
> ③ 测量前或每次更换倍率挡时，都要重新调整欧姆零点；
> ④ 测量电阻时应选择适当的倍率挡，使指针尽可能接近标度尺的几何中心；
> ⑤ 测量中不允许用手同时触及被测电阻两端，以避免并联上人体电阻，使读数减小；
> ⑥ 在检测热敏电阻时，应注意电流的热效应会改变热敏电阻的阻值。

6. 晶体管直流参数 h_{FE} 的测量

先转动开关至晶体管调节 ADJ 位置上，将红黑测试棒短接，调节欧姆电位器，使指针对准第三条标度尺 300 刻度线。然后转动开关到 h_{FE} 位置，将要测的晶体管管脚分别插入晶体管测试座的 ebc 管座内，指针偏转所示数值约为晶体管的直流放大系数值。NPN 型晶体管应插入 N 型管孔内，PNP 型晶体管应插入 P 型管孔内。

三、焊接工具的使用

1. 电烙铁的使用

电烙铁由烙铁芯、烙铁头和手柄组成。烙铁芯也叫加热部分或加热器，作用是将电能转换成热能；烙铁头是电烙铁的储热部分；手柄一般用木材、耐高温塑料加工而成。

通用的电烙铁按加热方式可分为外热式和内热式两大类。外热式电烙铁（见图 1-20）的烙铁芯是将电阻丝缠绕在云母材料上制成的，烙铁头插入烙铁芯内。外热式电烙铁绝缘电阻低，漏电大，热效率低，体积大。

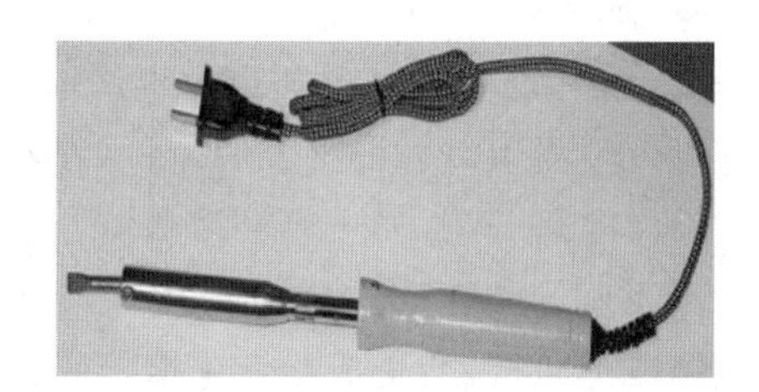

图 1-20　外热式电烙铁

内热式电烙铁（见图 1-21）的烙铁芯用电阻丝缠绕在密闭的陶瓷上制成，并插在烙铁头里面，直接对烙铁头加热。内热式电烙铁绝缘电阻高，漏电小，热效率高，升温快。

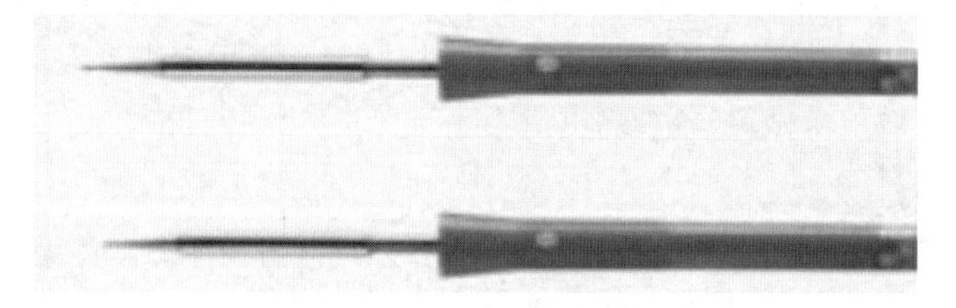

图 1-21　内热式电烙铁

2. 电烙铁的拆装

拆电烙铁的顺序是：拧松手柄上顶紧导线的制动螺钉—旋下手柄—取下电源线和烙铁芯—拔下烙铁头。装电烙铁的顺序刚好相反。

3. 电烙铁使用注意事项

（1）使用前必须检查两股电源线和保护接地线的接头是否接对，否则可能会导致元器件损伤，严重时还会引起操作人员触电。

（2）新电烙铁初次使用前，要先对烙铁头搪锡，方法是：先将电烙铁加热到适当温度，用砂布擦去或用锉刀锉去氧化层，蘸上松香，然后浸在焊锡中来回摩擦，即可搪上锡。

（3）焊接时，宜使用松香或中性焊剂，以防止酸性腐蚀。

(4) 烙铁头应经常保持清洁。

(5) 电烙铁不用时要放在烙铁架上。

四、测量工具的使用

1. 试电笔

试电笔主要用来区分被测电压的高低、识别火线与零线、识别设备外壳是否带电。它由氖管、电阻、弹簧、笔尖(或金属螺丝刀)和笔身组成,实物如图1-22所示。

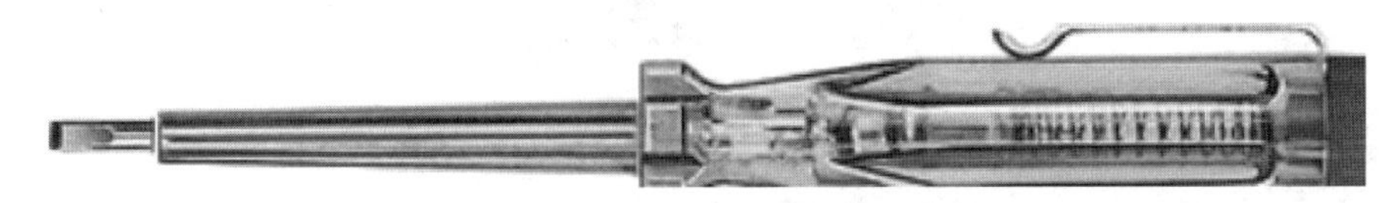

图1-22　试电笔

2. 螺丝刀

螺丝刀又称起子、改锥,用柄部以外的长度表示规格,常见的有100 mm、150 mm、200 mm、400 mm等几种。它按照头部形状不同可以分为一字形和十字形两类,按照柄部材料不同分为木料和塑料两类。一字形螺丝刀和十字形螺丝刀实物如图1-23所示。

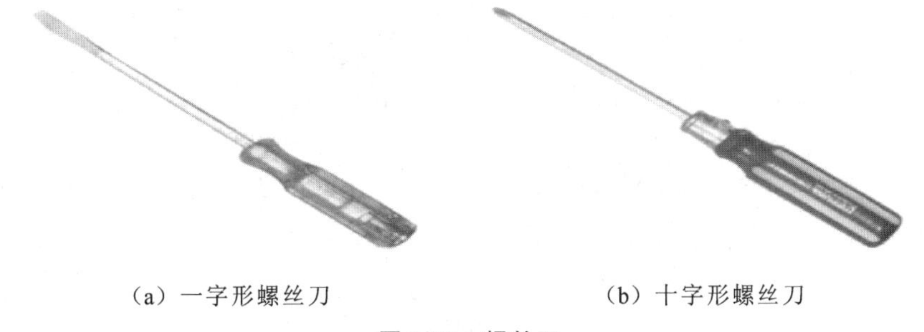

(a) 一字形螺丝刀　　(b) 十字形螺丝刀

图1-23　螺丝刀

3. 钳子

钳子按外形分为尖嘴钳、平嘴钳、圆嘴钳、偏口钳、剥线钳和钢丝钳等。

尖嘴钳适用于狭小空间操作,绝缘柄耐压值为500 V,钳身长度有130 mm、160 mm、180 mm、200 mm四种。

平嘴钳又叫扁嘴钳,用于拉直裸导线,以使较粗的导线和元件的引线成形,实物如图1-24所示。

图1-24　平嘴钳

圆嘴钳又称圆头钳，用于将导线端头或元器件的引线弯成一个圆环，以便安装，实物如图 1-25 所示。

图 1-25 圆嘴钳

偏口钳又称斜口钳，用于切断导线，实物如图 1-26 所示。

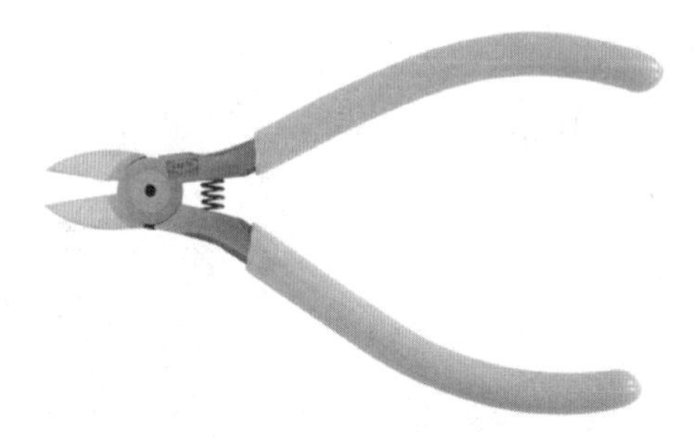

图 1-26 偏口钳

剥线钳的规格有 140 mm、180 mm 两种，实物如图 1-27 所示。

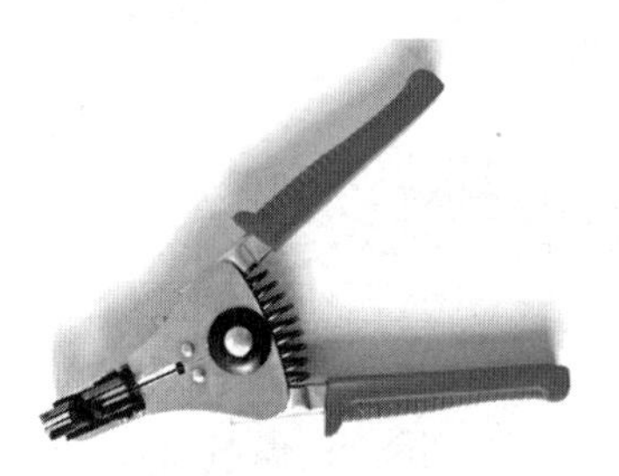

图 1-27 剥线钳

钢丝钳又称老虎钳，用于夹持和拧断金属薄板或金属丝，规格主要有 150 mm、175 mm、200 mm 三种，实物如图 1-28 所示。

图 1-28 钢丝钳

4. 镊子

常用的镊子有钟表镊子和医用镊子两种，实物如图 1-29 所示。镊子的主要用途是在手工焊接时夹持导线和元器件，防止其移动。

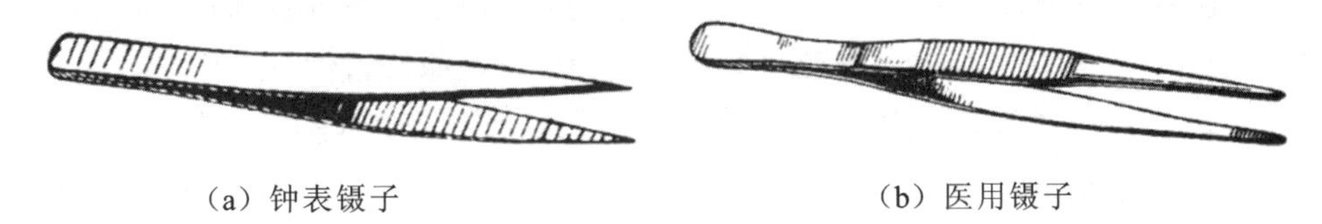

（a）钟表镊子　（b）医用镊子

图 1-29　常用的镊子

5. 扳手

扳手是紧固或拆卸螺栓、螺母时常用的手工工具，分为固定扳手（见图 1-30(a)）、活动扳手（见图 1-30(b)）及套筒扳手等。

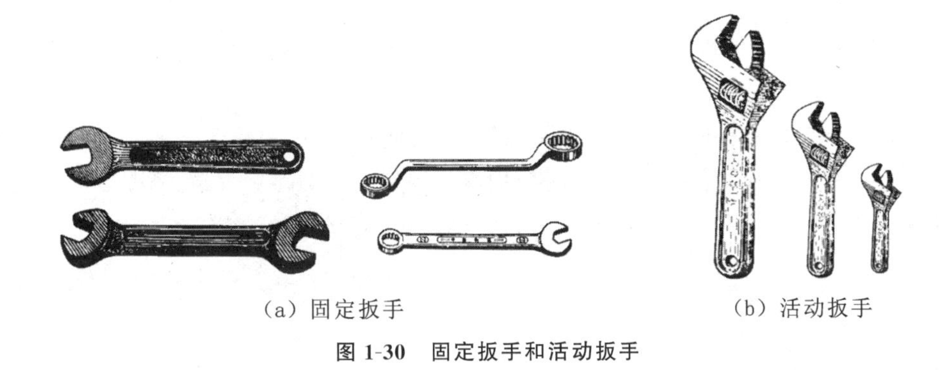

（a）固定扳手　（b）活动扳手

图 1-30　固定扳手和活动扳手

任务 3　手工焊接工艺

利用加热或其他方法，使焊料与被焊金属原子之间互相吸引、互相渗透，依靠原子之间的内聚力使两种金属永久地牢固结合，这种方法叫作焊接。焊接主要分为熔焊、接触焊、锡钎焊。

熔焊是指在焊接过程中，将焊件接头加热至熔化状态，在不外加压力的情况下完成焊接的方法，如电弧焊、气焊等。

在焊接过程中，必须对焊件施加压力完成焊接的方法称为接触焊，如超声波焊、脉冲焊、摩擦焊等。

利用加热将作为焊料的金属熔化成液态，把被焊固态金属连接在一起，并在焊接部位发生化学变化的焊接方法称为锡钎焊。

一、焊料

焊料是一种熔点比被焊金属低，在被焊金属不熔化的条件下能润湿被焊金属表面，并在接触界面处形成合金层的物质。通常锡钎焊的被焊金属是铜，焊料是锡铅合金。

润湿又称浸润，是指熔融焊料在金属表面形成均匀、平滑、连续并附着牢固的焊料层。

润湿程度主要取决于焊件表面的清洁程度及焊料的表面张力。金属表面看起来是比较光滑的,但在显微镜下看,有无数的凸凹不平及晶界和伤痕,焊料就是沿着表面上的这些凸凹和伤痕等靠毛细作用润湿扩散开来的,因此焊接时应使焊锡流淌。流淌的过程一般是松香在前面清除氧化膜,焊锡紧跟其后;润湿基本上是熔化的焊料沿着物体表面横向流动。

良好的连接点必须有足够的机械强度和优良的导电性能,而且要在短时间内(通常小于3 s)形成。在形成焊点的时间内,焊料和被焊金属会经历三个变化阶段:熔化的焊料润湿被焊金属表面阶段;熔化的焊料在被焊金属表面扩展阶段;熔化的焊料渗入焊缝,在接触界面形成合金层阶段。其中,润湿是最重要的阶段,没有润湿,焊接就无法进行。在同样的工艺条件下,有的金属好焊,有的金属不好焊,这是因为焊料对各种金属的润湿能力不同。此外,被焊金属表面不清洁,也会影响焊料对被焊金属的润湿能力,给焊接带来不利。

焊料采用锡铅合金而不单独使用锡或铅的原因如下。

(1) 降低熔点,便于使用(锡的熔点是 232 ℃,铅的熔点是 327 ℃,合金的熔点可降到183 ℃)。

(2) 提高机械强度。锡和铅都是质软、强度低的金属,把两者熔为合金,机械强度就会得到很大的提高。

(3) 降低价格。锡是价格较贵的金属,而铅却很便宜,因此锡铅合金的价格较纯锡要便宜。但在焊接质量要求很高的场合,有时使用掺银焊锡。所谓掺银焊锡,就是在锡铅焊料中掺入银。掺银焊锡中各化学成分的质量百分比是锡 60%、铅 37%、银 3%。

二、焊剂和阻焊剂

1. 焊剂

焊剂(助焊剂)的作用是清除被焊金属表面的氧化物、硫化物、油和其他污染物,并防止在加热过程中焊料继续氧化。同时,它还具有增强焊料与被焊金属表面的活性、增加润湿的作用。

对焊剂的要求如下:有清洗被焊金属表面的作用;熔点要低于所有焊料的熔点;在焊接温度下能形成液状,具有保护被焊金属表面的作用;有较低的表面张力,受热后能迅速均匀地流动;熔化时不产生飞溅或飞沫;不产生有害气体和有强烈刺激性的气味;不导电,无腐蚀性,残留物无副作用;焊剂的膜要光亮、致密、干燥快、不吸潮、热稳定性好。

焊剂可分为无机焊剂、有机焊剂和树脂焊剂三大类。

无机焊剂包括盐酸、磷酸、氯化锌、氯化铵等。它由于具有强烈的腐蚀作用,因而不能在电子产品装配中使用,只能在特定场合使用,并且焊后一定要清除残渣。

有机焊剂包括甲酸、乳酸、乙二胺等。它由于含有酸值较高的成分,因而具有较好的助焊性能,可焊性好。此类焊剂由于具有一定程度的腐蚀性,残渣不易清洗,焊接时有废气污染,因而在电子产品装配中的使用受到限制。

树脂焊剂包括松香等。这类焊剂在电子产品装配中应用较广。在加热情况下,松香具有去除焊件表面氧化物的能力,同时焊接后形成的膜层具有覆盖和保护焊点不被氧化腐蚀的作用。由于松脂残渣具有非腐蚀性、非导电性、非吸湿性,焊接时没有什么污染,且焊后容易清洗,成本又低,因此这类焊剂至今仍被广泛使用。松香焊剂的缺点是酸值低,软化点低(55 ℃左右),且易氧化,易结晶,稳定性差,在高温时很容易脱羧炭化而造成虚焊。目前出现了一种新型的焊剂——氢化松香,我国已开始生产。它是用普通松脂提炼出来的,在常温下不易氧化变色，软化点高，脆性小，酸值稳定，无毒，无特殊气味，残渣易清洗，适用于波峰焊。

2. 阻焊剂

阻焊剂是一种耐高温的涂料。在焊接时可将不需要焊接的部位涂上阻焊剂保护起来，使焊接仅在需要焊接的焊点上进行。阻焊剂广泛用于浸焊和波峰焊。

阻焊剂的优点如下：防止焊锡桥连造成短路；使焊点饱满，减少虚焊，而且有助于节约焊料；由于板面部分为阻焊剂膜所覆盖，焊接时板面受到的热冲击小，因而板面不易起泡、分层。.

阻焊剂是通过丝网漏印方法印制在印刷线路板上的，因此要求它黏度适宜。阻焊剂应在 250～270 ℃的锡焊温度下经过 10～25 s 而不起泡，具有较好的耐化学药品性，能经受焊前的化学处理，有一定的机械强度，能承受尼龙刷的打磨抛光处理。

三、保证焊接质量的因素

实现良好的焊接应具备以下几个条件：焊接部分应保持清洁接触；要选用合适的焊料和焊剂；要选用合适的电烙铁；要有合适的焊接温度（通常控制在 260 ℃左右）；要有合适的焊接时间（不大于 3 s）；被焊金属应有良好的可焊性。

为了获得良好的焊接质量，在锡焊技术中，对焊点做如下要求。

（1）应有可靠的导电连接，即焊点必须有良好的导电性能。

（2）应有足够的机械强度，即焊接部位比较牢固，能承受一定的机械应力。

（3）焊料适量。焊点上焊料过少，会影响机械强度并缩短焊点使用寿命；焊料过多，不仅浪费，影响美观，还容易使不同焊点间发生短路。

（4）焊点不应有毛刺。在高频高压电路中，毛刺易造成尖端放电，严重时还会导致短路。

（5）焊点表面必须清洁。焊点表面的污垢，特别是有害物质会腐蚀焊点、线路及元器件，焊完后应及时清除。

四、手工焊接的工艺流程和方法

1. 焊接时的姿势和手法

（1）姿势：挺胸端坐，操作者鼻尖与烙铁尖的距离应在 20 cm 以上。

（2）手法：握笔式、正握式、反握式。

2. 焊锡丝的拿法

将焊锡丝拉直并截成 30 cm 左右的长度，用不拿电烙铁的手握住焊锡丝，配合焊接的速度和焊锡丝头部熔化的快慢适当向前送进焊锡丝。

3. 焊接要领

（1）焊接面上焊前的清洁和搪锡。

清洁焊接面可用砂纸（布），也可用由废锯条做成的刮刀。

焊接前应先清除焊接面的绝缘层、氧化层及污物，直到完全露出紫铜表面，其上不留一点脏物为止。有些镀金、镀银或镀锡的母材，由于基材难以上锡，因此不能把镀层刮掉，只能用粗橡皮擦去表面脏物。对于扁平的集成电路引线，焊前不做清洁处理，但应妥善保存。

(2) 掌握好焊接温度和时间。不同的焊接对象，要求烙铁头的温度不同：焊接导线接头，工作温度为 300～480 ℃；焊接印刷线路板上的元件，工作温度为 430～450 ℃；焊接细线条印刷线路板和极细导线，工作温度为 290～370 ℃；焊接热敏元件，工作温度至少为 480 ℃，这样才能保证焊接时间尽可能短。

(3) 恰当掌握焊点形成的时机。焊接时不要将烙铁头在焊点上来回磨动，应将烙铁头搪锡面紧贴焊点，等到焊锡全部熔化，并因表面张力收缩而使表面光滑后，迅速将烙铁头从斜面上方约 45°的方向移开(对于水平焊点，电烙铁水平移走会带走大量的焊料，垂直移走会拉尖；对于垂直焊点，电烙铁下移会带走大量的焊料，上移只带走少量的焊料)。这时焊锡不会立即凝固，一定不要移动被焊件，否则焊锡会凝固成砂粒状或造成焊接不牢固而导致虚焊。

4. 手工焊接时的操作方法

五步操作法(适用于热容量大的焊件)：准备—加热被焊件—熔化焊料—移开焊锡丝—移开电烙铁。

三步操作法(适用于热容量小的焊件)：准备—同时加热被焊件和焊锡丝—同时移开电烙铁和焊锡丝。

工厂的焊接八字方针：一刮、二镀、三测、四焊。

5. 焊接件的拆卸常识

拆焊工具主要有：吸锡器，用来吸出焊点上的焊锡；排锡管，是使元件引线与焊盘分开的工具；吸锡电烙铁，是手工拆焊中最方便的工具；镊子，拆焊时可用来夹持元件或挑起引线；通针，用来清除插孔中的焊料。

集成电路、中频变压器、多引线接插件等的焊点多而密，焊点距离很近。先用电烙铁加热，用吸锡器逐个将焊点上的焊锡吸去，再用排锡管将元器件引线逐个与焊盘分离。对于有塑料骨架的元器件，如中频变压器线圈、行输出变压器等，拆焊时，先用电烙铁加热，用吸锡器吸去焊点上的焊锡，露出元器件引线，再用镊子或通针挑开焊盘与引线间的残留焊料，最后用烙铁头对引线未挑开的个别焊点加热，待焊锡熔化时，趁热取下元器件。

项目实施

任务 4 准备工作

首先阅读图纸，对所绘制的电路图有一个大致的认识，示例如图 1-1 所示。在 E 盘新建一个 Student 文件夹，用以存放后面新建的所有文件。新建一个项目文件和一个原理图文件，操作如下。

打开 Proteus 软件，单击“文件”→“新建工程”，弹出一个对话框，如图 1-31 所示。在该对话框中可以改变工程名称(默认的跟我们要求的不一致，所以需要修改)；单击该对话框中的“浏览”按钮，可以更改保存路径为 E 盘→Student 文件夹。

图 1-31 “新建工程向导:开始”对话框

设置完成后,单击对话框中的“下一步”按钮,出现原理图纸张选择对话框,如图 1-32 所示。按照原理图中元件的多少选择合适的纸张,就项目 1 而言,选择 A4 纸比较合适。一般来讲,A3 和 A4 纸应用较普遍,企业里一般都能打印这两种类型的纸。

图纸设置完成后,单击对话框中的“下一步”按钮,直至完成原理图生成。

新建工程向导: Schematic Design
不创建原理图。
从选中的模版中创建原理图。
Design Templates
DEFAULT
Landscape A0
Landscape A1
Landscape A2
Landscape A3
Landscape A4
Landscape US A
Landscape US B
Landscape US C
Portrait A0
Portrait A1
Portrait A2
Portrait A3
Portrait A4
Portrait US A
Portrait US B
Portrait US C
Sample Design
d:\Program Files (x86)\Labcenter Electronics\Proteus 8 Professional\DATA\Templates\Landscape A4.DTF
后退 下一步 取消 帮助

图 1-32 原理图纸张选择对话框

任务5　选择、放置元件及整体布局

在原理图界面，单击左上方的图标，然后单击旁边的P按钮，弹出元件查找对话框，如图 1-33 所示。

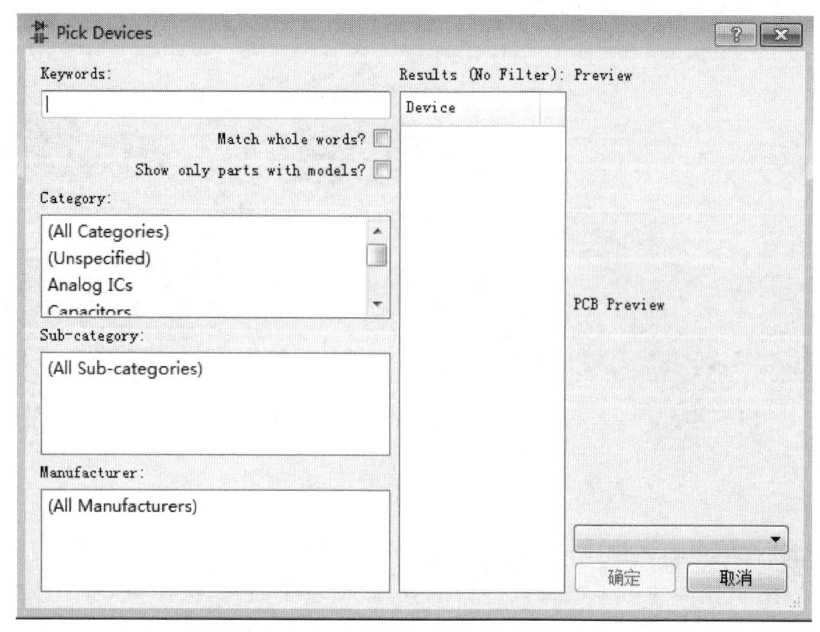

图 1-33　元件查找对话框

按照图 1-1 所示的元件布局，依次查找每一个元件。在元件查找对话框“Keywords”一栏中输入元件名称，然后按回车键。例如查找开关元件，在“Keywords”一栏中输入“sw-spst”，按回车键后，出现元件模型，如图 1-34 所示。单击右下方的“确定”按钮，元件就可以加载到原理图中。

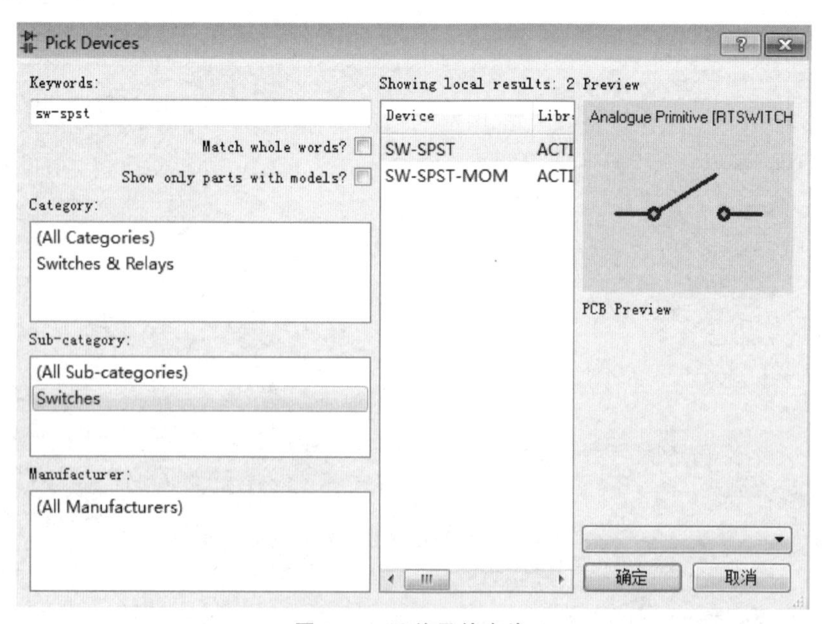

图 1-34　开关元件查找

元件加载好后，可以对其进行编辑。方法是：用鼠标指向元件，单击右键弹出一个快捷菜单，如图 1-35 所示。在该快捷菜单中可以按照自己的需求选择不同的功能。

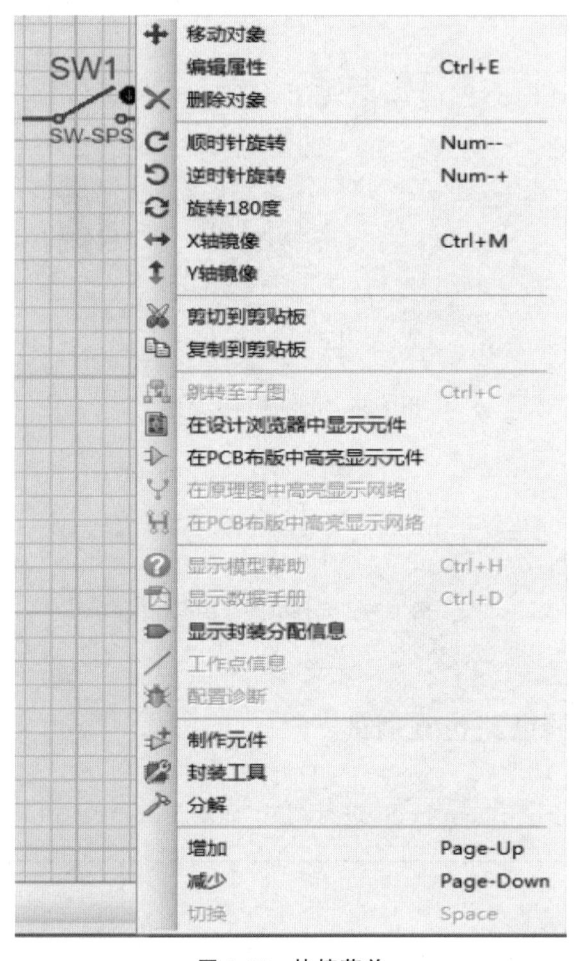

图 1-35 快捷菜单

利用同样的方法可以放置其他元件。音乐门铃电路中元件的名称如表 1-1 所示。

表 1-1 音乐门铃电路中元件的名称

元件	名称	元件	名称
C1、C2	CAP-ELEC	C3、C4	CAP
BAT1	CELL	Q1	NPN
Q2	PNP	R1、R2	RES
LS1	SPEAKER	SW1	SW-SPST

放置好的元件如图 1-36 所示。

元件放置好后，用鼠标靠近任意一个元件的引脚，会出现一个红色的小点，如图 1-37 所示。此时单击鼠标左键，出现连线，利用这种方法把所有的元件按图 1-1 正确连接。

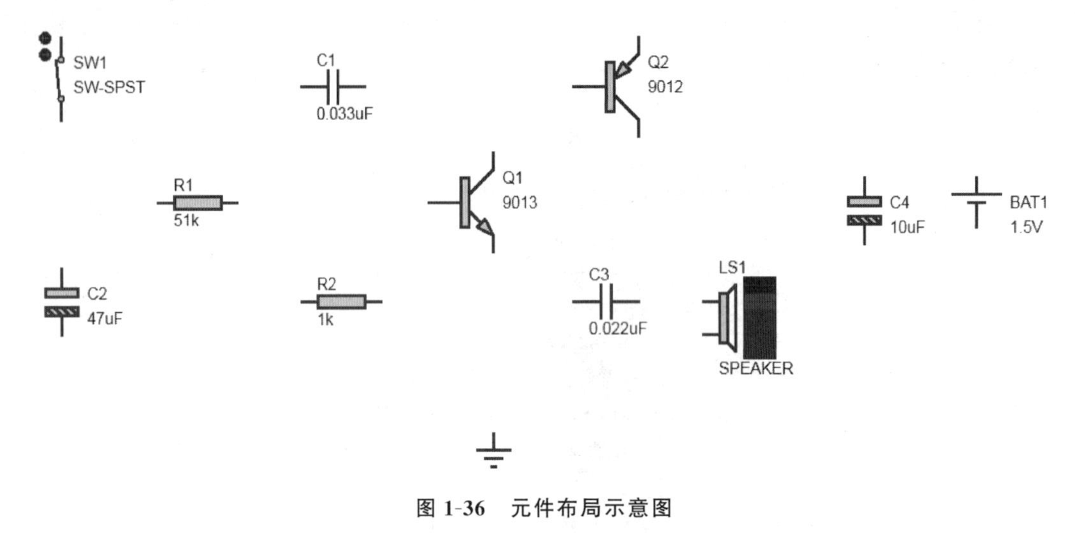

图 1-36　元件布局示意图

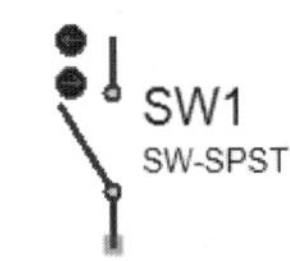

图 1-37　元件引脚连接操作

任务 6　音乐门铃电路仿真调试

单击原理图界面左下角的▶按钮,进行调试,如图 1-38 所示。

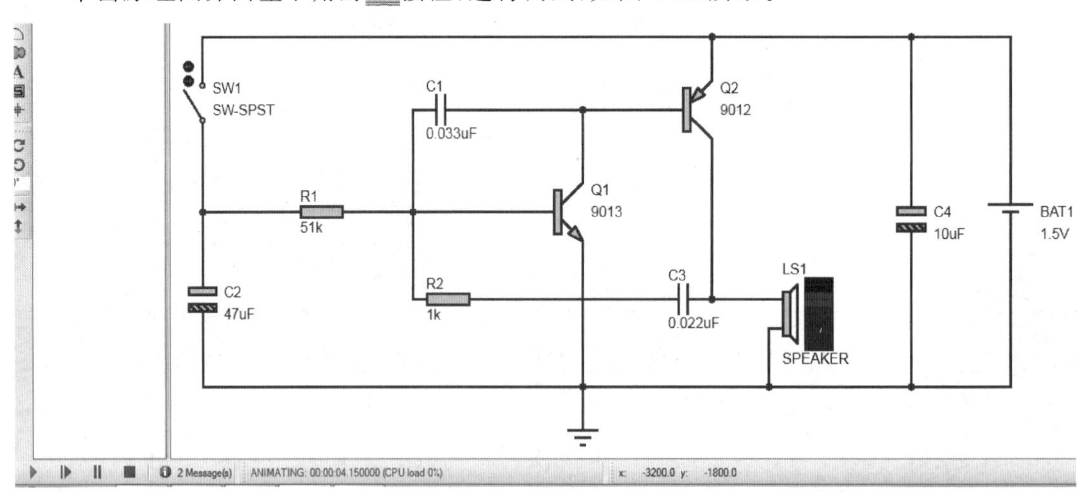

图 1-38　调试电路

本实验中,只进行上一步工作是看不出现象的,还需要将电路中的开关 SW1 闭合(用鼠标单击 SW1 元件旁边的小黑点闭合开关),此时调试现象如图 1-39 所示。

本电路中,闭合开关 SW1 后,扬声器 LS1 就能发出声音,调试成功。仿真电路调试成功后,可以将该电路制作成实物,具体要求参见本项目的“验收考核”。

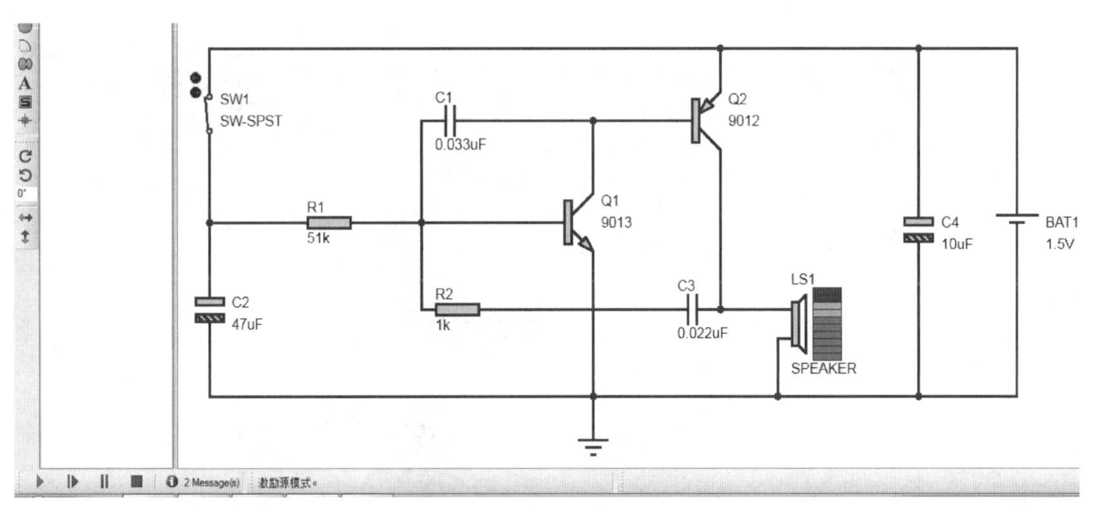

图 1-39 电路调试现象

任务 7 音乐门铃电路制作

1. 制作准备

在制作电路之前，先按表 1-2 清点材料是否齐全。

表 1-2 材料清单

代号	名称	实物	规格
R1	色环电阻		51 kΩ
R2			1 kΩ
C2	电解电容		47 μF/50 V
C4			10 μF/50 V
C1	陶瓷电容		0.033 μF
C3			0.022 μF

续表

代号	名称	实物	规格
LS1	扬声器		
Q1	三极管		9013
Q2			9012
SW1	按键开关		
BAT1	电池	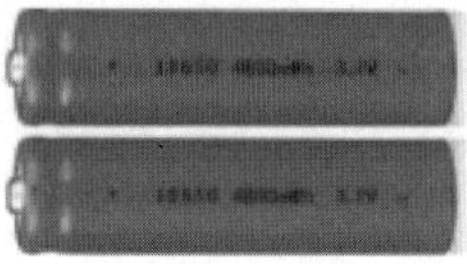	3 V
	万能板		
	导线		

材料清点完成后，清理需要用到的工具，如表 1-3 所示。

表 1-3　工具清单

工具名称	实物	工具名称	实物
电烙铁		烙铁架	
焊锡丝		助焊剂	
吸锡器		万用表	

2. 制作步骤

按照图 1-1 所示的布局，将元件按照由低到高的顺序依次固定在万能板上，大致步骤如下：①焊接电阻元件；②焊接按键；③焊接三极管；④焊接扬声器；⑤焊接电容；⑥焊接电源插座；⑦从电源插座引出 VCC、GND。

然后利用导线正确进行连接。电路组装完成后，安装支承钢柱。

3. 比一比，赛一赛

电路制作完成后，我们可以通过小组互评进行评比，选出优秀的作品并进行展示。评比表如表 1-4 所示。

表 1-4　作品评比表

评比项目	第一组	第二组	第三组	第四组	第五组	第六组
成功人数最多组						
板子最优秀组						
问题最少组						
文明规范组						

验收考核

任务完成后，以小组为单位进行自我检测并将结果填入表 1-5 中。

表 1-5　质量评价表

任务名称：______	小组成员：______		评价时间：______			
考核项目	考核要求	分值	评分标准	扣分	得分	备注
元器件整体布局	① 能够正确选择元器件 ② 能够按照原理图布置元器件 ③ 能够正确固定元器件	30	① 不按原理图固定元器件扣 5 分 ② 元器件安装不牢固、接点松动，每处扣 2 分 ③ 元器件安装不整齐、不均匀、不合理，每处扣 3 分 ④ 损坏元器件此项不得分			
元器件布线	① 能够正解连接元件引脚 ② 能够正确焊接电源线 ③ 能够正确布线	40	① 不能正确连接元件引脚扣 5 分 ② 不能正确安装电源线扣 3 分 ③ 不能正确布线扣 5 分			
工艺规范	① 焊点饱满光滑 ② 不能出现虚焊、空焊 ③ 焊接线路美观	20	① 焊点出现尖角、瑕疵扣 3 分 ② 出现虚焊、空焊每处扣 2 分 ③ 线路不协调、不美观每处扣 3 分			
安全生产	自觉遵守安全文明生产规程	10	① 每违反一项规定，扣 3 分 ② 发生安全事故，0 分处理 ③ 漏接接地线扣 5 分			
时间	1.5 小时		① 提前正确完成，每 5 分钟加 2 分 ② 超过规定时间，每 5 分钟扣 2 分			
开始时间		结束时间		实际时间		

项目总结

通过本项目的学习，学生应该掌握安全用电知识、常用仪器仪表的使用、焊接工艺知识；能够独立完成电路图的绘制并调试仿真；能使用万能板焊接成品并调试；撰写一份心得体会。

项目 2

LED闪烁灯电路的制作与调试

项目要求

通过本项目的学习，学生应学会常用元器件的识别与检测，如色环电阻的读数，电容器正负极的判定、容值的读取，二极管型号的识别、极性的判别，三极管型号的识别、极性的判别。

项目描述

本项目要完成的学习任务是 LED 闪烁灯电路的制作与调试，电路原理图如图 2-1 所示。

制作要求如下：

(1) 利用 Proteus 软件仿真调试 LED 闪烁灯电路；

(2) 利用万用表检测电路中电阻的好坏，读取电阻值；

(3) 利用万用表检测电路中电容的极性，读取电容值；

(4) 利用万用表检测电路中二极管的极性，读取其型号；

(5) 利用万用表检测电路中三极管引脚的极性，读取其型号；

(6) 利用万能板搭建 LED 闪烁灯电路并调试。

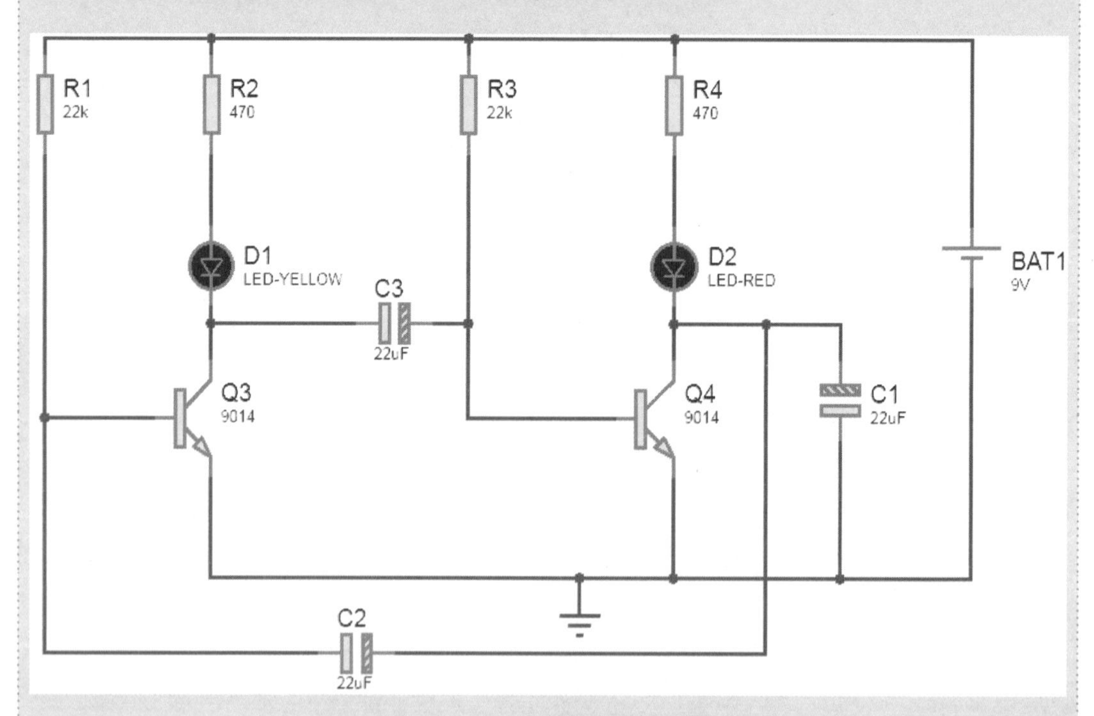

图 2-1　LED 闪烁灯电路原理图

相关知识

任务 1 电阻元件相关知识

一、电阻器的作用和分类

1. 电阻器的作用

电阻器在日常生活中一般直接称为电阻，是一个限流元件。将电阻器接在电路中后，电阻器的阻值是固定的。电阻器一般有两个引脚，它可限制通过它所连支路的电流大小。阻值不能改变的电阻器称为固定电阻器。阻值可变的电阻器称为电位器或可变电阻器。理想的电阻器是线性的，即通过电阻器的瞬时电流与外加瞬时电压成正比。在裸露的电阻体上，紧压着一至两个可移金属触点。触点位置确定电阻体任意一端与触点间的阻值。

在电路中，电阻器主要用来控制电压和电流，即起降压、分压、限流、分流、隔离、阻抗匹配和信号幅度调节等作用。电阻器端电压与电流有确定的函数关系，是体现电能转化为其他形式能的二端器件。电阻器用字母 R 来表示，阻值单位为欧姆 Ω。实际器件，如灯泡、电热丝、电阻器等，均可表示为电阻元件。

电阻元件的阻值一般与温度、材料、长度和横截面积有关。衡量电阻器受温度影响大小的物理量是温度系数。温度系数的定义为温度每升高 1 ℃时阻值发生变化的百分数。电阻器的主要物理特征是变电能为热能，也可说它是一个耗能元件，电流经过它就产生内能。电阻器在电路中通常起分压、分流的作用。对信号来说，交流与直流信号都可以通过电阻器。

2. 电阻器的分类

(1) 按伏安特性分类。

在一定的温度下，阻值几乎维持不变而为一定值的电阻器称为线性电阻器。阻值明显地随着电流(或电压)而变化，伏安特性是一条曲线的电阻器称为非线性电阻器。对于非线性电阻器，在某一给定的电压(或电流)作用下电压与电流的比值为在该工作点下的静态电阻，伏安特性曲线上的斜率为动态电阻。

(2) 按电阻器的特性分类。

电阻器按特性分为固定电阻器、可变电阻器、敏感电阻器三大类，各类又可根据不同的方法再细分，如图 2-2 所示。

① 固定电阻器。

固定电阻器根据结构和外形又可分为线绕电阻器和非线绕电阻器。

线绕电阻器用高阻合金线绕在绝缘骨架上制成，外面涂有耐热的釉绝缘层或绝缘漆。绕线电阻器具有较低的温度系数，阻值精度高，稳定性好，耐热耐腐蚀，但高频性能差，时间常数大，主要用作精密大功率电阻器。

在非线绕电阻器中，碳合成电阻器由碳及合成塑胶压制而成；碳膜电阻器通过在瓷管上镀上一层碳，使结晶碳沉积在陶瓷棒骨架上而制成，具有成本低、性能稳定、阻值范围宽、温

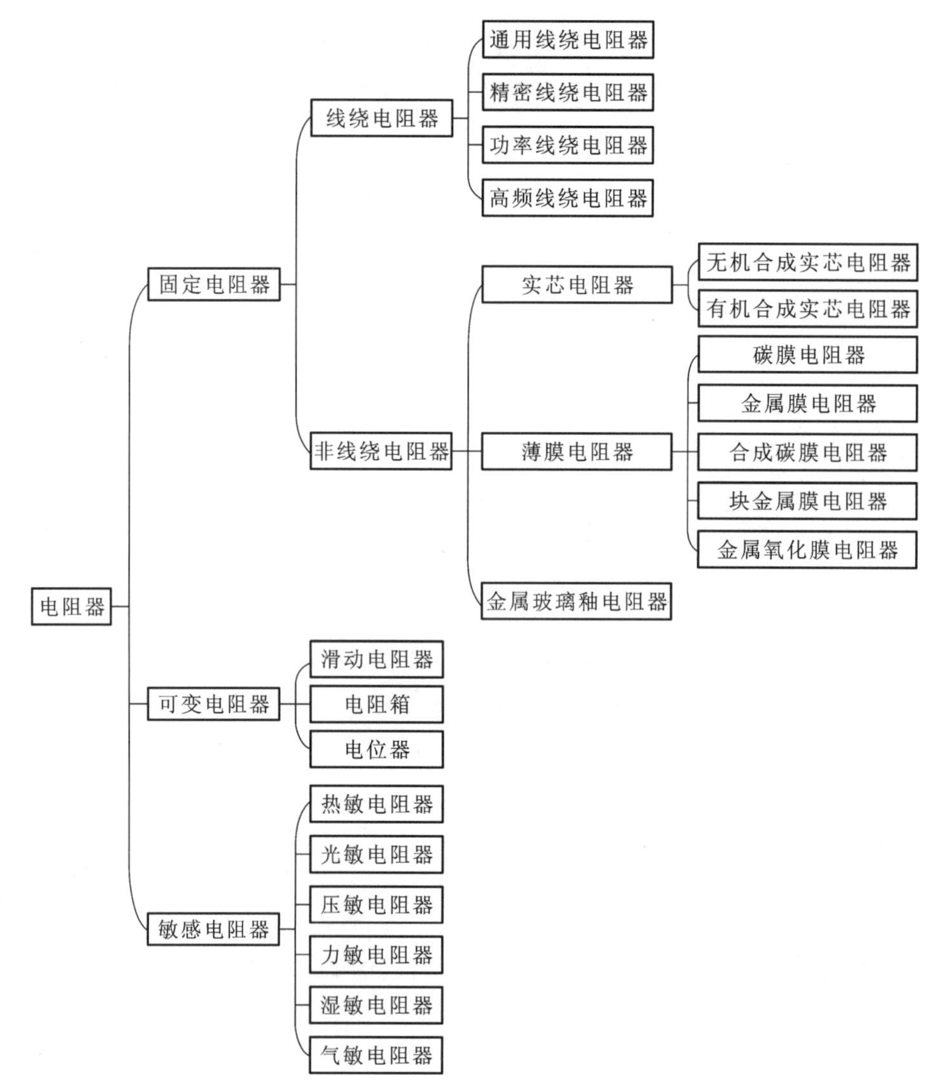

图 2-2　电阻器的分类示意图

度系数和电压系数低的优点，是目前应用最广泛的一种非线绕电阻器；金属膜电阻器是以特种金属或合金作电阻材料，用真空蒸发或溅射的方法，在陶瓷或玻璃基体上形成电阻膜层的电阻器，具有精度高、稳定性好、噪声小、温度系数小的优点，在仪器仪表及通信设备中应用广泛；金属氧化膜电阻器是以特种金属或合金作电阻材料，用真空蒸发或溅射的方法，在陶瓷或玻璃基体上形成氧化的电阻膜层的电阻器，在高温环境中稳定性好，且耐热冲击、负载能力强。

② 可变电阻器。

可变电阻器是阻值可以调整的电阻器，用于需要调节电路电流或需要改变电路阻值的场合。它又可分为滑动电阻器、电阻箱和电位器。其中：滑动变阻器是将电阻丝绕成线圈，通过滑动滑片来改变接入电路的电阻丝长度，从而改变阻值；电阻箱是一种能够调节电阻大小，并且能够显示出电阻数值的可变电阻器；电位器通常由电阻体与转动或滑动系统组成，靠一个动触点在电阻体上移动，获得部分电压输出。

③ 敏感电阻器。

敏感电阻器是指阻值对于某种物理量(如温度、湿度、光照、电压、机械力、气体浓度等)具有敏感特性,当这些物理量发生变化时,阻值就会随之发生改变的电阻器。根据敏感特性,敏感电阻器可分为热敏电阻器、湿敏电阻器、光敏电阻器、压敏电阻器、力敏电阻器、磁敏电阻器和气敏电阻器等。敏感电阻器所用的材料几乎都是半导体材料,因此也称为半导体电阻器。

阻值随温度升高增大的热敏电阻器称为负温度系数(NTC)热敏电阻器。它又可分为普通型负温度系数热敏电阻、稳压型负温度系数热敏电阻、测温型负温度系数热敏电阻等。光敏电阻器的阻值随入射光的强弱变化而改变。当入射光增强时,光敏电阻器的阻值减小;当入射光减弱时,光敏电阻器的阻值增大。

二、电阻器的型号

国产电阻器的型号由四个部分组成,其中固定电阻器和可变电阻器型号各部分的主要含义如表 2-1 所示。

表 2-1　国产固定电阻器和可变电阻器型号各部分的主要含义

第一部分		第二部分		第三部分		第四部分
用字母表示主称		用字母表示材料		用数字或字母表示特征		序号
符号	意义	符号	意义	符号	意义	一般用数字表示产品序号,以区分外形尺寸和性能指标
R	电阻器	T	碳膜	1,2	普通	
RP	电位器	C	沉积膜	3	超高频	
		H	合成膜	4	高阻	
		I	玻璃釉膜	5	高温	
		J	金属膜	7	精密	
		Y	氧化膜	8	高压	
		S	有机实芯	9	特殊	
		N	无机实芯	G	高功率	
		X	线绕	T	可调	
				X	小型	
				L	测量用	
				W	微调	
				D	多圈	
				R	耐热	

敏感电阻器型号各部分的主要含义如表 2-2 所示。

表 2-2　敏感电阻器型号各部分的主要含义

第一部分		第二部分		第三部分		第四部分
用字母表示主称		用字母表示类别		用数字表示特征		序号
符号	意义	符号	意义	符号	意义	一般用数字表示产品序号，以区分外形尺寸和性能指标
M	敏感电阻器	Z	正温度系数	1	普通	
		F	负温度系数	2	稳压	
		Y	压敏	3，6	微波	
		Q	气敏	4	旁热	
		G	光敏	5	测温	
		C	磁敏	7	测量	
		L	力敏			

三、电阻器的主要参数

标称阻值指电阻器表面所标阻值。根据国家标准规定，电阻器的标称阻值为表 2-3 所列数值的 10^n 倍。

表 2-3　标称阻值优先数系

允许偏差	系列代号	标称阻值系列
±5%	E24	1.0、1.1、1.2、1.3、1.5、1.6、1.8、2.0、2.2、2.4、2.7、3.0、3.3、3.6、3.9、4.3、4.7、5.1、5.6、6.2、6.8、7.5、8.2、9.1
±10%	E12	1.0、1.2、1.5、1.8、2.2、2.7、3.3、3.9、4.7、5.6、6.8、8.2
±20%	E6	1.0、1.5、2.2、3.3、4.7、6.8
>±20%	E3	1.0、2.2、4.7

阻值偏差指标称阻值与实际阻值的差值与标称阻值之比的百分数。阻值的允许偏差表示如表 2-4 所示。

表 2-4　阻值的允许偏差与文字符号对照表

允许偏差	文字符号	允许偏差	文字符号
±0.001%	Y	±0.5%	D
±0.002%	X	±1%	F
±0.005%	E	±2%	G
±0.01%	L	±5%	J
±0.02%	P	±10%	K
±0.05%	W	±20%	M
±0.1%	B	±30%	N
±0.25%	C		

额定功率是指在特定环境温度范围内所允许承受的最大功率。为保证安全使用，一般电阻器的额定功率定为它在电路中所消耗的实际功率的 2～3 倍。电阻器的额定功率分 19 个等级，常用的有 0.05 W、0.125 W、0.25 W、0.5 W、1 W 、2 W、3 W、5 W、7 W、10 W。在电路图中，非线绕电阻器额定功率的符号表示如图 2-3 所示。

1/8 W　1/4 W　1/2 W　1 W
2 W　3 W　5 W　10 W

图 2-3　非线绕电阻器额定功率的符号表示

四、电阻器的阻值标示方法

(1) 直标法：用阿拉伯数字和单位符号在电阻器表面直接标出标称阻值，允许偏差直接用百分数表示，如图 2-4 所示。

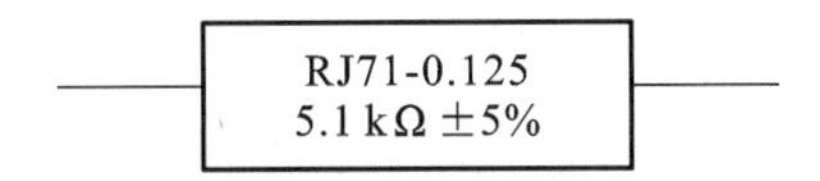

图 2-4　电阻器阻值的标示——直标法

(2) 文字符号法：用阿拉伯数字和文字符号两者有规律的组合来表示标称阻值，阻值的允许偏差也用文字符号表示，如图 2-5 所示。

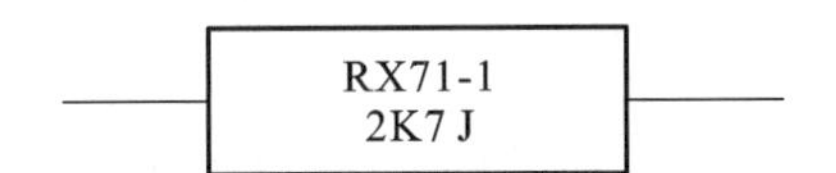

图 2-5　电阻器阻值的标示——文字符号法

(3) 色标法：用不同颜色的点或带在电阻器表面标出标称阻值和允许偏差。色环颜色所代表的数字或意义如表 2-5 所示。

表 2-5　色环颜色的含义

颜色	有效数字	乘数	允许偏差	工作电压/V
黑	0	1	—	4
棕	1	10^1	±1%	6.3
红	2	10^2	±2%	10
橙	3	10^3	±0.05%	16
黄	4	10^4	—	25
绿	5	10^5	±0.5%	32
蓝	6	10^6	±0.25%	42
紫	7	10^7	±0.1%	50
灰	8	10^8	—	63

续表

颜色	有效数字	乘数	允许偏差	工作电压/V
白	9	10^9	—	
金	—	10^{-1}	±5%	—
银	—	10^{-2}	±10%	—
无色	—	—	±20%	—

色标法示例如图 2-6 所示。

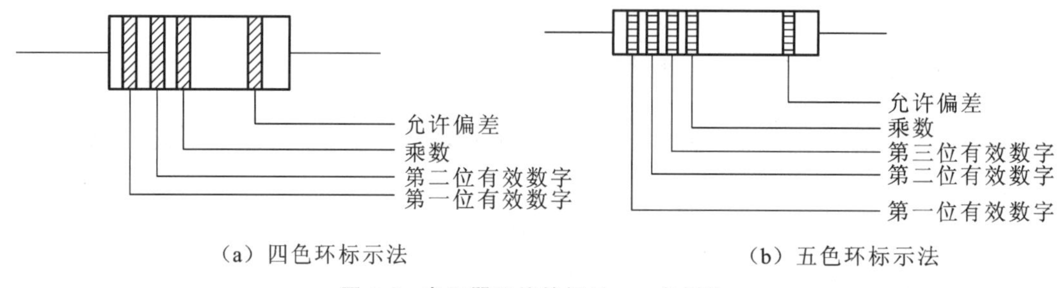

（a）四色环标示法　　（b）五色环标示法

图 2-6　电阻器阻值的标示——色标法

（4）数码标注法：在电阻器上用三位数码表示标称阻值，允许偏差用文字符号表示。

五、电阻器的特性和选用、替换原则

1. 电阻器的特性

（1）电阻器的高频特性：主要由电阻器的分布参数大小决定。

（2）电阻器的温度系数：温度每变化 1 ℃时电阻值的相对变化量。

（3）电阻器的噪声电动势：当电流流过电阻器时，电阻器内部微粒产生碰撞引起的电流噪声，以及电子在导体内无规则热运动引起的热噪声，导致电阻器两端产生不规则的电位突变，这些电位突变统称电阻器的噪声电动势。

（4）电阻器的最高工作电压：电阻器长期工作不发生过热或电击穿而损坏的最高工作电压。

（5）电阻器的电压系数：电压每变化 1 V 时，电阻器阻值的相对变化量。它反映电阻器的阻值对外加电压的稳定程度。

2. 电阻器的选用、替换原则

电阻器的选用原则如下。

（1）主要参数，如标称阻值、材料、额定功率必须满足要求。

（2）在高频电路中选用分布参数小的电阻器。

（3）在高增益前置放大电路中，应选用噪声电动势小的电阻器。

（4）根据电路工作频率选用电阻器。

电阻器的替换原则如下。

（1）功率相近。

（2）阻值相近。

（3）材料相同。

任务 2 电容元件相关知识

一、电容器的结构特点及作用

电容是指在给定电位差下自由电荷的储存量，用字母 C 表示，国际单位是法拉，用字母 F 表示。一般来说，电荷在电场中会因受力而移动，导体之间有了介质后，电荷的移动受到阻碍，从而累积在导体上，导体所储存的电荷量就称为电容。它是表现电容器容纳电荷本领的物理量。从物理学上讲，电容器是一种静态电荷存储介质。它是电子、电力领域中不可缺少的电子元件，主要用于电源滤波、信号滤波、信号耦合、谐振、滤波、补偿、充放电、储能、隔直流通交流等电路中。

旁路电容器是为本地器件提供能量的储能器件。它能使稳压器的输出均匀化，降低负载需求。就像小型可充电电池一样，旁路电容器能够充电，并向器件放电。为尽量减少阻抗，旁路电容器要尽量靠近负载器件的供电电源管脚和地管脚。这能够很好地防止输入值过大而导致的地电位抬高和噪声。地电位是地连接处通过大电流毛刺时的电压降。

去耦电容器起到“电池”的作用，以适应驱动电路电流的变化，避免相互间的耦合干扰，在电路中进一步减小电源与参考地之间的高频干扰阻抗。

旁路电容器实际也是去耦合的，一般是指高频旁路电容器，用于为高频的开关噪声提供一条低阻抗泄放途径。高频旁路电容器的电容量一般比较小，根据谐振频率一般取 0.1 μF、0.01 μF 等；而去耦电容器的电容量一般较大，可能是 10 μF 或者更大，依据电路中分布参数以及驱动电流的变化大小来确定。旁路是把输入信号中的干扰作为滤除对象；而去耦是把输出信号的干扰作为滤除对象，防止干扰信号返回电源。这是这两种电容器的本质区别。

电容越大，阻抗越小，通过的频率也越高。但实际上超过 1 μF 的电容器大多为电解电容器，有很大的电感成分，所以频率高阻抗会增大。有时会看到有一个电容量较大的电解电容器并联了一个小电容器，这时大电解电容器滤低频，小电容器滤高频。电容器的作用就是通交流隔直流，通高频阻低频。电容越大，高频越容易通过。具体用在滤波中，大电容器（1000 μF）滤低频，小电容器（20 pF）滤高频。滤波就是充电、放电的过程。

储能型电容器通过整流器收集电荷，并将存储的能量通过变换器引线传送至电源的输出端。电压额定值为 40～450 V、电容值在 220～150 000 μF 之间的铝电解电容器是较为常用的储能型电容器。根据不同的电源要求，铝电解电容器有时会采用串联、并联或其组合的形式。对于功率级超过 10 kW 的电源，通常采用体积较大的罐形螺旋端子型铝电解电容器。

电容器是由两个相互靠近的金属电极板中间夹绝缘介质构成的。在电容器的两个电极上加电压时，电容器就能储存电能。电容器的图形符号如表 2-6 所示。

表 2-6 电容器的图形符号

名称	符号	名称	符号
无极性电容器		有极性电容器	
穿心电容器		微调电容器	
单连可变电容器		双连可变电容器	

二、电容器的分类及命名

1. 电容器的分类

电容器按原理可分为无极性可变电容器、无极性固定电容器、有极性电容器等，按材料可以分为 CBB 电容器、涤纶电容器、瓷片电容器、云母电容器、独石电容器、电解电容器、钽电容器等。

(1) 无极性可变电容器。

制作工艺：可旋转动片为陶瓷片表面镀金属薄膜，定片为陶瓷底镀金属膜。

优点：容易生产，技术含量低。

缺点：体积大，电容小。

应用：用于改变振荡和谐振频率电路，以及调频、调幅电路等中。

(2) 无极性无感 CBB 电容器。

制作工艺：两层聚丙乙烯塑料和两层金属箔交替夹杂，然后捆绑而成。

优点：无感，高频特性好，体积较小。

缺点：电容较小，价格较高，耐热性能较差。

应用：用于耦合/振荡电路等中。

(3) 无极性 CBB 电容器。

制作工艺：两层聚乙烯塑料和两层金属箔交替夹杂，然后捆绑而成。

优点：有感，高频特性好，体积较小。

缺点：电容较小，价格比较高，耐热性能较差。

应用：用于耦合/振荡电路等中。

(4) 无极性瓷片电容器。

制作工艺：薄瓷片两面镀金属膜而成。

优点：体积小，耐压性能好，价格低，频率高(有一种是高频电容)。

缺点：易碎，容量低。

应用：用于高频振荡、谐振、退耦等电路中。

(5) 无极性云母电容器。

制作工艺：云母片上镀两层金属薄膜。

优点：容易生产，技术含量低。
缺点：体积大，容量小。
应用：用于振荡、谐振、退耦及要求不高的电路等中。
(6) 无极性独石电容器。
特点：体积比无极性CBB电容器更小，其他同无极性CBB电容器。
应用：用于模拟/数字电路信号旁路/滤波等。
(7) 有极性电解电容器。
制作工艺：两片铝带和两层绝缘膜相互层叠，转捆后浸在电解液中。
优点：电容大。
缺点：高频特性不好。
应用：用于低频级间耦合、旁路、退耦、电源滤波等。
(8) 钽电解电容器。
制作工艺：以金属钽作为正极，在电解质外喷上金属作为负极。
优点：稳定性好，电容大，高频特性好。
缺点：造价高。
应用：用于高精度电源滤波、信号级间耦合和高频电路、音响电路中。
(9) 涤纶电容器。
主要特点：体积小，电容大，耐热耐湿，稳定性差。
应用：主要用于对稳定性和损耗要求不高的低频电路中。
(10) 聚苯乙烯电容器。
主要特点：稳定，低损耗，体积较大。
应用：主要用于对稳定性和损耗要求较高的电路中。
(11) 云母电容器。
主要特点：稳定性好，可靠性高，温度系数小。
应用：主要用于高频振荡电路等中。
(12) 高频瓷介电容器。
主要特点：高频损耗小，稳定性好。
应用：主要用于高频电路中。
(13) 低频瓷介电容器。
主要特点：体积小，价廉，损耗大，稳定性差。
应用：主要用于要求不高的低频电路中。
(14) 玻璃釉电容器。
主要特点：稳定性较好，损耗小，耐高温(200 ℃)。
应用：主要用于脉冲、耦合、旁路等电路中。
(15) 铝电解电容器。
主要特点：体积小，电容大，损耗大，漏电大。
应用：主要用于电源滤波、低频耦合、去耦、旁路等电路中。
(16) 空气介质可变电容器。
主要特点：损耗小，效率高；可根据要求制成直线式、直线波长式、直线频率式及对数式等。

应用：主要用于电子仪器、广播电视设备等中。

(17) 薄膜介质可变电容器。

主要特点：体积小，重量轻，损耗比空气介质可变电容器大。

应用：主要应于广播接收机等中。

(18) 薄膜介质微调电容器。

主要特点：损耗较大，体积小。

应用：主要用于收录机、电子仪器等电路中做电路补偿。

(19) 陶瓷介质微调电容器。

主要特点：损耗较小，体积较小。

应用：主要用于精密调谐的高频振荡回路中。

电容器典型的分类示意图如图 2-7 所示。

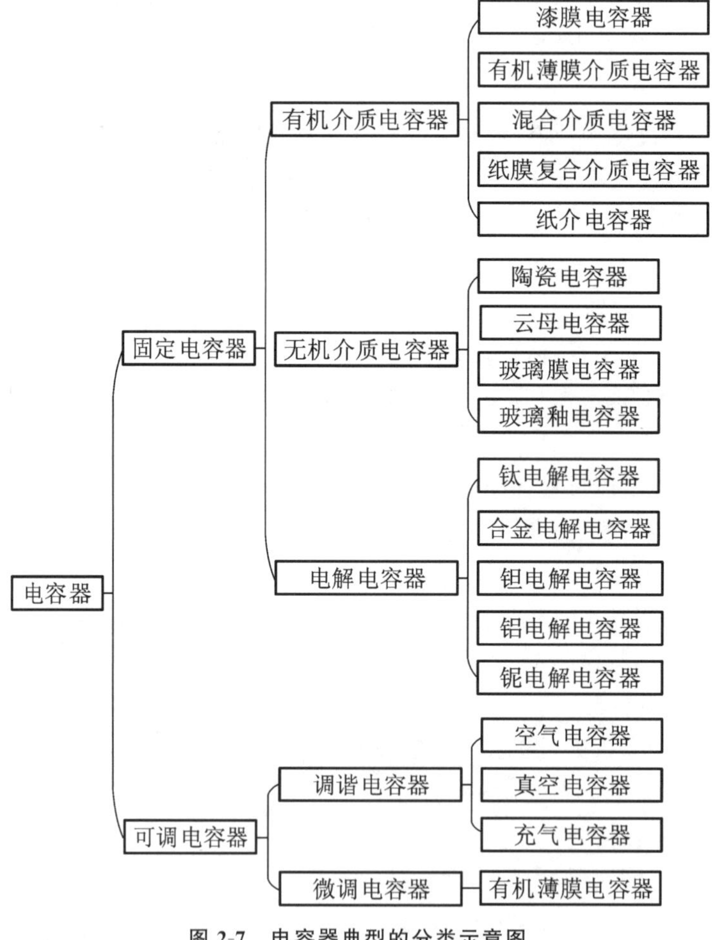

图 2-7 电容器典型的分类示意图

2. 电容器的命名

国产电容器的型号由四个部分组成，各部分的主要含义如图 2-8 所示。

第一部分表示主称，统一用 C 表示。

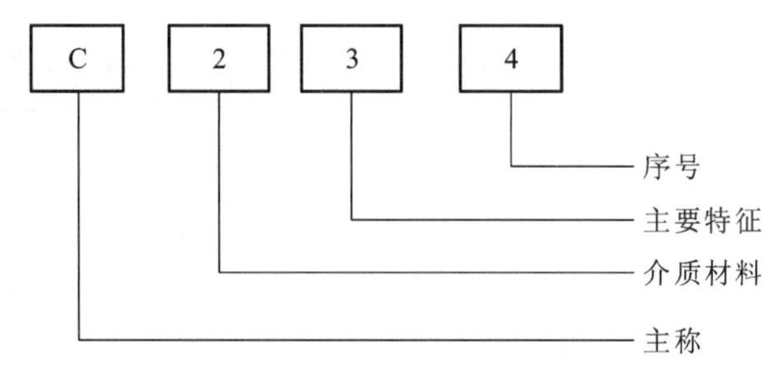

图 2-8 电容器型号各部分的含义

第二部分表示介质材料。介质材料用不同的字母表示,如表 2-7 所示。

表 2-7 型号第二部分介质材料的字母代号

字母	介质材料	字母	介质材料
A	钽电解	L②	极性有机薄膜介质
B①	非极性有机薄膜介质	N	铌电解
C	1 类陶瓷介质	O	玻璃膜介质
D	铝电解	Q	漆膜介质
E	其他材料电解	S	2 类陶瓷介质
G	合金电解	T	3 类陶瓷介质
H	复合介质	V	云母纸介质
I	玻璃釉介质	Y	云母介质
J	金属化纸介质	Z	纸介质

注:①用“B”表示聚苯乙烯薄膜介质,采用其他薄膜介质时,在“B”的后面再加一个字母来区分具体使用的材料。区分具体材料的字母由相关规范规定。例如,采用聚丙烯薄膜介质时,用“BB”表示。

②用“L”表示聚酯薄膜介质,采用其他薄膜介质时,在“L”的后面再加一个字母来区分具体使用的材料。区分具体材料的字母由有关规范规定。例如,采用聚碳酸酯薄膜介质时,用“LS”表示。

第三部分表示电容器的主要特征。电容器的主要特征一般用一个数字或字母表示,如表 2-8 所示。

表 2-8 型号第三部分主要特征的数字或字母代号

数字或字母	瓷介电容器	云母电容器	有机介质电容器	电解电容器
1	圆形	非密封	非密封(金属箔)	箔式
2	管形(圆柱)	非密封	非密封(金属化)	箔式
3	叠片	密封	密封(金属箔)	烧结粉 非固体
4	多层(独石)	密封	密封(金属化)	烧结粉 固体
5	穿心		穿心	
6	支柱式		交流	交流
7	交流	标准	片式	无极性

续表

数字或字母	瓷介电容器	云母电容器	有机介质电容器	电解电容器
8	高压	高压	高压	
9			特殊	特殊
G		高功率		

第四部分表示序号。序号一般用数字来表示。

(1) 对介质材料、主要特征相同，仅尺寸和性能指标略有差别但基本上不影响互换性的产品可以给同一序号。

(2) 对介质材料、主要特征相同，仅尺寸和性能指标有所差别(但该差别并非本质上的，而属于在技术标准上进行统一的问题)、已明显影响互换性的产品，仍给同一序号，但在序号后面用一个字母作为区别代号。此时，该字母作为该型号的组成部分。但在统一该产品技术标准时，应取消区别代号。

三、电容器的电容标示方法、检测方法、常见故障及代换原则

1. 电容器电容的标示方法

(1) 直标法：不带小数点的整数，若没有标注单位，则单位是皮法(如 4700)；带小数点时，若没有标注单位，则单位是微法(如 0.22)。

(2) 数码标注法：如 222、229 的单位是皮法。

(3) 色标法：利用各种颜色来表示电容器的电容值，读数方法如图 2-9 所示，各种颜色代表的耐压值如表 2-9 所示。

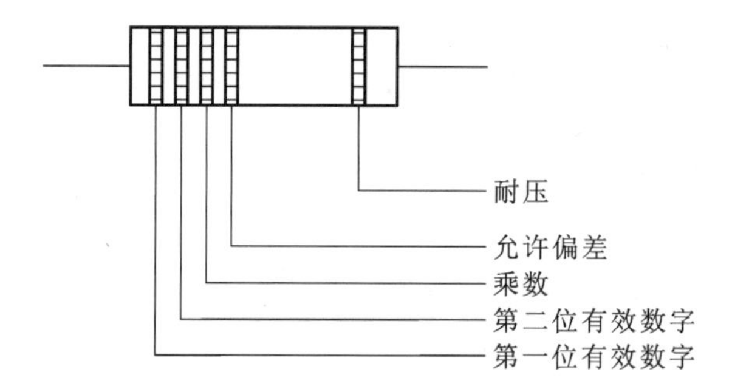

图 2-9　电容器电容值读数示意图

表 2-9　电容器耐压值参照表

颜色	黑	棕	红	橙	黄	绿	蓝	紫	灰	白	金	银
耐压值/V	50	/	/	4	6.3	10	16	25	32	40	63	/

2. 电容器的检测方法、常见故障及代换原则

(1) 电容和漏电阻的检测。

用万用表 $R\times1$ 挡或 $R\times100$ 挡检测电容大于 0.047 μF 的电容器；小于 0.047 μF 电容器的电容用万用表 $R\times10$ k 挡检测；电容器的电容太小时用万用表检测无反应，此时指针指示∞。

① 电容的检查。

a. 将表笔并接于电容器两引脚。

b. 表针先偏转,然后逐渐复原。

c. 调换表笔再测,表针又偏转,但应偏转得更远一些。

d. 前几步是电容器充电和放电时的情形,电容越大,指针偏转幅度就越大,指针复原的速度也就越慢。这说明电容器充、放电时间越长,由此判断电容器电容的大小。

② 漏电阻大小的判断。

a. 将表笔并接于电容器两引脚。

b. 表针先顺时针偏转一下,然后逐步按逆时针复原,即返至无穷处。若表针不能返回到无穷处,则所指示的值就为电容器的漏电阻值。此值越大越好,越大说明电容器绝缘性能越好。

(2) 电解电容器极性的判别。

电解电容器的特性是:正向接入时,漏电流小,所测漏电阻大;反向接入时,漏电流大,所测漏电阻小。

电解电容器极性判别操作如下。

① 选 $R\times10$ k 挡。

② 将表笔并接于电容器两端,测量并记下其漏电阻值。

③ 对电容器进行放电,调换表笔再测,记下漏电阻值。

④ 将两次漏电阻值进行比较,漏电阻值大的一次测量中黑表笔所接的是电容器的正极,红表笔所接的是电容器的负极。

(3) 电容器常见的故障。

电容器常见的故障有:①开路失效;②短路击穿;③介质损耗增大。

(4) 电容器的代换原则。

电容器的代换原则有:①材料相同;②容量相近或相同;③耐压值相近或相同。

任务 3 二极管相关知识

一、二极管的构成及特性

1. 二极管的构成

二极管是用半导体材料(硅、锗等)制成的一种电子器件。它具有单向导电性能,即给二极管阳极和阴极间加上正向电压时,二极管导通;加上反向电压时,二极管截止。

二极管是由一个 PN 结加上相应的电极引线经管壳封装而制成的。采用不同的掺杂工艺,通过扩散作用,将 P 型半导体与 N 型半导体制作在同一块半导体(通常是硅或锗)基片上,在它们的交界面就形成空间电荷区,称为 PN 结。由 P 区引出的电极称为阳极,由 N 区引出的电极称为阴极。PN 结具有单向导电性,二极管导通时电流由阳极通过管子内部流向阴极。在二极管的图形符号中,三角箭头方向表示正向电流的方向。二极管的文字符号为 VD。

PN 结在其界面两侧形成空间电荷层,并建有自建电场。当不存在外加电压时,由于 PN 结两边载流子浓度差引起的扩散电流和自建电场引起的漂移电流相等,二极管处于电平衡状态。当产生正向电压偏置时,外界电场和自建电场的相互抑制作用使载流子的扩散电流增加，产生了正向电流。当产生反向电压偏置时，外界电场和自建电场的相互抑制作用进一步加强，产生在一定反向电压范围内与反向偏置电压值无关的反向饱和电流。当外加的反向电压高到一定程度时，PN结空间电荷层中的电场强度达到临界值，载流子倍增，产生大量电子-空穴对，因而产生了数值很大的反向击穿电流。这种现象称为二极管的反向击穿。PN结的反向击穿有齐纳击穿和雪崩击穿之分。

2. 二极管的特性

用来表示二极管性能好坏和适用范围的技术指标，称为二极管的参数。不同类型的二极管有不同的特性参数。

（1）伏安特性。

二极管具有单向导电性，它的伏安特性曲线如图2-10所示。

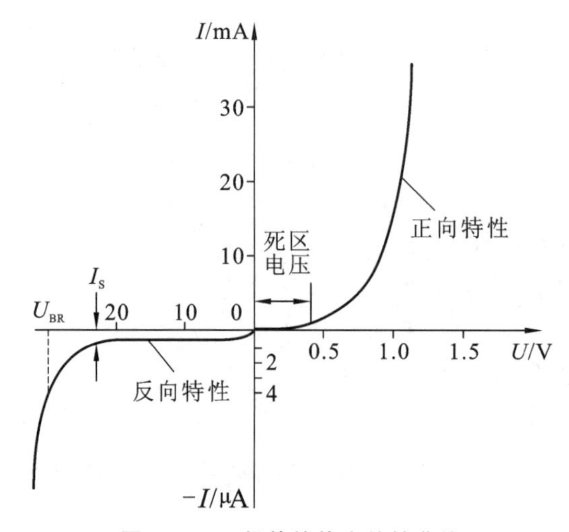

图2-10 二极管的伏安特性曲线

在二极管两极间施加正向电压，当电压较小时，电流极小；当电压超过0.6 V时，电流开始按指数规律增大，通常称此电压为二极管的开启电压；当电压达到约0.7 V时，二极管处于完全导通状态，通常称此电压为二极管的导通电压。

在二极管两极间施加反向电压，当电压较小时，电流极小，通常称此电流为反向饱和电流；当电压超过某个值时，电流开始急剧增大，此时的电流称为二极管的反向击穿电流，电压称为二极管的反向击穿电压。

（2）正向特性。

当对二极管外加正向电压时，在正向特性的起始部分，正向电压很小，不足以克服PN结自建电场的阻挡作用，正向电流几乎为0，这一段称为死区。这个不能使二极管导通的正向电压称为死区电压。正向电压大于死区电压后，PN结自建电场被克服，二极管正向导通，电流随电压增大而迅速上升。在正常使用的电流范围内，导通时二极管的端电压几乎维持不变，这个电压称为二极管的正向电压。

当二极管两端的正向电压超过一定值时，PN结自建电场很快被削弱，特性电流迅速增长，二极管正向导通，通常称此时的电压为门槛电压或阈值电压。硅二极管的门槛电压约为0.5 V，锗二极管的门槛电压约为0.1 V。硅二极管的正向导通压降为0.6～0.8 V，锗二极管的正向导通压降为0.2～0.3 V。

(3) 反向特性。

二极管外加的反向电压在一定范围内时，通过二极管的电流是少数载流子漂移运动所形成的反向电流。由于反向电流很小，因此二极管处于截止状态。这个反向电流又称为反向饱和电流或漏电流。二极管的反向饱和电流受温度影响很大。

(4) 击穿特性。

二极管外加的反向电压超过某一值时，反向电流会突然增大，这种现象称为电击穿。引起电击穿的临界电压称为二极管的反向击穿电压。发生电击穿后，二极管失去单向导电性。若二极管没有因电击穿而过热，则单向导电性不一定会被永久破坏，在撤除外加的反向电压后，二极管的单向导电性仍可恢复，否则二极管就损坏了，因而使用时应避免二极管外加的反向电压过高。

反向击穿按机理分为齐纳击穿和雪崩击穿两种。在高掺杂浓度的情况下，因势垒区宽度很小，反向电压较大时，破坏了势垒区内的共价键结构，使价电子脱离共价键的束缚，产生电子-空穴对，导致电流急剧增大，这种击穿称为齐纳击穿。如果掺杂浓度较低，则势垒区宽度较宽，不容易发生齐纳击穿。

当反向电压增加到较大值时，外界电场使电子的漂移速度加快，从而与共价键中的价电子相碰撞，把价电子撞出共价键，产生新的电子-空穴对。新产生的电子-空穴对被电场加速后又撞出其他价电子，载流子雪崩式地增加，导致电流急剧增加，这种击穿称为雪崩击穿。

若对电流不加限制，无论发生哪种击穿，都可能造成 PN 结永久性损坏。

(5) 反向电流。

反向电流是指在常温(25 ℃)和最高反向电压作用下，流过二极管的电流。反向电流越小，二极管的单向导电性越好。值得注意的是，反向电流与温度有着密切的关系，大约温度每升高 10 ℃，反向电流增大一倍。例如 2AP1 型锗二极管，若在 25 ℃时反向电流为 250 μA，则当温度升高到 35 ℃时，反向电流将上升到 500 μA，依此类推，在温度达到 55 ℃时，它的反向电流已达 8 mA，不仅会导致二极管失去单向导电性，还会使二极管因过热而损坏。

(6) 动态电阻。

动态电阻是指在二极管特性曲线静态工作点附近电压的变化量与相应电流的变化量之比。

(7) 电压温度系数。

电压温度系数是指温度每升高 1 ℃时稳定电压的相对变化量。

(8) 最高工作频率。

最高工作频率是二极管工作的上限频率。因为与 PN 结一样，二极管的结电容也由势垒电容组成，所以二极管的最高工作频率主要取决于 PN 结结电容的大小。若二极管的工作频率高于它的最高工作频率，则二极管的单向导电性将受影响。

(9) 最大整流电流。

最大整流电流是指二极管长期连续工作时，允许通过的最大正向平均电流。二极管的最大整流电流与 PN 结的面积及外部散热条件等有关。因为电流通过二极管时会使管芯发热、温度上升，二极管的工作温度超过容许限度(硅二极管为 141 ℃左右，锗二极管为 90 ℃左右)时，就会使管芯因过热而损坏。所以，在规定的散热条件下，二极管中通过的正向电流不要超过二极管最大整流电流值。

（10）最高反向工作电压。

加在二极管两端的反向电压达到一定值时，二极管会被击穿，失去单向导电能力。为了保证使用安全，规定了二极管的最高反向工作电压。

二、二极管的分类、图形符号和型号

1. 二极管的分类

二极管的具体分类如图 2-11 所示。

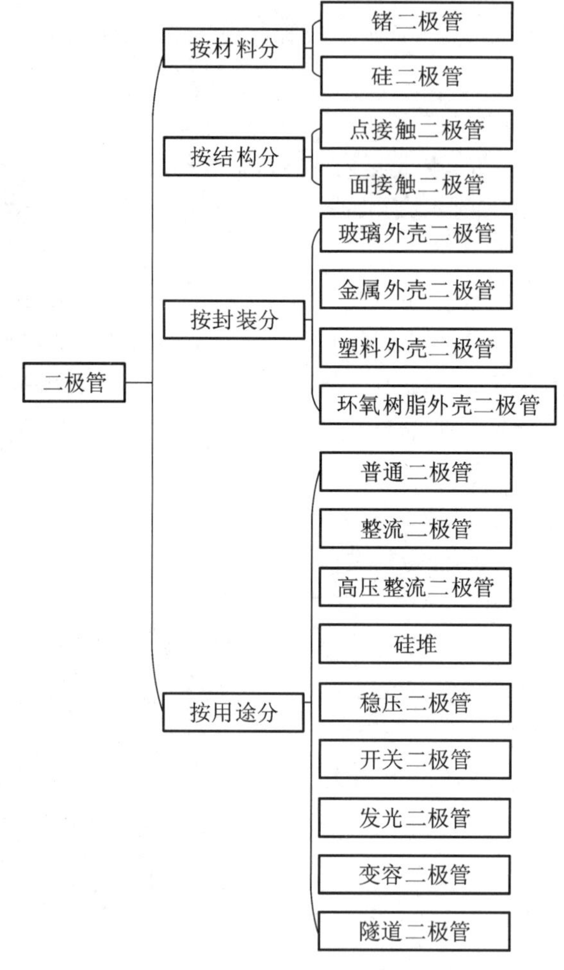

图 2-11 二极管分类示意图

2. 二极管的图形符号

常用二极管的图形符号如图 2-12 所示。

（a）二极管一般符号　（b）稳压二极管　（c）发光二极管　（d）变容二极管　（e）光电二极管

图 2-12 常用二极管的图形符号

3. 二极管的型号

二极管的型号一般由四个部分组成，如图 2-13 所示。

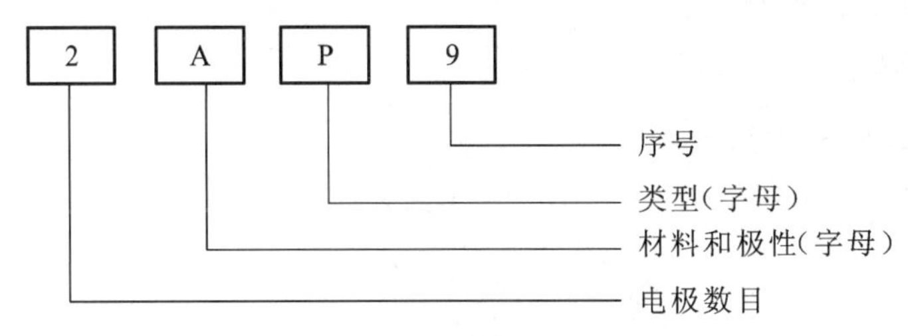

图 2-13　二极管的型号示意图

二极管材料和极性部分字母的含义如表 2-10 所示。

表 2-10　二极管材料和极性部分字母的含义

字母	A	B	C	D
含义	N 型锗材料(PNP)	P 型锗材料(NPN)	N 型硅材料(PNP)	P 型硅材料(NPN)

二极管类型部分字母的含义如表 2-11 所示。

表 2-11　二极管类型部分字母的含义

字母	含义	字母	含义	字母	含义
P	普通二极管	L	整流堆	U	光电二极管
W	稳压二极管	S	隧道二极管	K	开关二极管
Z	整流二极管	N	阻尼二极管	V	微波二极管

三、二极管主要的参数、检测方法及极性的判别

1. 二极管主要的参数

二极管长期使用时，允许流过二极管的最大正向平均电流称为最大整流电流。

最高反向工作电压 U_{RM} 是保证二极管不被击穿时所加的最高反向峰值电压，一般取值为二极管反向击穿电压 U_{BR} 的一半或三分之二。二极管击穿后单向导电性被破坏，甚至会因过热而烧坏。

反向峰值电流 I_{RM} 指二极管加最高反向工作电压时的反向电流。反向峰值电流大，说明二极管的单向导电性差。I_{RM} 受温度的影响，温度越高，I_{RM} 越大。硅二极管的反向峰值电流较小；锗二极管的反向峰值电流较大，为硅二极管的几十到几百倍。

2. 二极管的检测方法

锗二极管的正向电阻值为几百欧至 2 kΩ，反向电阻值为 300 kΩ 左右。硅二极管的正向电阻值为几百欧至 5 kΩ，反向电阻值为∞(无穷大)。正向电阻越小越好，反向电阻越大越好。正、反向电阻值相差越悬殊，说明二极管的单向导电性越好。

3. 二极管极性的判别

将万用表置于 $R\times100$ 挡或 $R\times1$ k 挡，两表笔分别接二极管的两个电极，测出其阻值

后，对调两表笔，再测出其阻值。两次测量中，有一次测量出的阻值较大（为反向电阻），另一次测量出的阻值较小（为正向电阻）。在阻值较小的一次测量中，黑表笔接的是二极管的阳极，红表笔接的是二极管的阴极。

任务4 三极管相关知识

一、三极管的构成、符号、工作状态和分类

三极管也称双极型晶体管、晶体三极管，是一种控制电流的半导体器件。它的作用是把微弱信号放大成幅度值较大的电信号，也用作无触点开关。

三极管是半导体基本元器件之一，具有电流放大作用，是电子电路的核心元件。三极管是在一块半导体基片上制作两个相距很近的 PN 结，两个 PN 结把整块半导体分成三个部分，中间部分是基区，两侧部分是发射区和集电区。三极管中 PN 结的组合方式有 PNP 和 NPN 两种。三极管的图形符号如图 2-14 所示。三极管的三个电极（基极、集电极、发射极）分别用 b、c、e 表示，其中箭头方向表示发射极电流的实际方向。

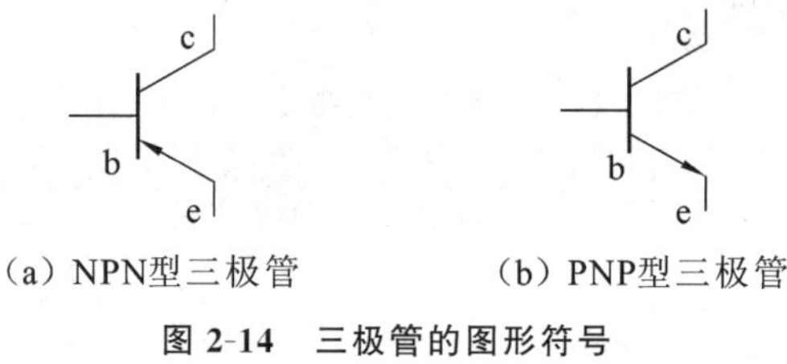

（a）NPN型三极管　（b）PNP型三极管

图 2-14　三极管的图形符号

b—基极；c—集电极；e—发射极

三极管有三种工作状态，分别是截止状态、饱和状态、放大状态。每一种状态的具体情况如下。

（1）截止状态。当三极管基极与发射极之间的电压低于起始电压时，三极管中无工作电流，三极管失去放大作用，呈高阻态，集电极与发射极之间的电压相当于工作电压，这两极之间的电阻很大，相当于开关断开，此时三极管截止。

（2）饱和状态。当三极管基极与发射极之间的电压大于起始电压时，集电极中电流很大。此时，三极管失去放大作用，呈低阻态，集电极与发射极之间的电压很小，这两极之间的电阻也很小，相当于开关闭合。此时，三极管处于饱和导通状态。

（3）放大状态。当 NPN 型三极管满足 $U_C>U_B>U_E$ 或 PNP 型三极管满足 $U_E>U_B>U_C$，并且三极管的基极与发射极之间电压差的绝对值接近三极管的起始电压时，三极管的集电极电流受控于基极电流，此时三极管处于放大状态。

三极管要处于放大状态，必须满足一定的条件才行。常用的方法是给各个极之间加上适当的对地电压，保证发射极正偏，集电极反偏。对于 NPN 型三极管来讲，使发射极正偏，基极电压必须高于发射极电压；使集电极反偏，集电极电压必须高于基极电压，故 $U_C>U_B>U_E$。对于 PNP 型三极管来讲，使发射极正偏，基极电压必须低于发射极电压；使集电极反偏，集电极电压必须低于基极电压，故 $U_E>U_B>U_C$。

三极管的具体分类如图 2-15 所示。

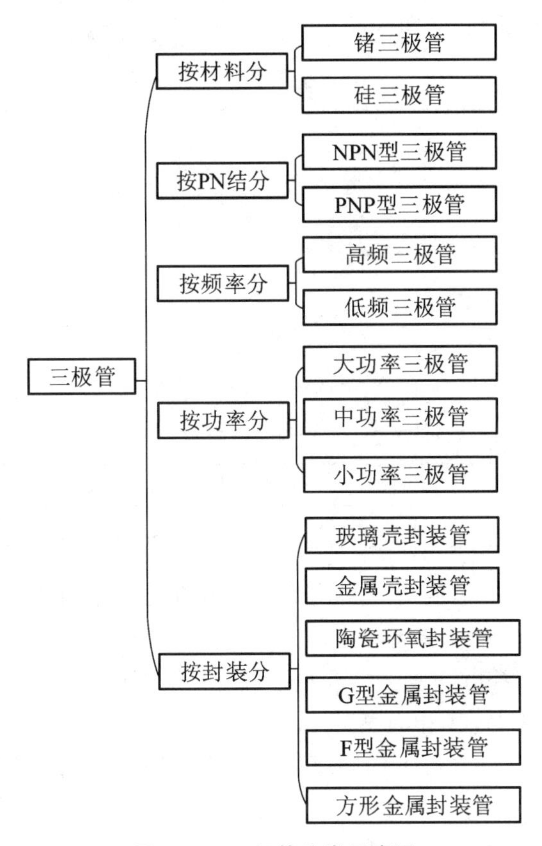

图 2-15　三极管分类示意图

二、三极管的型号及主要参数

1. 三极管的型号

三极管的型号由五个部分组成，每部分的含义如图 2-16 所示。

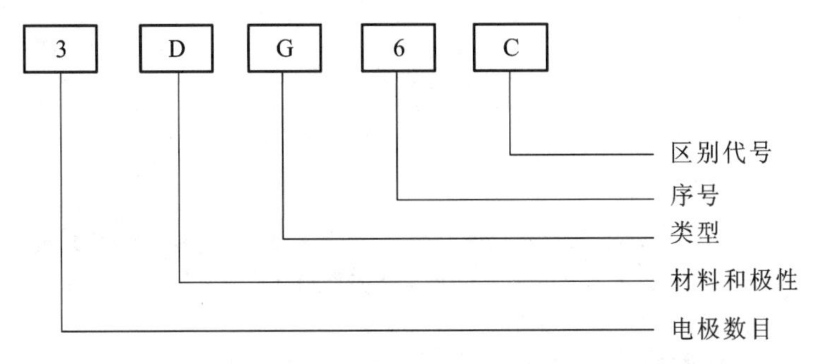

图 2-16　三极管型号示意图

三极管材料和极性部分字母的含义如表 2-12 所示。

表 2-12　三极管材料和极性部分字母的含义

字母	A	B	C	D
含义	N 型锗材料(PNP)	P 型锗材料(NPN)	N 型硅材料(PNP)	P 型硅材料(NPN)

三极管类型部分字母的含义如表 2-13 所示。

表 2-13　三极管类型部分字母的含义

字母	X	G	D	A	K	L
含义	低频小功率管	高频小功率管	低频大功率管	高频大功率管	开关管	整流管

2. 三极管的主要参数

三极管的主要参数如下。

(1) 电流放大系数 β 和 h_{FE}。β 表示交流电流放大系数，h_{FE} 表示直流电流放大系数。常在三极管外壳上用色点表示电流放大系数($\beta \approx h_{FE}$)，颜色对应的数值范围如表 2-14 所示。

表 2-14　β 值对应颜色范围

β 范围	5～15	15～25	25～40	40～55	55～80	80～120	120～180	180～270	270～400	400～600
色标	棕	红	橙	黄	绿	蓝	紫	灰	白	黑

(2) 集电极-发射极穿透电流 I_{ceo}。I_{ceo} 受温度影响较大，是衡量三极管热稳定性的重要参数。该参数越小，三极管的性能越稳定。

(3) 集电极最大允许耗散功率 P_{CM}。P_{CM} 决定三极管的温升。硅三极管的最高工作温度为 150 ℃，锗三极管的最高工作温度为 70 ℃。

(4) 特征频率 f_T。三极管的工作频率超过一定值时，β 开始下降。当 $\beta=1$ 时，所对应的工作频率叫作特征频率。

三、三极管的极性识别和管脚检测

1. 三极管的极性识别

(1) 小功率三极管外形电极识别。小功率三极管有金属壳封装和塑料壳封装两种，极性识别如图 2-17 所示。

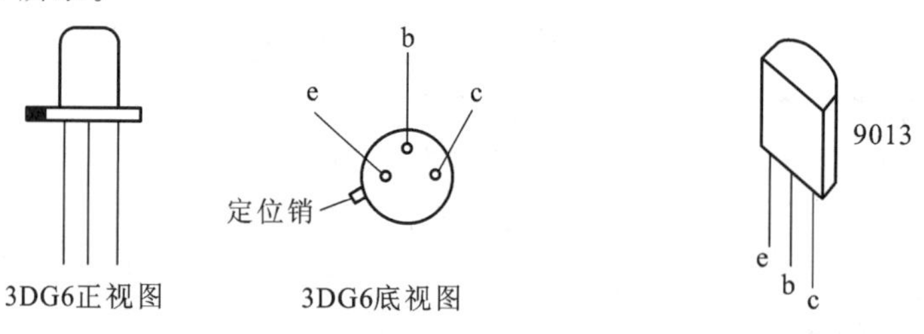

(a) 金属壳封装　　(b) 塑料壳封装

图 2-17　小功率三极管的极性识别

(2) 大功率三极管外形电极识别。大功率三极管一般分为 F 型和 G 型两种，如图 2-18 所示。F 型大功率三极管从外形上只能看到两个电极。将管脚底面朝上，两个电极管脚置于左侧，上面为 e 极，下为 b 极，底座为 c 极。G 型大功率三极管三个电极的分布如图 2-18(b)所示。

2. 三极管管脚的检测

用万用表检测三极管管脚的方法如下。

(1) 确认基极和类型。

选用万用表 $R\times100$ 挡或 $R\times1$ k 挡。假设一只引脚为 b 极，用黑表笔接假设的基极 b，用红表笔分别接另外两只引脚，如两次测得的阻值都较小而且相近，说明假设成立，且知是NPN 型三极管。如两次测得的阻值都很大，用红表笔接假设的基极 b，用黑表笔分别接另外两只引脚，如两次测得的阻值也都较小而且相近，说明假设也成立，且知是 PNP 型三极管。

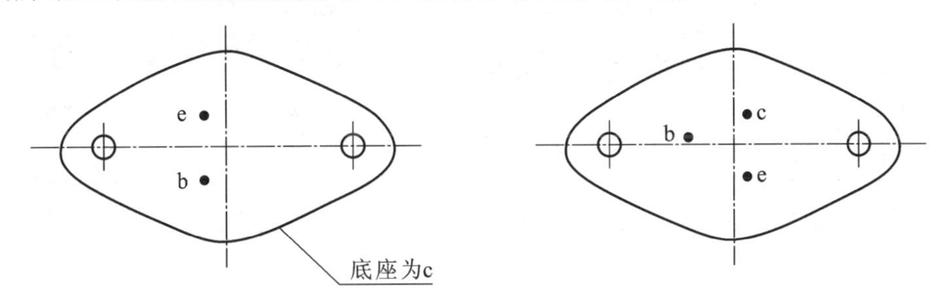

（a）F型大功率三极管　　（b）G型大功率三极管

图 2-18　大功率三极管

（2）判定集电极 c 和发射极 e。

现以 NPN 型三极管为例加以说明。将万用表置于 $R\times1$ k 挡。假设一只引脚为 c，那么另一只引脚为 e。用黑表笔接假设的 c，用红表笔接假设的 e。操作方法如图 2-19 所示。

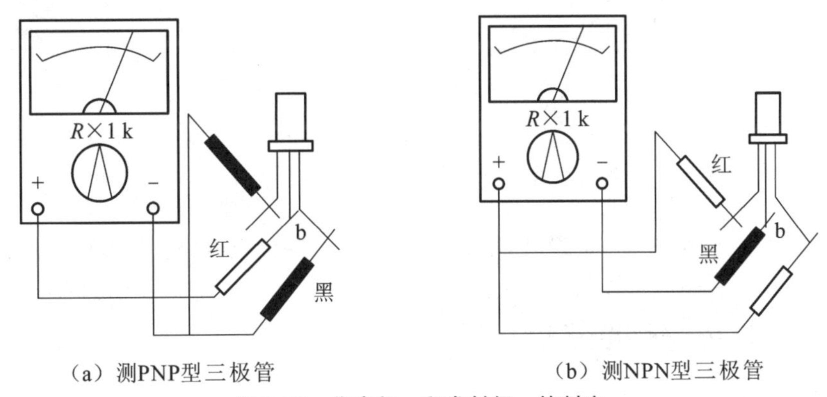

（a）测PNP型三极管　　（b）测NPN型三极管

图 2-19　集电极 c 和发射极 e 的判定

然后用手指将基极与假设的 c 短接起来，记下阻值。接着做相反的假设，即把原来假设的 c 现假设为 e，把原来假设的 e 现假设为 c，用同样的方法测试并记下阻值。将这两次阻值进行比较。阻值小的一次，测量时黑表笔接的是 c，红表笔接的是 e。PNP 型三极管与 NPN 型三极管刚好相反。

项目实施

任务 5　准备工作

首先阅读图纸，对所绘制的电路图有一个大致的认识，示例如图 2-1 所示。在 E 盘的 Student 文件夹下新建一个文件夹，取名为“项目 2”，用以存放后面新建的所有文件。新建一个项目文件和一个原理图文件，步骤详见项目 1 中的任务 4。

文件新建好后，接着在元件库找到相应元件并正确放置到原理图中。该项目元件的名称如表 2-15 所示。

表 2-15　LED 闪烁灯电路中元件的名称

元件	名称	元件	名称
C1、C2、C3	CAP-ELEC	R1、R2、R3、R4	RES
D1	LED-YELLOW	D2	LED-RED
Q3、Q4	NPN	BTA1	CELL

放置好的元件如图 2-20 所示。

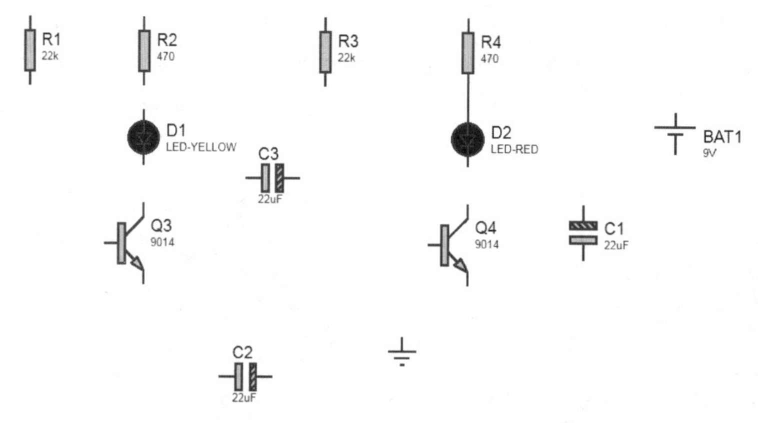

图 2-20　元件布局示意图

元件放置好后，按照图 2-1 的设计，用导线将所有元件有序连接起来，最后进入调试阶段。

LED 闪烁灯电路仿真调试

在上一步的基础上，我们进行最后的仿真调试工作，单击左下角的 ▶ 按钮，进行调试，如图 2-21 所示。

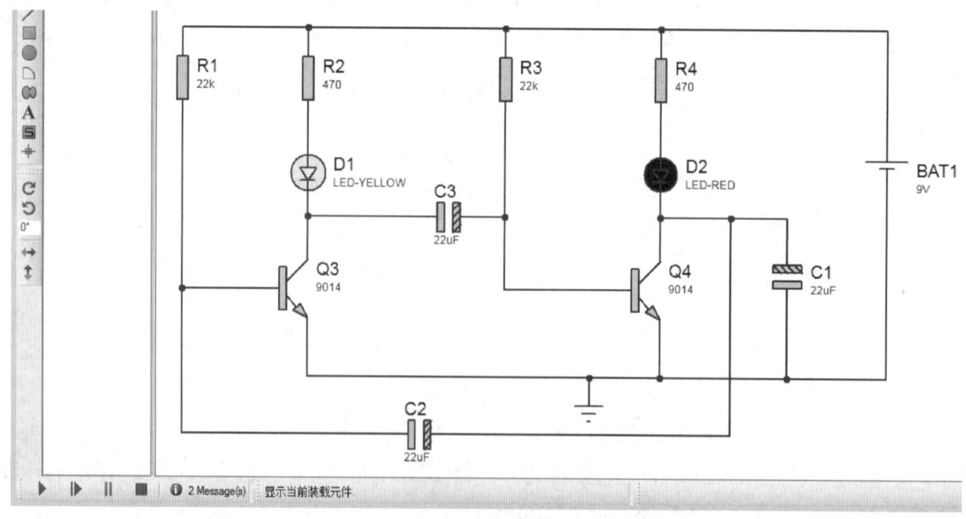

图 2-21　LED 闪烁灯电路仿真调试

单击仿真按钮后，我们能观察到 D1 和 D2 元件交替闪烁，说明电路调试正常。仿真电路调试成功后，可以将该电路制作成实物，具体要求参见本项目的“验收考核”。

任务 7 LED 闪烁灯电路制作

1. 制作准备

在制作电路之前，先按表 2-16 清点材料是否齐全。

表 2-16 材料清单

代号	名称	实物	规格
R1、R3	色环电阻		22 kΩ
R2、R4			470 Ω
C1、C2、C3	电解电容		22 μF/50 V
D1、D2	发光二极管		
Q3、Q4	三极管		9014
BAT1	电池		3 V
	万能板		
	导线		

材料清点完成后，清理需要用到的工具，如表 2-17 所示。

表 2-17　工具清单

工具名称	实物	工具名称	实物
电烙铁	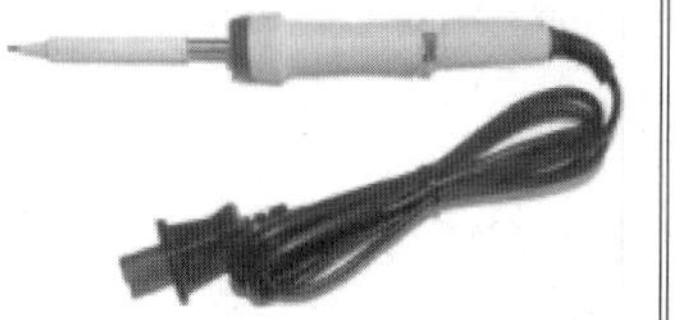	烙铁架	
焊锡丝		助焊剂	
吸锡器	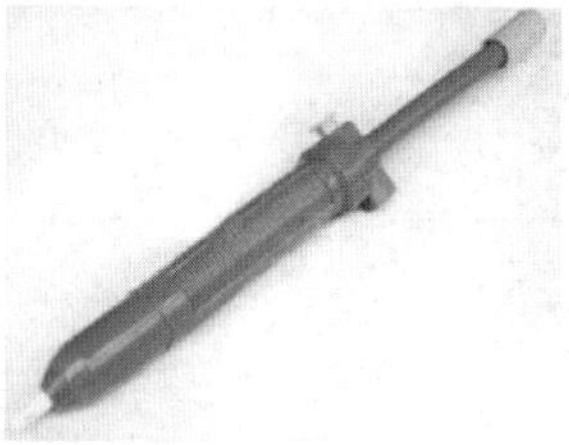	万用表	

2. 制作步骤

按照图 2-1 所示的布局，将元件按照由低到高的顺序依次固定在万能板上，大致步骤如下：①焊接电阻元件；②焊接三极管；③焊接电解电容器；④焊接 LED 灯；⑤焊接电源插座；⑥从电源插座引出 VCC、GND。

然后利用导线正确进行连接。电路组装完成后，安装支承钢柱。

3. 比一比，赛一赛

电路制作完成后，我们可以通过小组互评进行评比，选出优秀的作品并进行展示。评比表如表 2-18 所示。

表 2-18　作品评比表

评比项目	第一组	第二组	第三组	第四组	第五组	第六组
成功人数最多组						
板子最优秀组						
问题最少组						
文明规范组						

验收考核

任务完成后，以小组为单位进行自我检测并将结果填入表 2-19 中。

表 2-19　质量评价表

任务名称：______	小组成员：______		评价时间：______			
考核项目	考核要求	分值	评分标准	扣分	得分	备注
元器件整体布局	① 能够正确选择元器件 ② 能够按照原理图布置元器件 ③ 能够正确固定元器件	30	① 不按原理图固定元器件扣 5 分 ② 元器件安装不牢固、接点松动，每处扣 2 分 ③ 元器件安装不整齐、不均匀、不合理，每处扣 3 分 ④ 损坏元器件此项不得分			
元器件检测	① 能够检测电阻元件并读数 ② 能够检测电容元件并判断极性 ③ 能够检测二极管极性并正确安装 ④ 能够检测三极管管脚极性并正确安装	40	① 不能正确读取电阻元件读数扣 5 分 ② 不能正确读取电容元件读数扣 3 分 ③ 不能正确判断二极管极性扣 5 分 ④ 不能正确判断三极管管脚极性扣 5 分			
工艺规范	① 焊点饱满光滑 ② 不能出现虚焊、空焊 ③ 焊接线路美观	20	① 焊点出现尖角、瑕疵扣 3 分 ② 出现虚焊、空焊每处扣 2 分 ③ 线路不协调、不美观每处扣 3 分			
安全生产	自觉遵守安全文明生产规程	10	① 每违反一项规定，扣 3 分 ② 发生安全事故，0 分处理			
时间	1.5 小时		① 提前正确完成，每 5 分钟加 2 分 ② 超过规定时间，每 5 分钟扣 2 分			

开始时间		结束时间		实际时间	

项目总结

通过本项目的学习，学生应该掌握电阻元件的测量与读数、二极管的命名和引脚极性判断、三极管的命名和引脚极性判断、电容元件的读数和正负极判断；能够独立完成电路图的绘制并调试仿真；能使用万能板焊接成品并调试；撰写一份心得体会。

项目 3

常用电路定理的仿真与验证

项目要求

通过本项目的学习，学生应理解基尔霍夫电流定律、基尔霍夫电压定律、戴维南定理等，并能运用于实际电路中。

项目描述

本项目要完成的学习任务是：理解基尔霍夫电流定律、基尔霍夫电压定律和戴维南定理的概念，会运用它们解决实际生活问题；利用 Proteus 软件仿真验证基尔霍夫电流定律、基尔霍夫电压定律和戴维南定理等，会根据基尔霍夫电流定律、基尔霍夫电压定律和戴维南定理等观察实验现象。

相关知识

任务1 基尔霍夫电流定律

一、电路的基本术语

在学习基尔霍夫电流定律之前，先回顾电路知识，分析比较图 3-1(a)和图 3-1(b)。

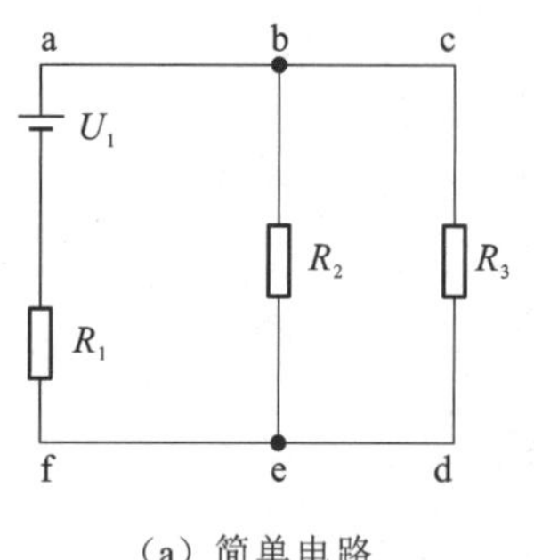

(a) 简单电路

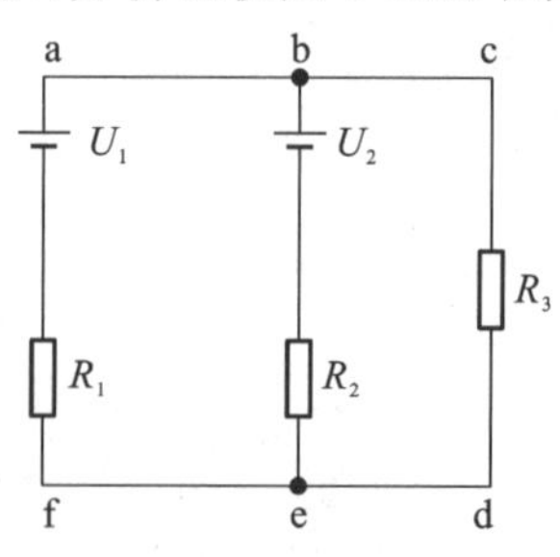

(b) 复杂电路

图 3-1 简单电路与复杂电路

图 3-1(a)所示电路只有一个电源，可以用电阻串并联化简，采用欧姆定律即可；图 3-1(b)所示电路有两个电源，不能用电阻串并联化简。分析这样复杂的电路，需要用到基尔霍夫定律。学习基尔霍夫定律之前，我们先了解一些与基尔霍夫定律有关的术语。

(1) 支路：由一个或多个元件首尾相接构成的无分支电路。例如，在图 3-1(b)中，就有 3 条支路，分别是 U_1 和 R_1 串联构成的一条支路、U_2 和 R_2 串联构成的一条支路、R_3 单独构成的一条支路。同一支路中的电流是相同的。

(2) 节点：三条或三条以上支路的汇集点。在图 3-1(b)中，b 和 e 两点为节点。

(3) 回路:在电路中从任一点出发,经过一定路径又回到该点形成的闭合路径。图 3-1(b)中有三个回路,分别是 abefa、bcdeb、acdfa。

(4) 网孔:电路回路中不含有支路的回路。图 3-1(b)中有两个网孔,分别是 abefa、bcdeb。

从上面电路术语的概念可以分析得出这样的结论:网孔一定是回路,回路不一定是网孔。

知识运用:

利用所学知识分析图 3-2,支路、节点、回路、网孔各有多少个?

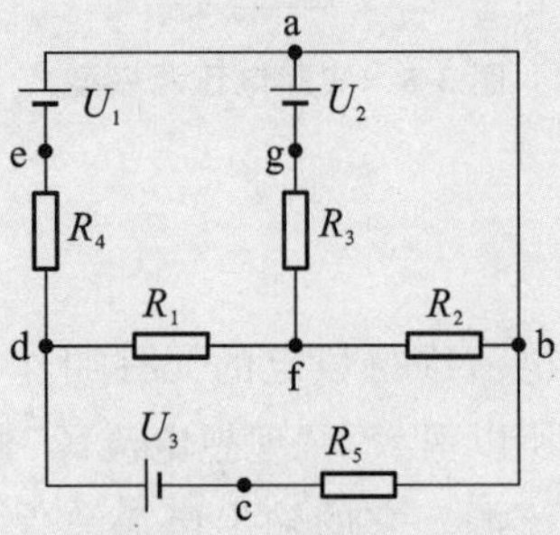

图 3-2　电路分析图

二、电压源

能够独立向外提供电能的元器件叫作独立电源,如电池、发电机、稳压电源、各种信号源。其中,信号源包括电压源和电流源。

电路中能够维持其两端电压恒定的元件叫作电压源。从实际电压源中抽象出来的一种理想电路元件叫作理想电压源。它的端电压总保持为某一常数或为某一给定的时间函数,且流过的电流由外电路决定,电路符号如图 3-3 所示。

(a) 直流电压源符号　　(b) 交流电压源符号

图 3-3　电压源符号

理想电压源同向串联时,数值相加;理想电压源反向串联时,数值相减,如图 3-4 所示。

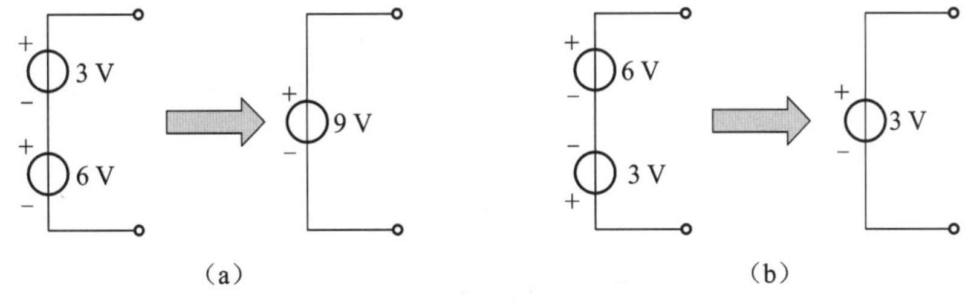

图 3-4　电压源串联

注意:

电压值不同的电压源不能并联。

实际电压源内部存在内阻 R_S，接上负载时，电源中有电流流过，内阻上产生电压降 IR_S。实际电压源模型如图 3-5 所示。

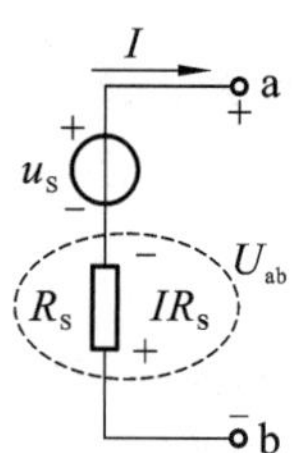

图 3-5 实际电压源模型

三、电流源

电路中能够使某一支路上的电流维持恒定的元件叫作电流源，如太阳能电池。在实际电路中，电流源的特性比较复杂，所以引入了“理想电流源”概念。从实际电流源中抽象出来的一种理想电路元件称为理想电流源。它的输出电流总保持定值或为一定的时间函数，端电压由外电路决定，电路符号如图 3-6 所示。

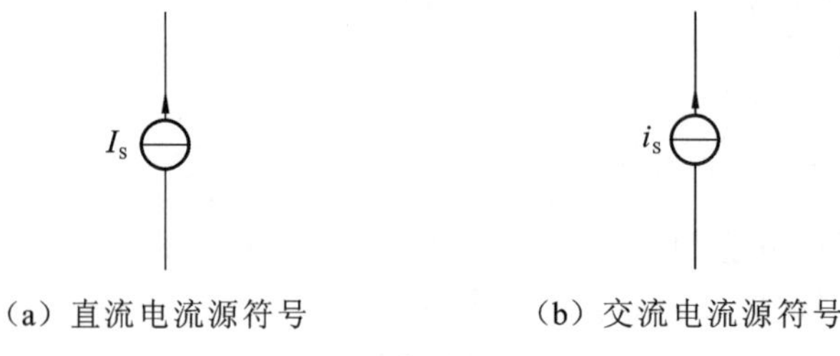

（a）直流电流源符号　（b）交流电流源符号

图 3-6 电流源符号

理想电流源同向并联时，数值相加；理想电流源反向并联时，数值相减，如图 3-7 所示。

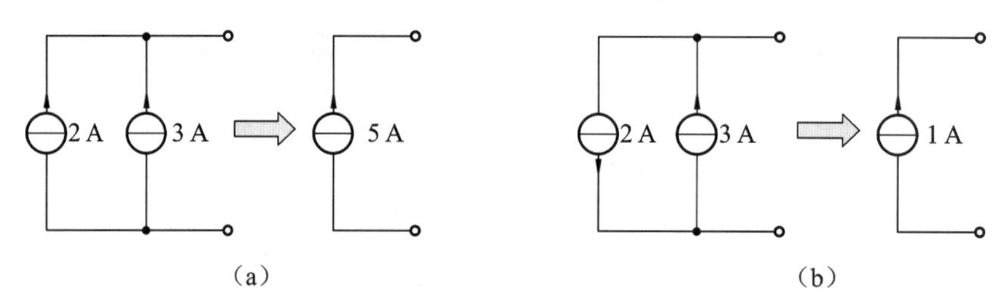

（a）　（b）

图 3-7 电流源并联

实际电流源内部存在内阻 R_S，接上负载时，电源两端产生电压 U_{ab}，内阻上产生分流电流 U_{ab}/R_S。实际电流源模型如图 3-8 所示。

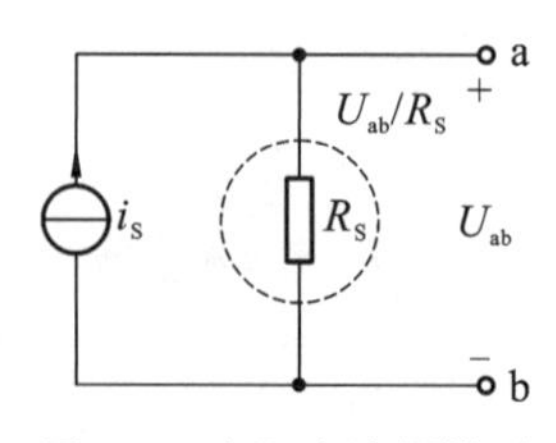

图 3-8 实际电流源模型

四、电源等效变换

理想电压源与任意元件并联，可以用理想电压源来等效替代，如图3-9所示。

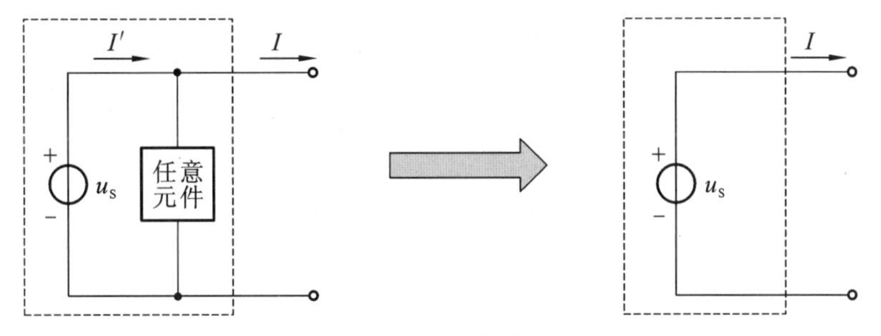

图3-9 电压源等效电路

理想电流源与任意元件串联，可以用理想电流源来等效替代，如图3-10所示。

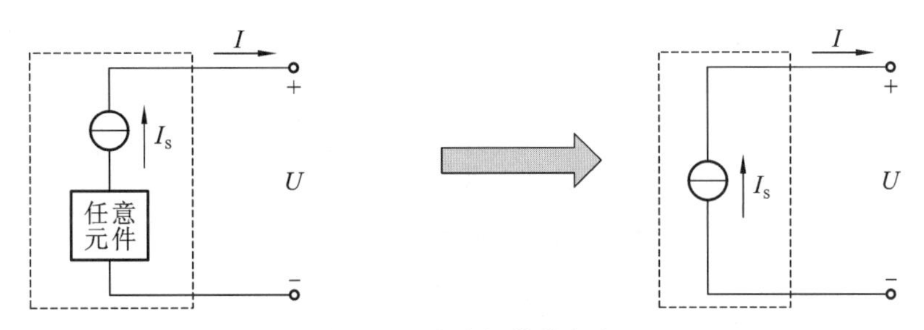

图3-10 电流源等效电路

等效变换的原则是：外接负载相同时，两种电源模型对外部电路的电压、电流相等，如图3-11所示。

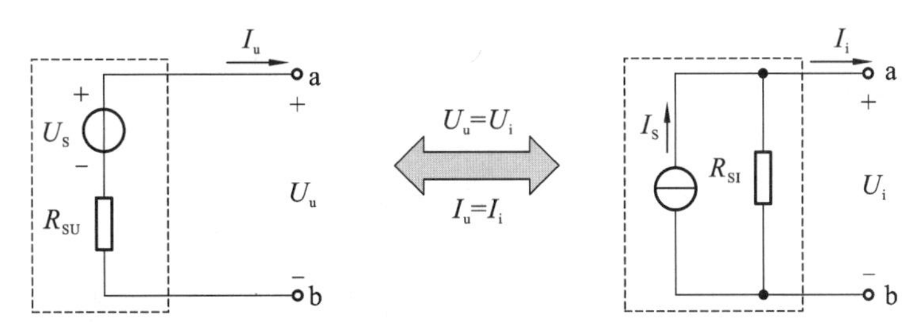

图3-11 等效变换电路

实际电源等效变换的注意事项如下：

(1) U_S与I_S的方向应一致，即电压源正极应是电流源电流流出端；

(2) 两种电源内阻相等，但连接方式不同，电压源与内阻串联，电流源与内阻并联；

(3) 理想电压源与理想电流源之间不能等效变换；

(4) 电源等效变换只是对外电路等效，对电源内部则不等效。

五、基尔霍夫电流定律

定义：在任意瞬间，流入任一节点的电流总和等于从该节点流出的电流总和，称为基尔霍夫电流定律，简称KCL，即

$$\sum I_{入} = \sum I_{出}$$

也就是说，在任一瞬间，一个节点上的电流代数和为零，即

$$\sum I_k = 0$$

注意：

在列方程时，如果把流出节点的电流的方向设置为正方向，那么流入节点的电流的方向需要设置为负方向；反之则相反。

例 3-1 图 3-12 中，$I_1=5$ A，$I_2=2$ A，$I_3=3$ A，求电流I_4。

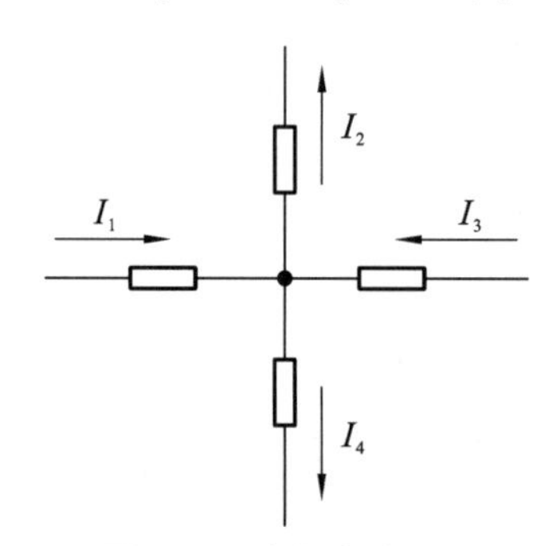

图 3-12 求解电路图 1

解：根据基尔霍夫电流定律可以列出方程：

$$I_1-I_2+I_3-I_4=0$$

代入已知值可得：

$$5\text{ A}-2\text{ A}+3\text{ A}-I_4=0$$

$$I_4=6\text{ A}$$

例 3-2 求图 3-13 中的电流I_3。

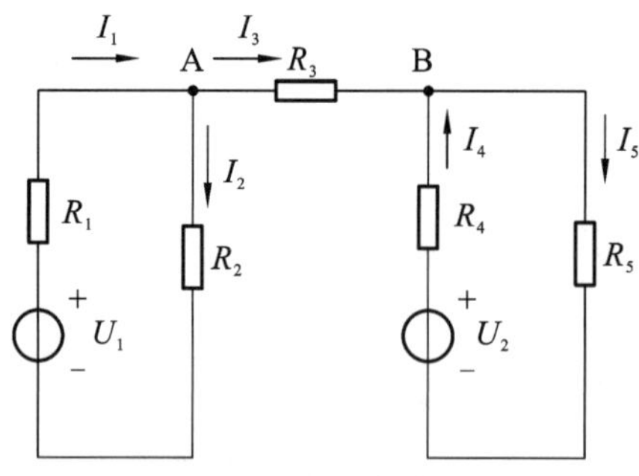

图 3-13 求解电路图 2

解：根据基尔霍夫电流定律，对于节点 A 可以列出方程：

$$I_1-I_2-I_3=0$$

因为$I_1=I_2$，所以$I_3=0$。

同理，对于节点 B 也可以列出方程：

$$I_5-I_4-I_3=0$$

因为$I_4=I_5$，所以$I_3=0$。

从上述两个方程可得出结论：没有构成回路的单支路电流为零。

例 3-3 图 3-14 中，电流$I_A=2\ A$，$I_B=-6\ A$，$I_{CA}=3\ A$，求电流I_C和I_{AB}、I_{BC}。

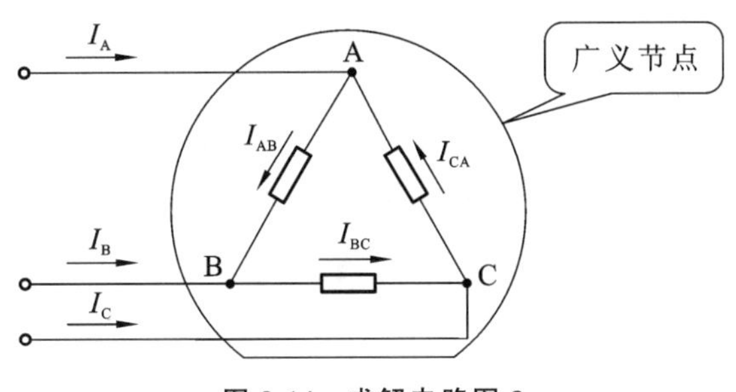

图 3-14　求解电路图 3

解：根据基尔霍夫电流定律可列出方程：

$$I_A+I_B+I_C=0$$

代入参数可得：

$$I_C=4\ A$$

同理：

$$I_{AB}=I_A+I_{CA}=2\ A+3\ A=5\ A$$

$$I_{BC}=I_{CA}-I_C=3\ A-4\ A=-1\ A$$

> **注意：**
> 负号表示电流的实际方向与参考方向相反。

总结：基尔霍夫电流定律的表现形式主要有如图 3-15 所示的三种。

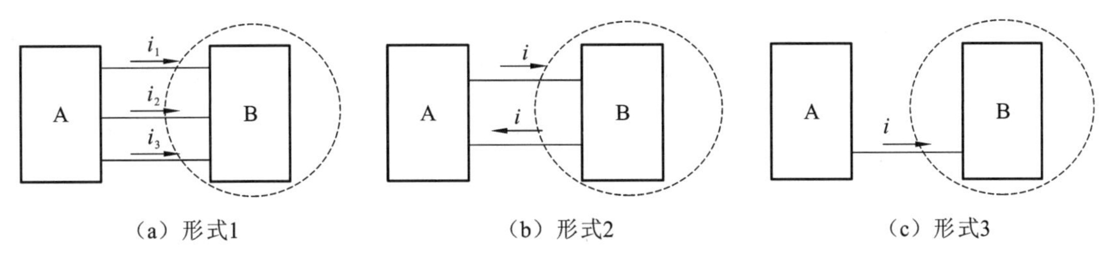

图 3-15　基尔霍夫电流定律的表现形式

在图 3-15(a)中，$i_1+i_2+i_3=0$，即流入和流出封闭面电流的代数和为零。

在图 3-15(b)中，两条支路电流大小相等，方向相反，一个流入，一个流出。

在图 3-15(c)中，只有一条支路相连，电流 $i=0$。

基尔霍夫电流定律的应用方法与步骤如下：

(1) 确定节点；

(2) 确定流入节点与流出节点的电流的方向；

(3) 根据基尔霍夫电流定律列出节点电流方程；

(4) 解方程，求出未知电流的大小与方向。

练习 3-1 电路如图 3-16 所示，已知$I_1=4\ A$，$I_3=2\ A$，$E_1=12\ V$，$E_2=5\ V$，求电流I_2的大小。

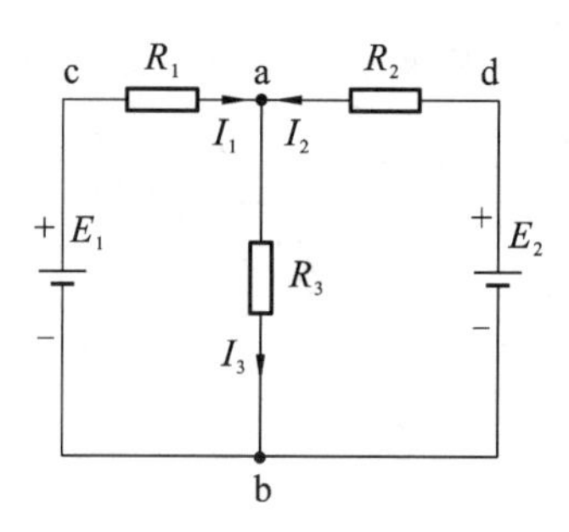

图 3-16　求解电路图 4

任务2　基尔霍夫电压定律

定义：集总参数电路中任意时刻、任意回路所有支路上电压降的代数和恒为零，称为基尔霍夫电压定律，简称 KVL。在列 KVL 方程时通常需要先任意指定一个回路的绕行方向，如图 3-17 所示。

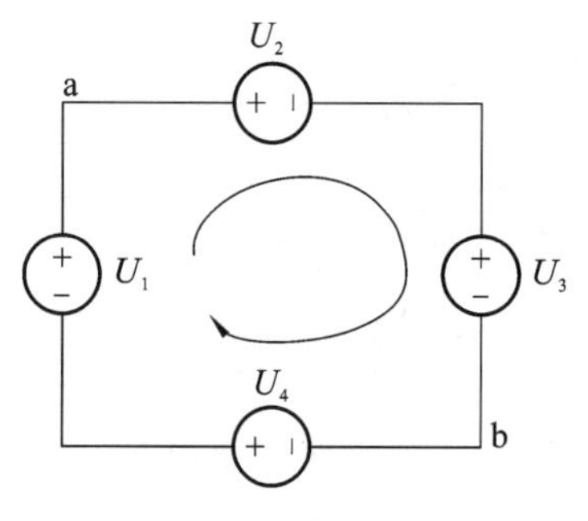

图 3-17　电压回路

按照回路的绕行方向可得：

$$U_2+U_3-U_4-U_1=0$$

$$U_1+U_4=U_2+U_3$$

$$U_{ab}=U_2+U_3$$

$$U_{ab}=U_1+U_4$$

基尔霍夫电压定律实际上表明了电压与路径无关这一特性。通常列方程时，若沿回路绕行方向电压降，该电压前取"＋"，反之取"－"。

基尔霍夫电压定律的扩展应用如图 3-18 所示。

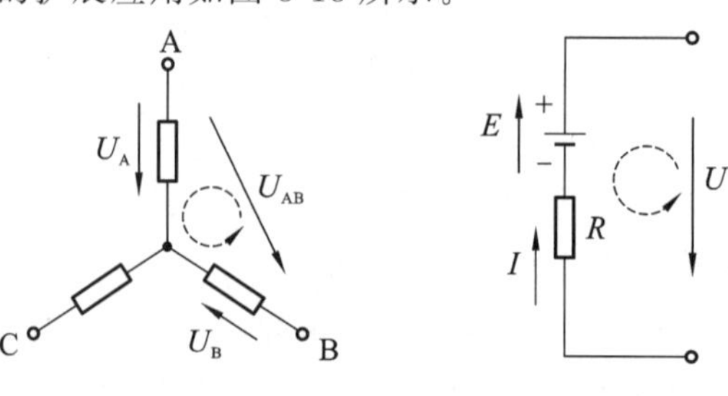

（a）扩展电路图1　　（b）扩展电路图2

图 3-18　扩展电路图

对于图 3-18(a)来讲，按照基尔霍夫电压定律可以列出方程：

$$U_{AB}-U_{A}+U_{B}=0 \quad 或 \quad U_{AB}=U_{A}-U_{B}$$

对于图 3-18(b)来讲，按照基尔霍夫电压定律可以列出方程：

$$U=E-IR$$

列电路的电压与电流关系方程时，无论是应用基尔霍夫定律还是欧姆定律，必须要在电路图中标出电流、电压的参考方向。

例 3-4 图 3-19 中，$U_1=9$ V，$U_2=-5$ V，$U_4=2$ V，$U_6=3$ V，求U_7、U_5、U_{ce}。

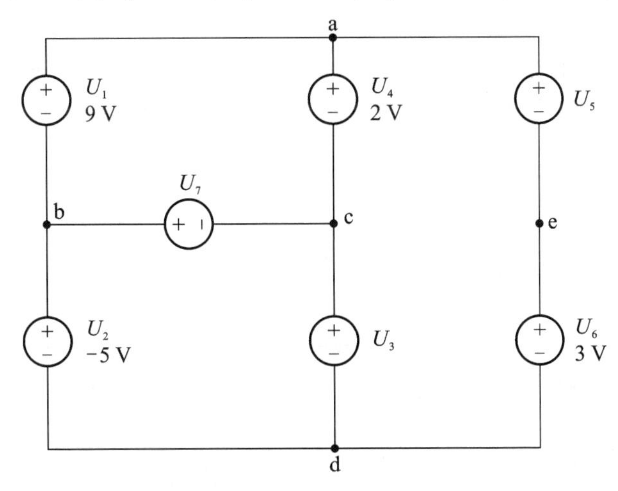

图 3-19 求解电路图 5

解：根据基尔霍夫电压定律可以列出如下方程：

$$U_7=U_4-U_1=2\text{ V}-9\text{ V}=-7\text{ V}$$

$$U_5=U_1+U_2-U_6=9\text{ V}-5\text{ V}-3\text{ V}=1\text{ V}$$

$$U_{ce}=U_5-U_4=1\text{ V}-2\text{ V}=-1\text{ V}$$

例 3-5 计算图 3-20 所示的电路中的电压 U_1。

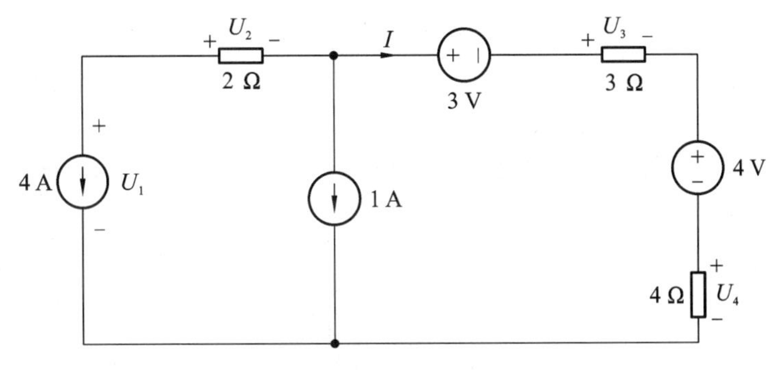

图 3-20 求解电路图 6

解：根据图 3-20 中各元件电压、电流方向，根据基尔霍夫电压定律可以列出下列方程：

$$U_1=U_2+3\text{ V}+U_3+4\text{ V}+U_4$$

根据基尔霍夫电流定律可得：

$$I=4\text{ A}-1\text{ A}=3\text{ A}$$

那么：

$$U_2=4\ \text{A}\times 2\ \Omega=8\ \text{V}$$

$$U_3=I\times 3\ \Omega=3\ \text{A}\times 3\ \Omega=9\ \text{V}$$

$$U_4=I\times 4\ \Omega=3\ \text{A}\times 4\ \Omega=12\ \text{V}$$

代入 U_1 的计算公式，即

$$U_1=U_2+3\ \text{V}+U_3+4\ \text{V}+U_4=(8+3+9+4+12)\ \text{V}=36\ \text{V}$$

任务 3　叠加定理

对于线性电路，任何一条支路的电流，都可以看成是由电路中各个电源（电压源或电流源）分别作用时，在此支路中所产生的电流的代数和，称为叠加定理，如图 3-21 所示。

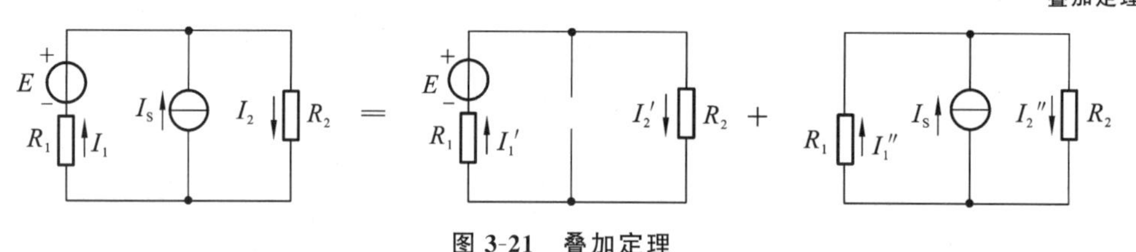

图 3-21　叠加定理

例 3-6　求图 3-22 中电压 u_3 的值。

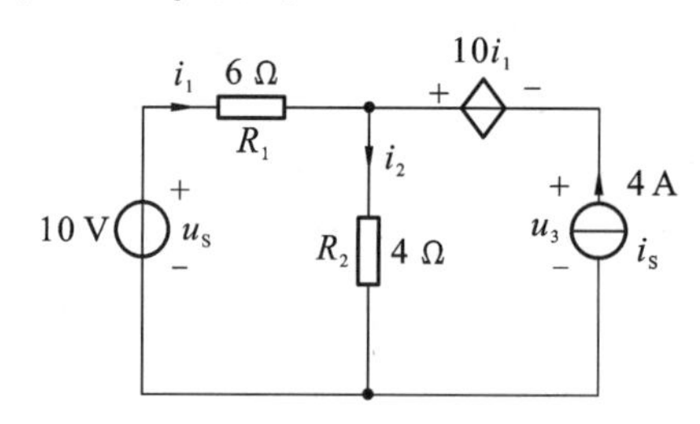

图 3-22　求解电路图 7

解：电压 u_3 可以看作是独立电压源和独立电流源共同作用下的响应。让电压源和电流源单独作用进行电路化简（注意，电路中的受控源需要保留），如图 3-23 所示。

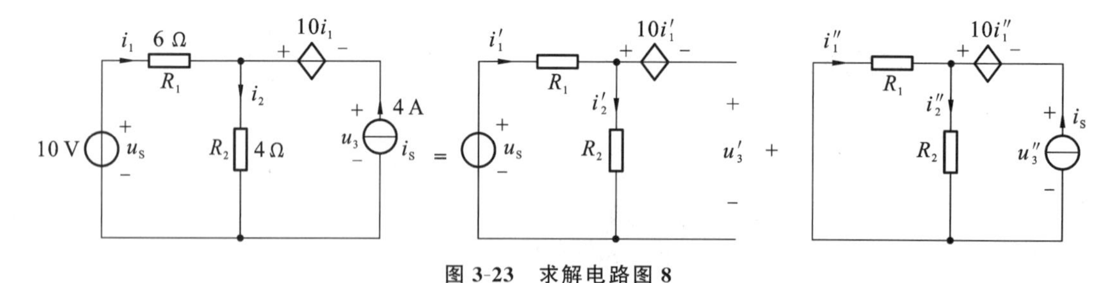

图 3-23　求解电路图 8

根据叠加定理，可以列出方程：

$$u_3=u_3'+u_3''$$

在电压源单独作用下，可以列出方程：

$$i_1'=i_2'=\frac{10}{4+6}\ \text{A}=1\ \text{A}$$

那么：

$$u_3'=-10i_1'+4i_2'=-6\ \text{V}$$

在电流源单独作用下，可以列出方程：

$$i_1''=\left(\frac{-4}{6+4}\times 4\right)\ \text{A}=-1.6\ \text{A}$$

$$i_2''=\left(\frac{6}{6+4}\times 4\right)\ \text{A}=2.4\ \text{A}$$

根据基尔霍夫电压定律可以列出方程：

$$u_3''=-10i_1''+4i_2''=25.6\ \text{V}$$

根据叠加定理可以知道：

$$u_3=u_3'+u_3''=-6\ \text{V}+25.6\ \text{V}=19.6\ \text{V}$$

例 3-7 图 3-24 所示为线性电阻网络 N，当 $i_{S1}=10$ A，$i_{S2}=14$ A 时，$u_x=100$ V；当 $i_{S1}=-10$ A，$i_{S2}=10$ A 时，$u_x=20$ V。

(1) 当 $i_{S1}=3$ A，$i_{S2}=12$ A 时，u_x为多少？

(2) 若网络 N 含有一电压源 u_S，u_S单独作用时，$u_x=20$ V，其他数据仍有效，求当 $i_{S1}=8$ A，$i_{S2}=12$ A 时，u_x为多少？

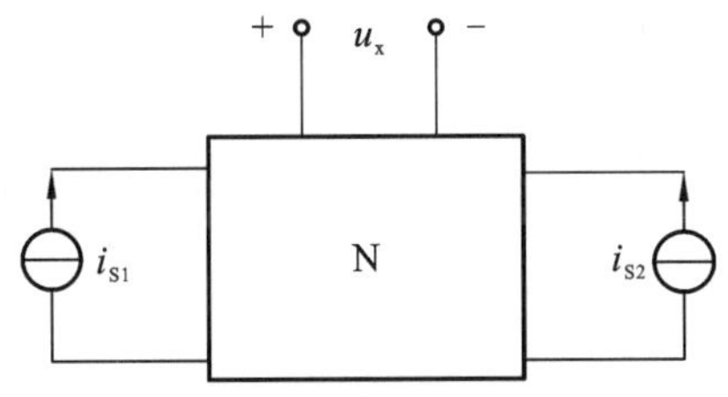

图 3-24 求解电路图 9

解：(1) 电路有两个独立的激励源，根据叠加定理，设 $k_1i_{S1}+k_2i_{S2}=u_x$，其中 k_1、k_2为两个未知的比例系数。根据上述已知条件可以列出方程组：

$$\begin{cases}10k_1+14k_2=100\\-10k_1+10k_2=20\end{cases}$$

解方程组得 $k_1=3$，$k_2=5$。

当 $i_{S1}=3$ A，$i_{S2}=12$ A 时，有

$$u_x=3i_{S1}+5i_{S2}=69\ \text{V}$$

(2) 若网络 N 含有一电压源 u_S，则：

$$u_x=a_1i_{S1}+a_2i_{S2}+a_3u_S$$

根据已知条件可知 $i_{S1}=i_{S2}=0$ 时，$u_x=20$ V，所以有：

$$a_3u_S=20 \tag{a}$$

由于其他数据仍有效，因此可以列出方程组：

$$10a_1+14a_2+a_3u_S=100 \tag{b}$$

$$-10a_1+10a_2+a_3u_S=20 \tag{c}$$

可以求得$a_1=a_2=3.33$。

当 $i_{S1}=8$ A，$i_{S2}=12$ A 时，将各已知数代入方程

$$u_x=a_1i_{S1}+a_2i_{S2}+a_3u_S$$

从而求得：

$$u_x=(3.33\times8+3.33\times12+20)\ \text{V}=86.6\ \text{V}$$

运用叠加定理时的注意事项如下：

(1) 叠加定理只适用于线性电路；

(2) 应用叠加定理解决问题时，受控源及电路的连接关系应该保持不变；

(3) 叠加是代数相加，要注意电流和电压的参考方向(即注意正负号的使用)；

(4) 由于功率不是电流或者电压的一次函数，因此功率不能叠加。

任务4 戴维南定理

具有两个出线端的部分电路称为二端网络。没有独立电源的二端网络称为无源二端网络，如图 3-25(a)所示；含有独立电源的二端网络称为有源二端网络，如图 3-25(b)所示。

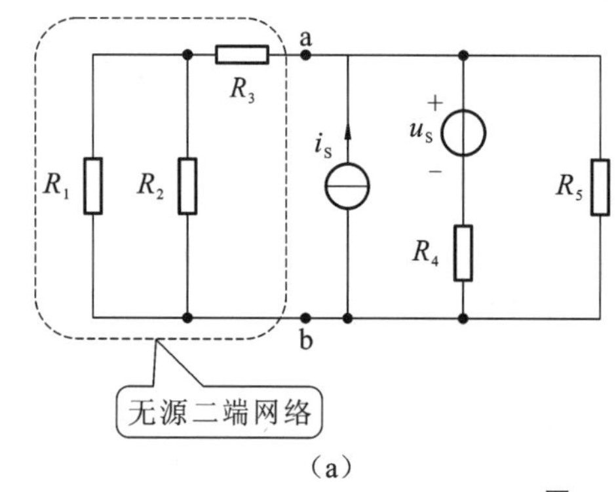

(a)

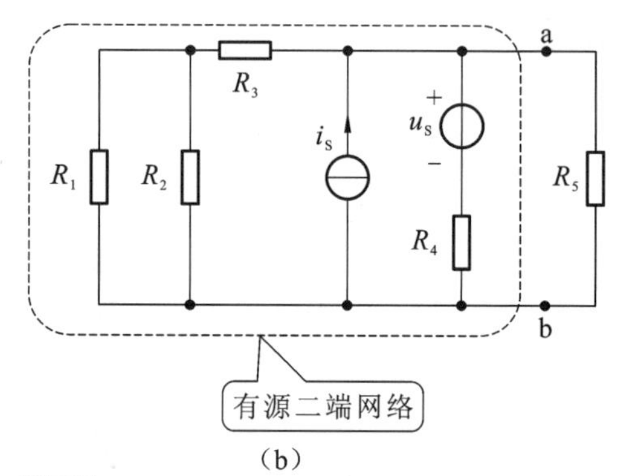

(b)

图 3-25　二端网络

戴维南定理：任一线性有源二端网络都可以等效化简为一个串联模型。其中：电压源的电压等于该网络的开路电压 U_{OC}；串联电阻等于该网络中所有电压源短路、所有电流源开路后，所得无源二端网络的等效电阻。

应用戴维南定理解决问题的步骤如下：

(1) 将待求支路从原电路移除，得到线性有源二端网络；

(2) 求出开路电压；

(3) 所有电源置 0，求出等效电阻 R_0；

(4) 画出戴维南等效电路；

(5) 将待求支路接入戴维南等效电路，求出待求量。

例 3-8　利用戴维南定理化简图 3-26。

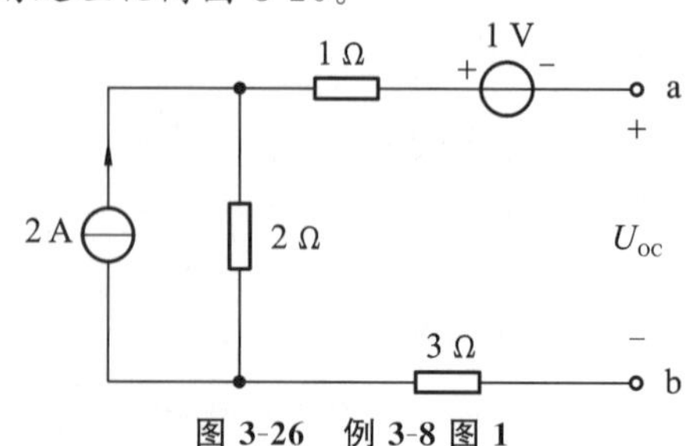

图 3-26　例 3-8 图 1

解:根据基尔霍夫电压定律可以列出方程:

$$U_{OC}=-1\ \text{V}+2\ \Omega\times 2\ \text{A}=3\ \text{V}$$

将图 3-26 中的电压源短路、电流源开路,得到图 3-27。

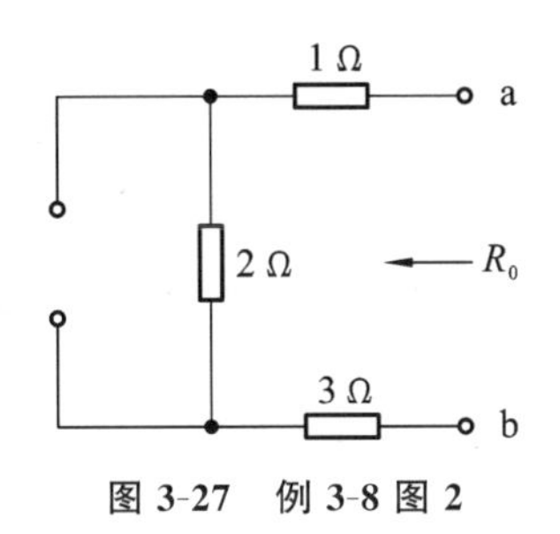

图 3-27 例 3-8 图 2

根据图 3-27 可以列出方程:

$$R_0=1\ \Omega+2\ \Omega+3\ \Omega=6\ \Omega$$

根据U_{OC}的参考方向,即可画出化简的电路,如图 3-28 所示。

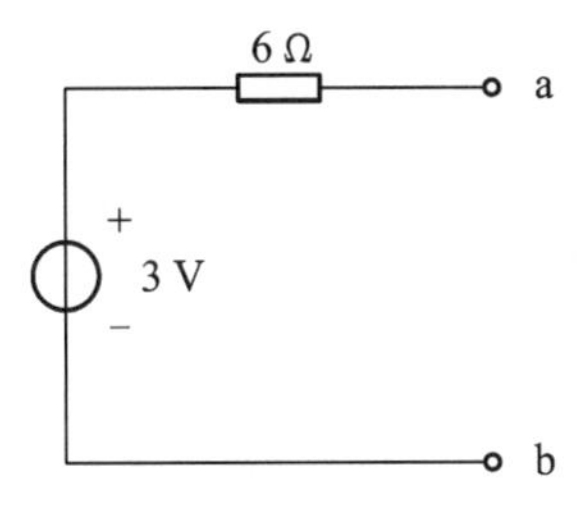

图 3-28 例 3-8 图 3

例 3-9 电路如图 3-29 所示,已知 $E_1=40\ \text{V}$,$E_2=20\ \text{V}$,$R_1=R_2=4\ \Omega$,$R_3=13\ \Omega$,试用戴维南定理求电流 I_3。

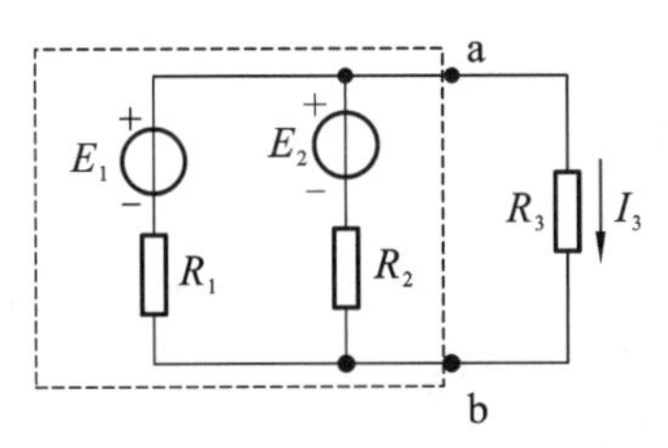

图 3-29 求解电路图 10

解:(1)断开待求支路,求等效电源的电动势 U_0,化简电路图如图 3-30 所示。

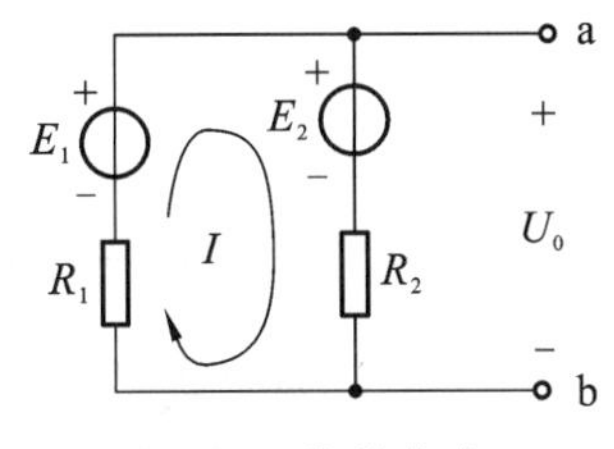

图 3-30 化简电路 1

$$I=\frac{E_1-E_2}{R_1+R_2}=\frac{40-20}{4+4}\ \text{A}=2.5\ \text{A}$$

$$U_0=E_2+IR_2=(20+2.5\times4)\ \text{V}=30\ \text{V}$$

(2) 将图 3-30 中的电压源 E_1、E_2 短路，得到电路如图 3-31 所示。

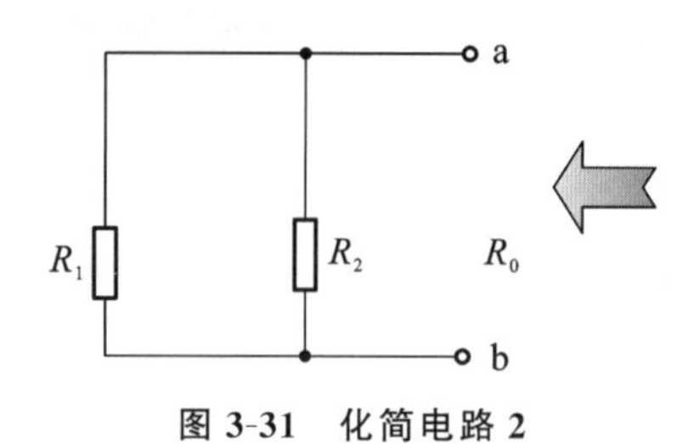

图 3-31　化简电路 2

那么：

$$R_0=\frac{R_1R_2}{R_1+R_2}=2\ \Omega$$

(3) 最后化简的电路如图 3-32 所示。

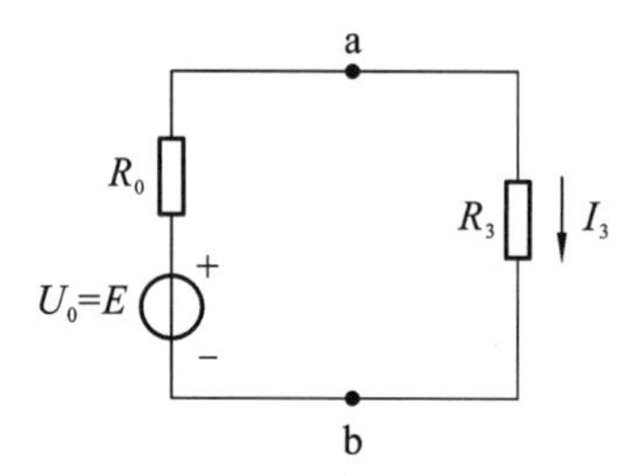

图 3-32　化简电路 3

$$I_3=\frac{E}{R_0+R_3}=\frac{30}{2+13}\ \text{A}=2\ \text{A}$$

例 3-10　求图 3-33 中的电流 I。已知 $R_1=R_3=2\ \Omega$，$R_2=5\ \Omega$，$R_4=8\ \Omega$，$R_5=14\ \Omega$，$E_1=8\ \text{V}$，$E_2=5\ \text{V}$，$I_S=3\ \text{A}$。

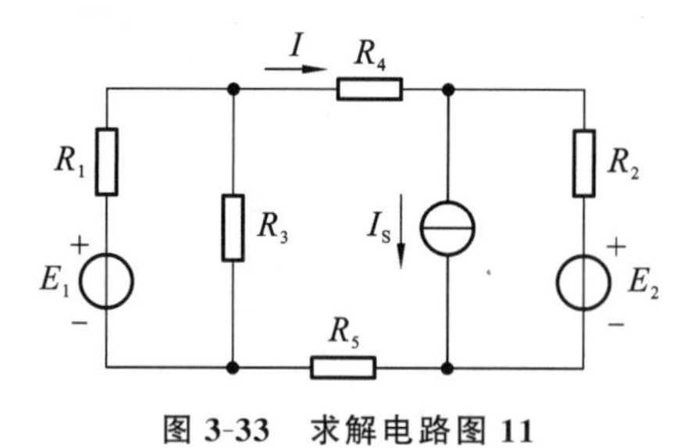

图 3-33　求解电路图 11

解：(1) 求 R_4 两端的电压 U_0，电路如图 3-34 所示。

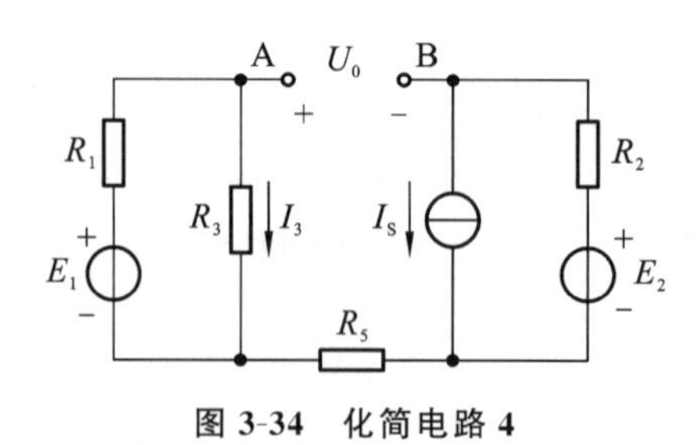

图 3-34　化简电路 4

$$I_3=\frac{E_1}{R_1+R_3}=2\ \text{A}$$

$$U_0=I_3R_3-E_2+I_SR_2=14\ \text{V}$$

(2) 将电压源短路、电流源开路，求内阻 R_0。

$$R_0=(R_1//R_3)+R_2+R_5=20\ \Omega$$

(3) 经化简得到的电路如图 3-35 所示，最后求电流 I 的大小。

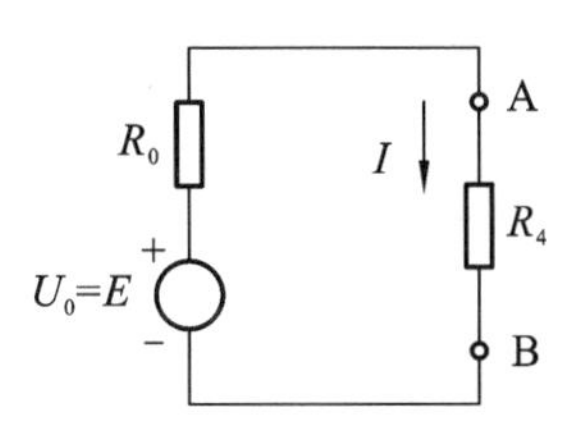

图 3-35 化简电路 5

$$I=\frac{E}{R_0+R_4}=0.5\ \text{A}$$

任务 5 诺顿定理

诺顿定理：对于外电路来说，任何一个线性有源二端网络均可以用一个理想电流源和一个电阻元件并联的有源支路来等效代替。其中，电流源电流 I_S 等于线性有源二端网络的短路电流 I_{SC}，电阻元件的阻值 R_0 等于线性有源二端网络除源后两个端子间的等效电阻 R_{ab}。

例 3-11 电路如图 3-36 所示，$R_1=R_2=R_3=10\ \Omega$，$I=4\ \text{A}$，$U=20\ \text{V}$，试计算流过电阻 R_3 的电流 I 的大小。

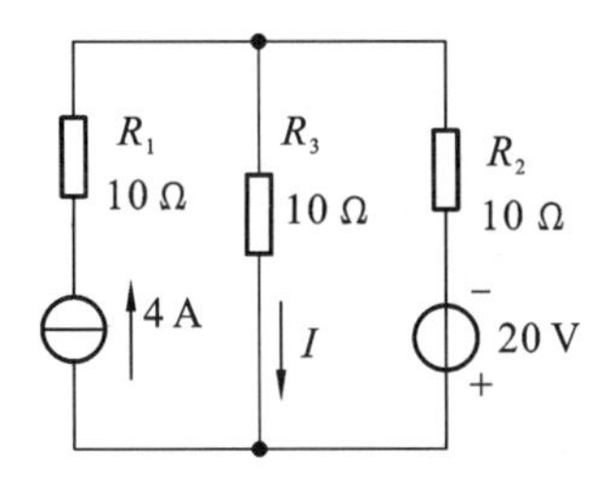

图 3-36 求解电路图 12

解：化简图 3-36，得到简化后的电路如图 3-37 所示。

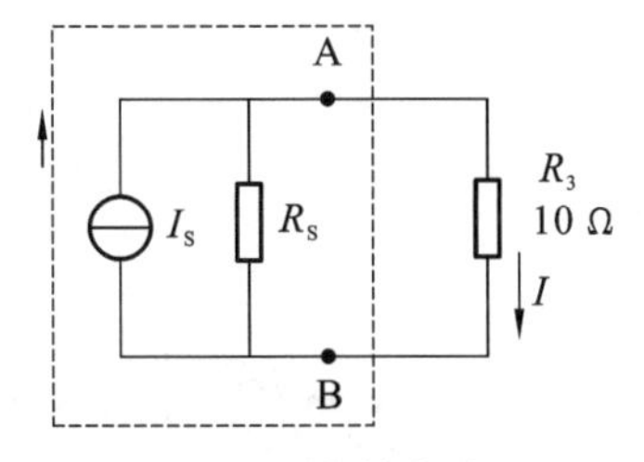

图 3-37 化简电路 6

先求短路电流 I_{SC}，电路如图 3-38 所示。

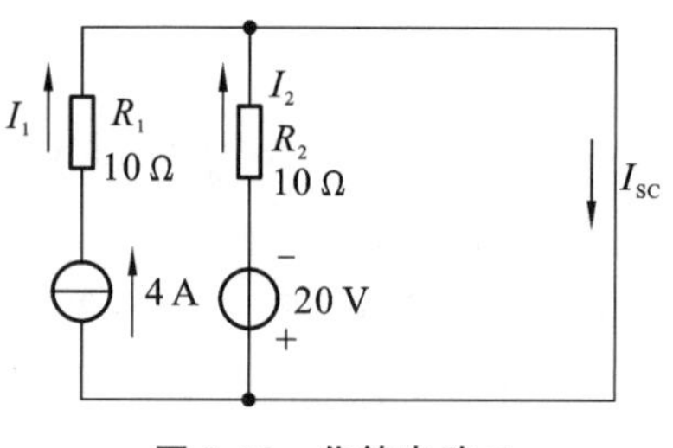

图 3-38　化简电路 7

$$I_{SC}=I_1+I_2=\left(4-\frac{20}{10}\right)\ \text{A}=2\ \text{A}$$

接着求输入电阻 R_{AB}，电路如图 3-39 所示。

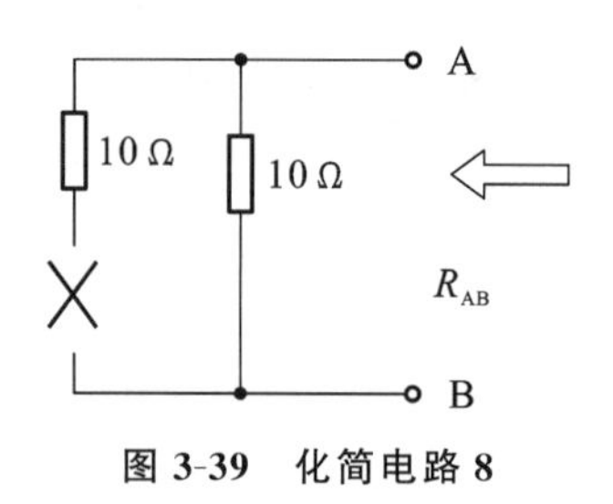

图 3-39　化简电路 8

$$R_{AB}=10\ \Omega$$

图 3-37 中的 I_S 和 R_S 分别等于 I_{SC}、R_{AB}，所以有：

$$I_S=I_{SC}=2\ \text{A}$$

$$R_S=R_{AB}=10\ \Omega$$

最后的化简电路如图 3-40 所示。

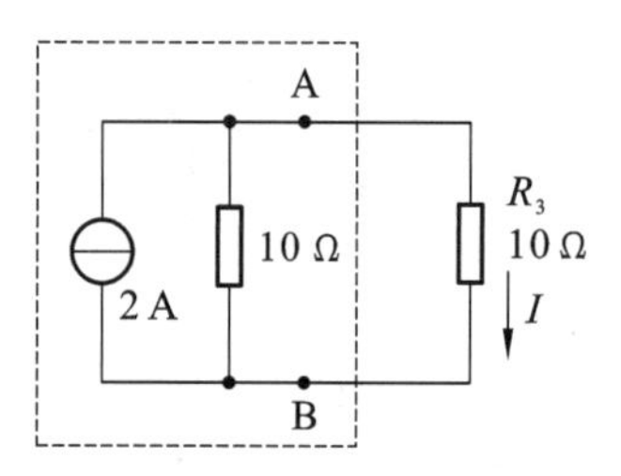

图 3-40　化简电路 9

$$I=\left(2\times\frac{10}{10+10}\right)\ \text{A}=1\ \text{A}$$

项目实施

任务 6　基尔霍夫电流定律仿真与验证

创建仿真实训电路，如图 3-41 所示。电路参数如下：直流电源 $E_1=8$ V，$E_2=12$ V；电阻 $R_1=470\ \Omega$，$R_2=300\ \Omega$，$R_3=600\ \Omega$。从显示器件库中选取三块电流表串联在支路上。

单击图标，选择 DC AMMETER 直流电流表，放置于图纸上。刚放置的电流表测量单位是安培，由于该验证实验电流很小，需要用毫安表，因此需要进行重新设置。先选中电流表，单击鼠标右键，选择“编辑属性”，弹出对话框，如图 3-42 所示。在该对话框里单击“Display Range”右侧的第一个下拉箭头，然后选择“Milliamps”，最后单击“确定”按钮，这样电流表就变成了可以测毫安电流的仪器了。

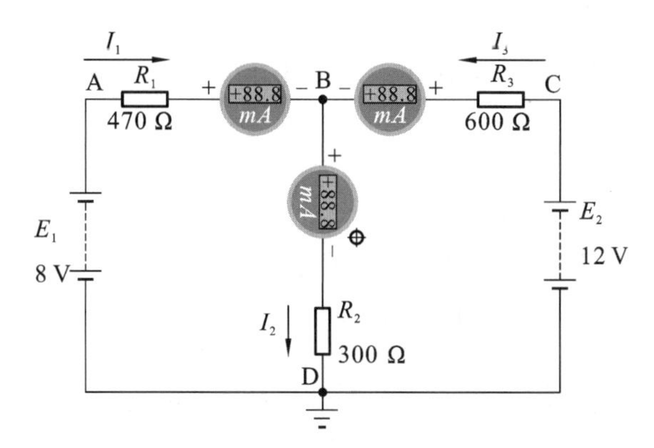

图 3-41 基尔霍夫电流定律仿真实训电路图

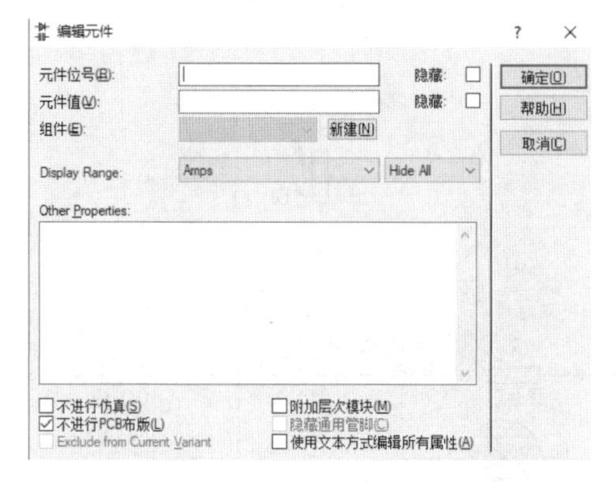

图 3-42 “编辑元件”对话框

(1) 当双电源 E_1 和 E_2 共同作用时，观察各支路电流值 I_1、I_2 和 I_3 的变化(要注意电流的方向)，将测量结果填入表 3-1 中，并验证电流关系：$\sum I = I_1 - I_2 + I_3 = 0$。

表 3-1 I_1、I_2 和 I_3 的数据记录表

支路电流	计算值	测量值	误差
I_1			
I_2			
I_3			
$\sum I = I_1 - I_2 + I_3$			

(2) 当电源 E_1 或 E_2 单独作用时，观察各支路电流值 I_1、I_2 和 I_3 的变化，将测量结果填入表 3-1 中，并验证电流关系：$\sum I = I_1 - I_2 + I_3 = 0$。

实验拓展：

(1) 改变电路中元器件的参数，并进行验证。

(2) 改变仿真实训电路中 E_1、E_2 的参数，并进行验证。

(3) 独立设计一个更简单的电路来验证基尔霍夫电流定律。

任务7 基尔霍夫电压定律仿真与验证

创建仿真实训电路，电路参数如下：直流电源 $E_1=12\ \text{V}$，$E_2=9\ \text{V}$；电阻 $R_1=600\ \Omega$，$R_2=1\ \text{k}\Omega$，$R_3=500\ \Omega$，$R_4=2\ \text{k}\Omega$，$R_5=800\ \Omega$。从显示器件库中选取七块电压表并联在支路上。单击图标，选择 DCVOLMETER 直流电压表，并放置于图纸上。选择相应的电阻和电源元件，进行连接，最后构成的电路如图 3-43 所示。

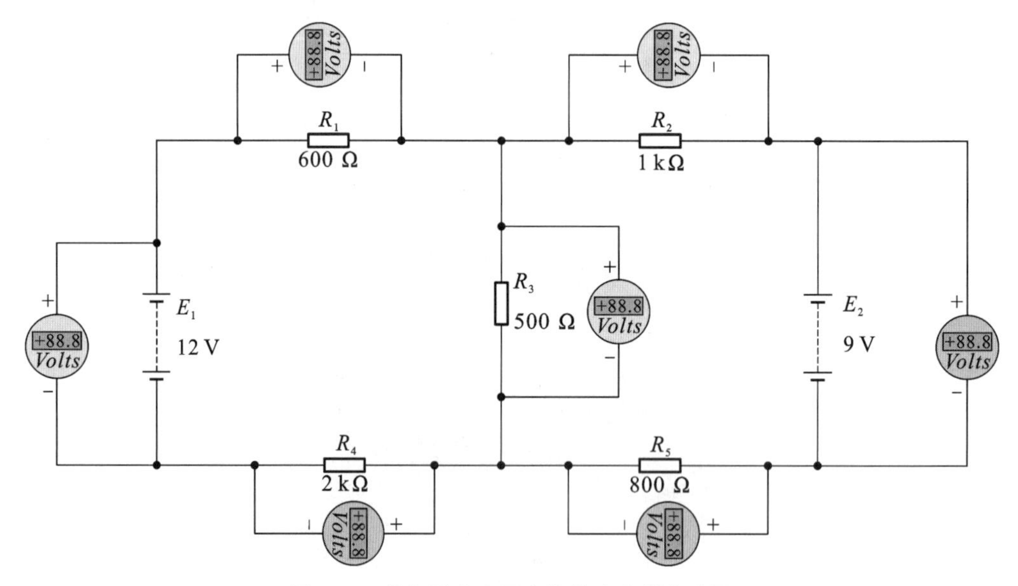

图 3-43 基尔霍夫电压定律仿真实训电路图

在图 3-43 中，通过仿真观察任一回路中电压的代数和是否为零，验证基尔霍夫电压定律的正确性。

实验拓展：

(1) 改变电路中元器件的参数，并进行验证。

(2) 改变实训电路中 E_1、E_2 的参数，并进行验证。

(3) 独立设计一个更简单的电路来验证基尔霍夫电压定律。

任务8 叠加定理仿真与验证

创建仿真实训电路，如图 3-44 所示。电路参数如下：电流源 $I_1=10\ \text{A}$；电压源 $E_1=28\ \text{V}$，$E_2=18\ \text{V}$；电阻 $R_1=40\ \Omega$，$R_2=10\ \Omega$，$R_3=12\ \Omega$。送电后，三个独立电源共同作用，电流表显示 5 A，电压表显示 60 V。

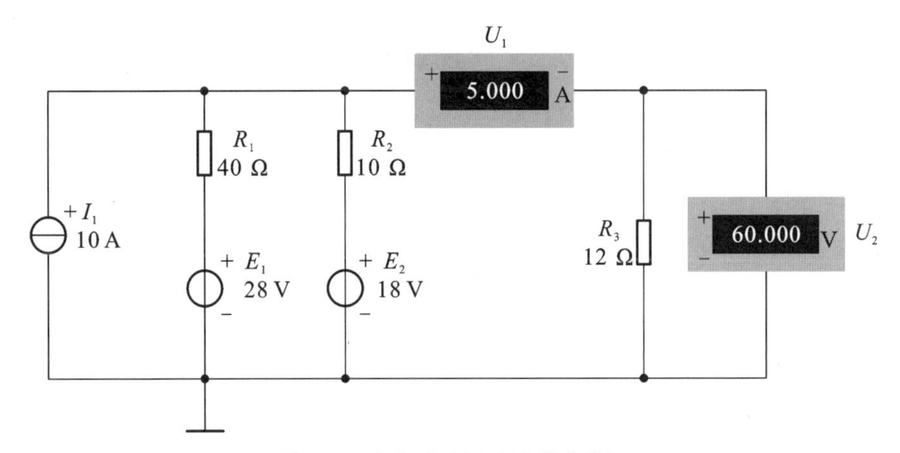

图 3-44 叠加定理仿真实训电路图

操作步骤如下：

(1) 当电流源 I_1 单独作用时，电压源 E_1 和 E_2 短路，R_1、R_2 和 R_3 保持不变，如图 3-45 所示。观察电流表和电压表的显示，并将电流和电压值填入表 3-2 中。

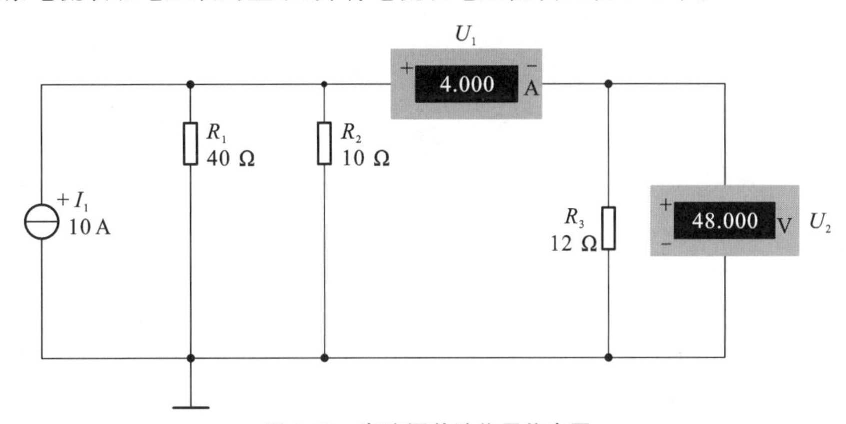

图 3-45 电流源单独作用仿真图

表 3-2 叠加定理仿真与验证数据记录表

实验内容	电流表读数	电压表读数
电流源 I_1 单独作用		
电压源 E_1 单独作用		
电压源 E_2 单独作用		
I_1、E_1 与 E_2 共同作用		

(2) 当电压源 E_1 单独作用时，电流源 I_1 开路，电压源 E_2 短路，R_1、R_2 和 R_3 保持不变，如图 3-46 所示。观察电流表和电压表的显示，并将电流和电压值填入表 3-2 中。

(3) 当电压源 E_2 单独作用时，电流源 I_1 开路，电压源 E_1 短路，R_1、R_2 和 R_3 保持不变，如图 3-47 所示。观察电流表和电压表的显示，并将电流和电压值填入表 3-2 中。

(4) 根据电流源 I_1、电压源 E_1 和电压源 E_2 单独作用的测量结果，验证叠加定理的正确性。

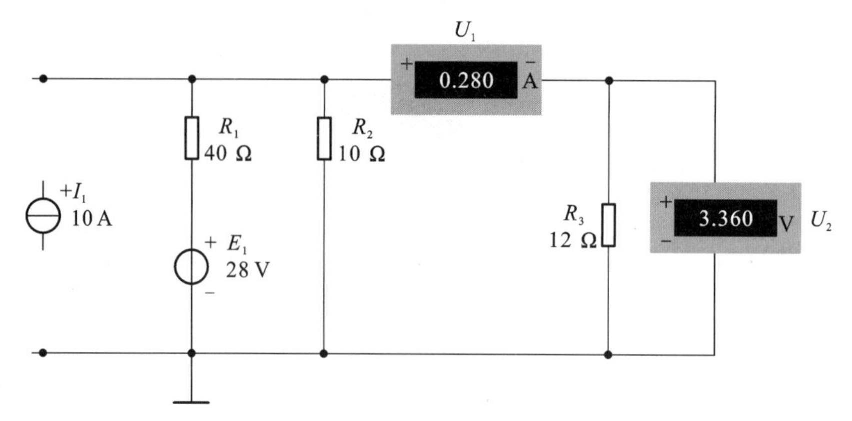

图 3-46 电压源 E_1 单独作用仿真图

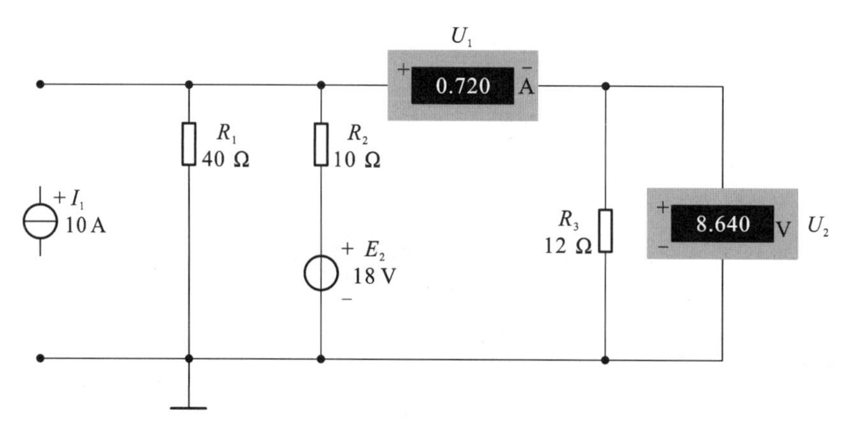

图 3-47 电压源 E_2 单独作用仿真图

实验拓展：

（1）改变电路中电阻的参数，并进行验证。

（2）改变电路中电压源或电流源的参数，并进行验证。

（3）独立设计一个更简单的电路来验证叠加定理。

任务9 戴维南定理仿真与验证

仿真实训电路如图 3-48 所示，利用戴维南定理求流过 R_3 的电流。电路参数如下：电压源 $E_1=14$ V，$E_2=9$ V；电阻 $R_1=20$ Ω，$R_2=5$ Ω，$R_3=6$ Ω。用仿真方法求出开路电压 U_{OC} 和等效电阻 R_0。

操作步骤如下：

（1）测量开路电压 U_{OC}。

断开负载 R_3，将二端网络端口开路，用电压表直接测量端口电压 U_{OC}，如图 3-49 所示。

（2）求等效电阻 R_0。

先“除源”，把网络中所有电流源开路、所有电压源短路，然后在端口用万用表的电阻挡直接测量 R_0的阻值，如图 3-50 所示。

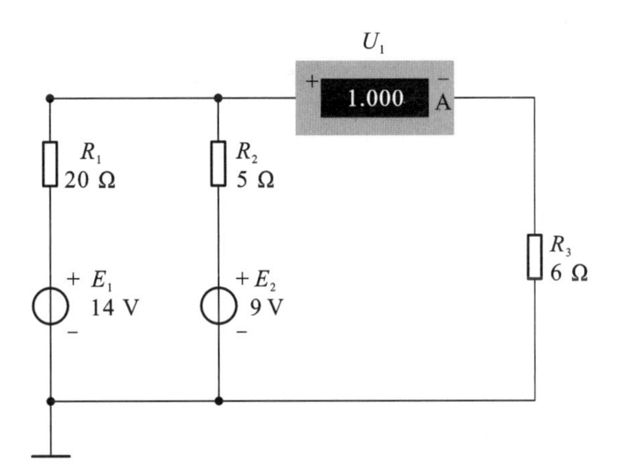

图 3-48 有源二端网络仿真实训电路 1

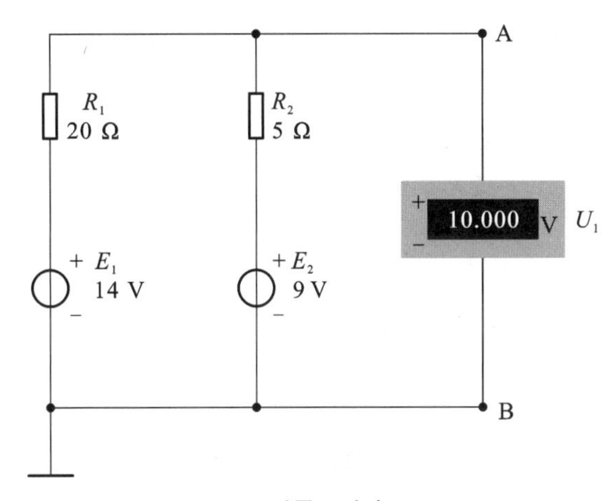

图 3-49 测量开路电压 U_{OC}

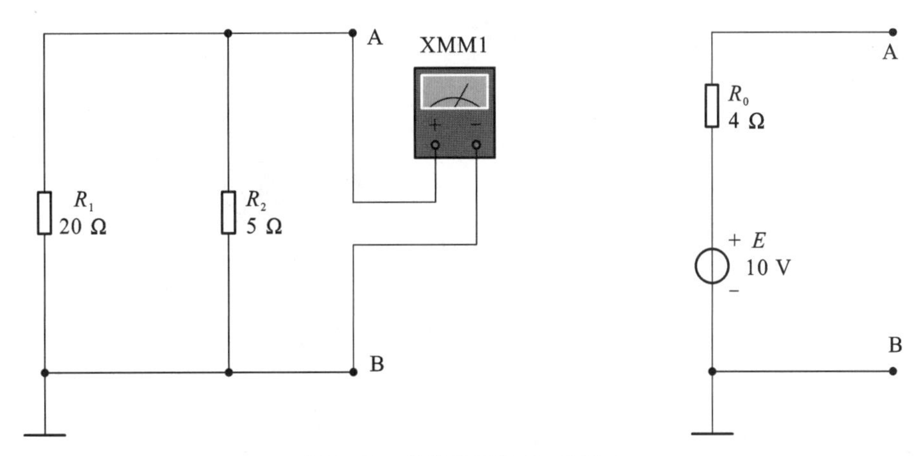

图 3-50 求等效电阻 R_0 的值 1

(3) 戴维南等效电路。

开路电压 U_{OC} 与等效电阻 R_0 相串联构成戴维南等效电路，如图 3-51 所示。

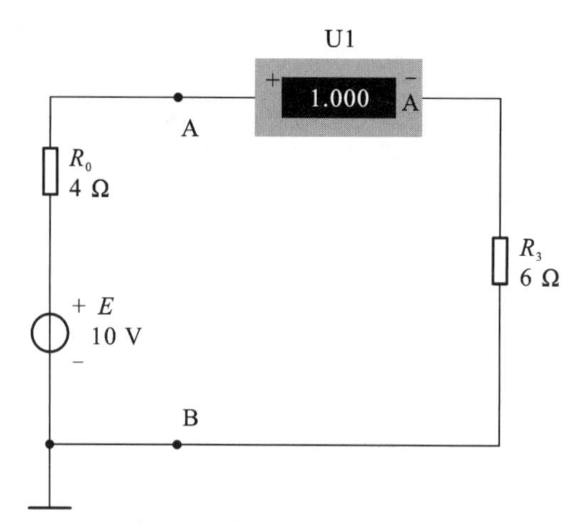

图 3-51　戴维南等效电路

> **实验拓展：**
> (1) 改变电阻的参数，并进行验证。
> (2) 改变电压源或电流源的参数，并进行验证。
> (3) 独立设计一个更简单的电路来验证戴维南定理。

任务 10　诺顿定理仿真与验证

仿真实训电路如图 3-52 所示，利用诺顿定理求流过 R_4 的电流。电路参数如下：电压源 $E_1=10$ V；电流源 $I_1=1$ A；电阻 $R_1=20$ Ω，$R_2=10$ kΩ，$R_3=30$ Ω，$R_4=10$ Ω。用仿真方法求出短路电流 I_{SC} 和等效电阻 R_0。

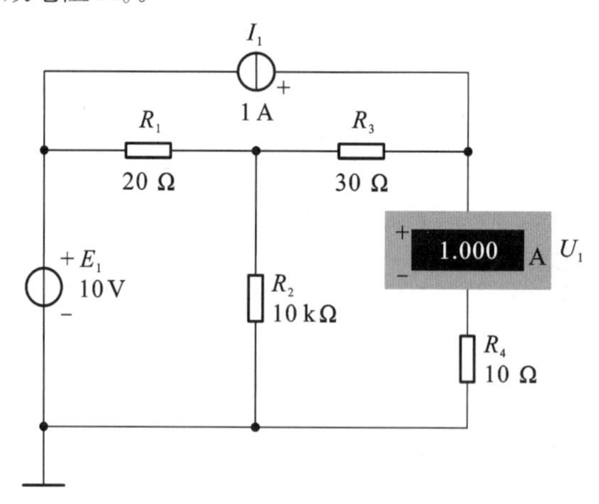

图 3-52　有源二端网络仿真实训电路 2

操作步骤如下：

(1) 测量短路电流 I_{SC}。

断开负载 R_4，将二端网络端口短路，用电流表测量端口电流 I_{SC}，如图 3-53 所示。

(2) 求等效电阻 R_0。

先“除源”，把网络中电流源开路、电压源短路，然后在端口用万用表的电阻挡直接测量

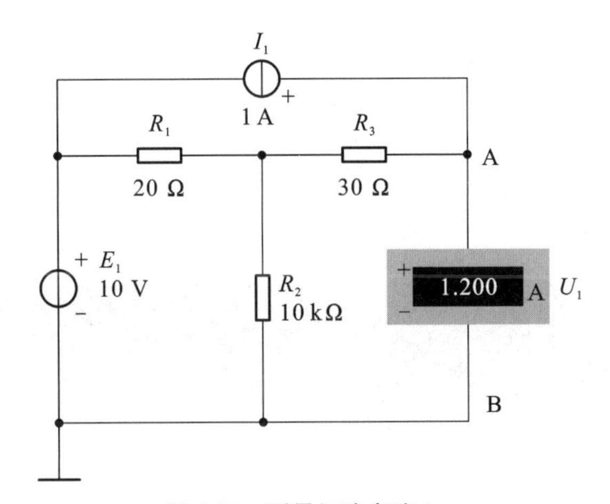

图 3-53　测量短路电流 I_{SC}

R_0 的阻值，如图 3-54 所示。万用表的测量值如图 3-55 所示。

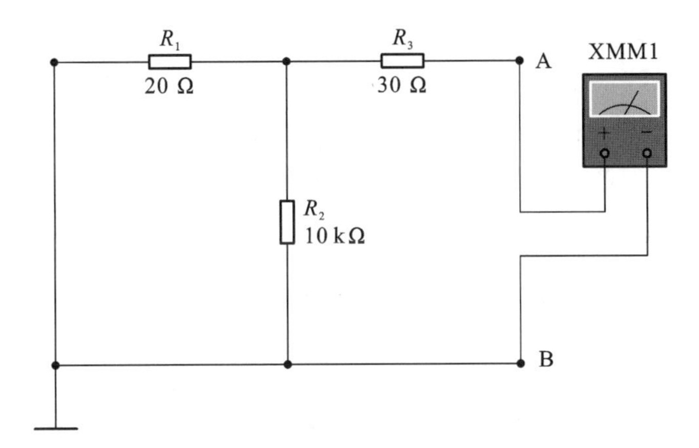

图 3-54　求等效电阻 R_0 的值 2

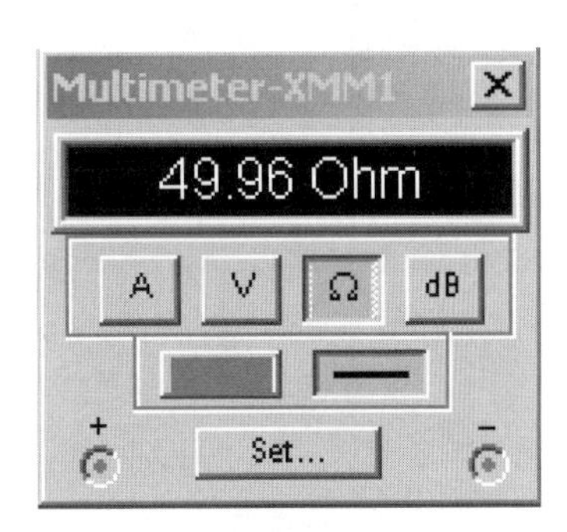

图 3-55　万用表显示 R_0 阻值

（3）诺顿等效电路。

短路电流 I_{SC} 与等效电阻 R_0 相并联构成诺顿等效电路，如图 3-56 所示。

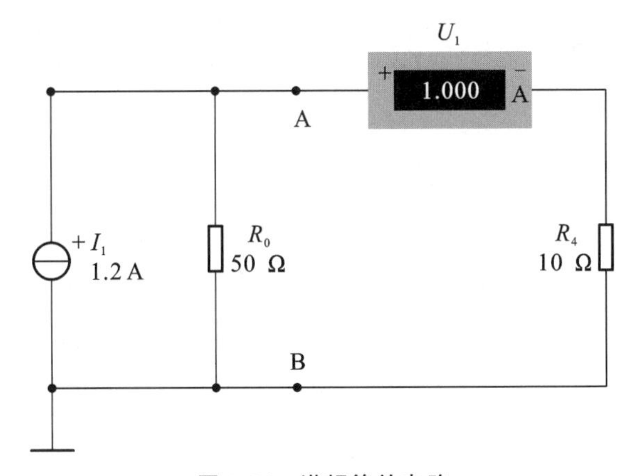

图 3-56　诺顿等效电路

实验拓展：

(1) 改变电阻的参数，并进行验证。

(2) 改变电压源或电流源的参数，并进行验证。

(3) 独立设计一个更简单的电路来验证诺顿定理。

验收考核

任务完成后，以小组为单位进行自我检测并将结果填入表 3-3 中。

表 3-3　质量评价表

任务名称：______		小组成员：______		评价时间：______		
考核项目	考核要求	分值	评分标准	扣分	得分	备注
电路定理的分析	① 能够正确理解电路术语 ② 能够正确分析电源等效电路 ③ 能够熟练掌握电路定理	30	① 不能正确理解电路术语扣 5 分 ② 化简电源器件时等效错误，每处扣 2 分 ③ 各种电路定理分析计算错误，每处扣 3 分			
电路定理的仿真	① 能够正解绘制仿真电路 ② 能够改变参数验证电路定理 ③ 会根据仿真结果分析数据的真实性 ④ 能够根据仿真举一反三应用电路定理	40	① 不能正确绘制仿真电路扣 5 分 ② 不能改变参数验证电路定理扣 3 分 ③ 不能正确分析仿真结果扣 5 分 ④ 不能正确应用电路定理解决问题扣 5 分			
工艺规范	① 绘制电路正确、连线美观 ② 不能出现错连、参数错误问题 ③ 仿真调试数据要正常显示	20	① 电路连线错误扣 3 分 ② 元件参数错误扣 2 分 ③ 仿真调试数据不正确扣 3 分			
安全生产	自觉遵守安全文明生产规程	10	① 每违反一项规定，扣 3 分 ② 发生安全事故，0 分处理			
时间	1.5 小时		① 提前正确完成，每 5 分钟加 2 分 ② 超过规定时间，每 5 分钟扣 2 分			

开始时间		结束时间		实际时间	

项目总结

通过本项目的学习，学生应理解电路术语；能够正确分析电源等效电路，掌握基尔霍夫电流定律、基尔霍夫电压定律、叠加定理、戴维南定理、诺顿定理并学会运用；能够独立完成电路定理仿真验证电路的绘制并进行仿真验证；撰写一份心得体会。

项目 4

家庭照明电路的安装

项目要求

通过本项目的学习，学生应理解家庭常见照明电路的工作原理，会安装简单的家庭照明电路，在此基础上掌握三相交流电源的连接方式及特点。

项目描述

本项目要完成的学习任务是一室一厅型家庭照明电路的安装，电路原理图如图 4-1 所示。

项目要求如下：

(1) 客厅布置一盏灯、一个五孔插座、一个开关，客厅进线处安装电能表、总控刀闸、漏电保护器；

(2) 卧室安装一盏灯，要求能用两个开关控制；

(3) 用两块木板模拟两间房子。

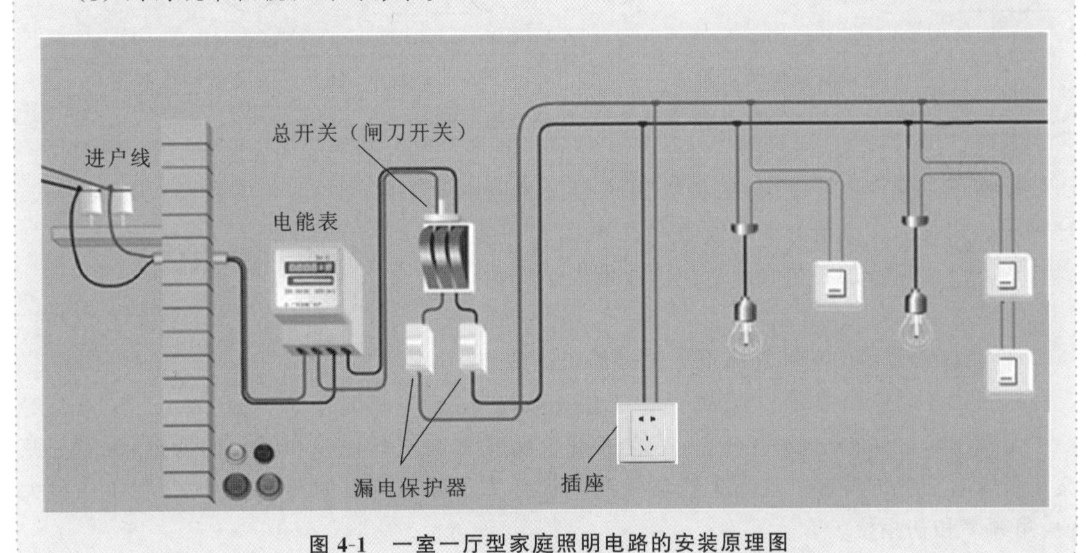

图 4-1　一室一厅型家庭照明电路的安装原理图

相关知识

任务 1　正弦交流电的基本概念

在大多数情况下，在实际工程中所遇到的电流、电压，大小和方向都随时间的变化而变化，这类电量称为交流电量。

正弦交流电的基本概念

很多交流电量随时间呈周期性变化，这样的交流电量称为周期性交流量，简称为周期量。随时间呈正弦规律变化的交流量称为正弦交流量，简称为正弦量。

正弦交流电易于产生，在传输过程中易于用变压器改变电压实现远距离传输，且与直流电气设备相比，交流电气设备具有结构简单、便于使用和维修等优点，所以正弦交流电在实践中得到了广泛的应用。工程中所说的交流电（AC），通常都指正弦交流电。

交流电某一时刻的大小称为交流电的瞬时值；在选定参考方向以后，用带有正、负号的数值来表示交流电在某一瞬间的大小和方向。交流电量一般用小写字母来表示，如用 i 表示交流电流，用 u 表示交流电压。

在交流电路中，电压、电流的大小和方向随时间变化规律的波形图以相位为横轴，以交流电流、交流电压为纵轴。正弦交流电波形图如图 4-2 所示。

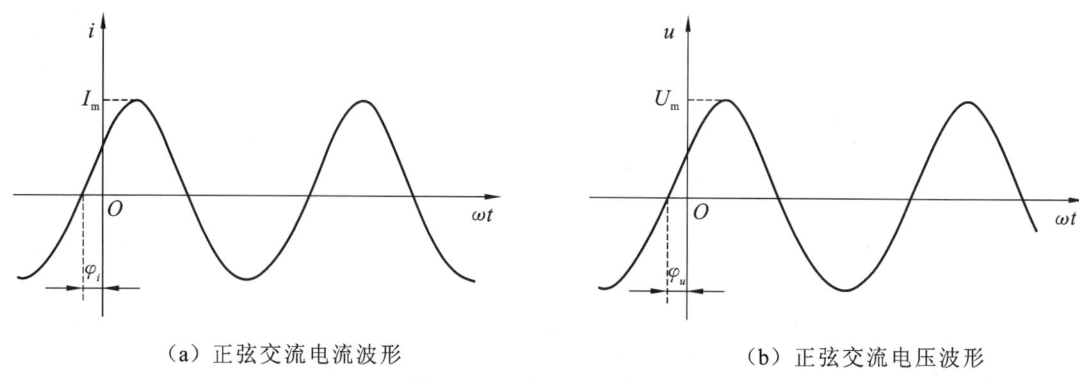

(a) 正弦交流电流波形　　(b) 正弦交流电压波形

图 4-2　正弦交流电波形图

根据正弦交流电波形图，可以写出正弦交流电瞬时值随时间变化的数学关系表达式。这种表达式称为交流电的瞬时值表达式，也称交流量解析式。

图 4-2(a)所示的正弦交流电流瞬时值表达式为

$$i=I_m\sin(\omega t+\varphi_i) \tag{4-1}$$

图 4-2(b)所示的正弦交流电压瞬时值表达式为

$$u=U_m\sin(\omega t+\varphi_u) \tag{4-2}$$

上式中，I_m（或 U_m）、ω、φ_i（或 φ_u）是正弦交流量之间进行比较和区分的依据，决定正弦交流量瞬时变化的特征。这三个物理量通常被称为正弦交流量的三个要素，分别叫作最大值、角频率和初相位。

任务 2　正弦交流电的要素

一、最大值和有效值

1. 最大值

正弦交流电瞬时值在整个变化过程中达到的正的最大数值，称为最大值。它能够反映该交流电变化的幅度，对于给定的交流电来说是个定值。它通常用大写英文字母加下脚标“m”表示，如 E_m、U_m、I_m 分别表示正弦交流电动势、交流电压、交流电流的最大值。

2. 有效值

由于正弦量时刻在正负交替变化，为了确切地反映交流电在能量转换方面的实际效果，工程上常采用有效值来表述正弦量。正弦量的有效值实际上是通过正弦交流电压或正弦交流电流在电阻上产生的热效应来定义的。以交流电流为例，它的有效值定义为：设一个交流电流 i 和一个直流电流 I 分别通过相同的电阻 R，如果在某个相同的时间 T（交流电流周期）内，它们产生相同的热效应，则这个交流电流 i 的有效值等于直流电流 I 的大小。根据定义，有：

$$I^2RT = R\int_0^T i^2 \mathrm{d}t \tag{4-3}$$

则：

$$I = \sqrt{\frac{1}{T}\int_0^T i^2 \mathrm{d}t} = \frac{I_\mathrm{m}}{\sqrt{2}} \tag{4-4}$$

式(4-4)表明，交流电量有效值的大小等于其瞬间值的二次方在一个周期内积分平均值的平方根。因此，有效值也称均方根值。正弦量的有效值是其最大值的 $1/\sqrt{2}$。

在实际工作中，一般提到的交流电的大小，都是指它们的有效值。照明电路电源电压的有效值为 220 V，工厂动力电路电源电压的有效值为 380 V。用交流电工仪表测出来的电压、电流值一般均为有效值。通常，工作在交流电路中的电气设备的额定电压、额定电流值也是有效值。

二、频率、周期、角频率

单位时间内信号周期变化的次数称为频率，用 f 表示。频率的单位是赫兹(Hz)，还可用千赫(kHz)、兆赫(MHz)计量频率。它们之间的关系是 1 MHz=10^3 kHz=10^6 Hz。

周期定义为频率的倒数。它表示正弦交流电变化一周所需的时间，用 T 表示，单位是秒(s)。

正弦交流电每秒内变化的角度称为角频率，用 ω 表示，单位是弧度每秒(rad/s)。角频率也表示正弦交流电随时间变化的快慢。

频率、周期和角频率三者之间的关系可用公式描述如下：

$$f = 1/T, \quad \omega = 2\pi/T = 2\pi f \tag{4-5}$$

大多数国家包括我国采用 50 Hz 作为电力工业标准频率（简称工频），少数国家采用 60 Hz 作为电力工业标准频率。

三、初相

以正弦交流电流为例，在图 4-2(a)中，$\omega t+\varphi_i$ 反映了正弦交流电流的变化进程，每一瞬间 $\omega t+\varphi_i$ 值的大小称为相位角，简称相位。在计时起点($t=0$)处的相位角 φ_i 称为初相位，简称初相。初相确定了交流电在计时零点的瞬时值。相位和初相的单位都是弧度(rad)或度(°)。图 4-3 以交流电流 i 为例，说明了 $t=0$ 时刻瞬时电流 i 与初相的关系。

图 4-3(a)中，$\varphi_i>0$，为正值，则 $i(0)=I_\mathrm{m}\sin\varphi_i$ 为正值，即 $i(0)>0$。

图 4-3(b)中，$\varphi_i<0$，为负值，则 $i(0)=I_\mathrm{m}\sin\varphi_i$ 为负值，即 $i(0)<0$。

图 4-3(c)中，$\varphi_i=0$，为零，则 $i(0)=I_\mathrm{m}\sin\varphi_i$ 为零，即 $i(0)=0$。

两个同频率正弦量的相位之差称为相位差，用 φ 表示。

如：$u=U_\mathrm{m}\sin(\omega t+\varphi_u)$， $i=I_\mathrm{m}\sin(\omega t+\varphi_i)$

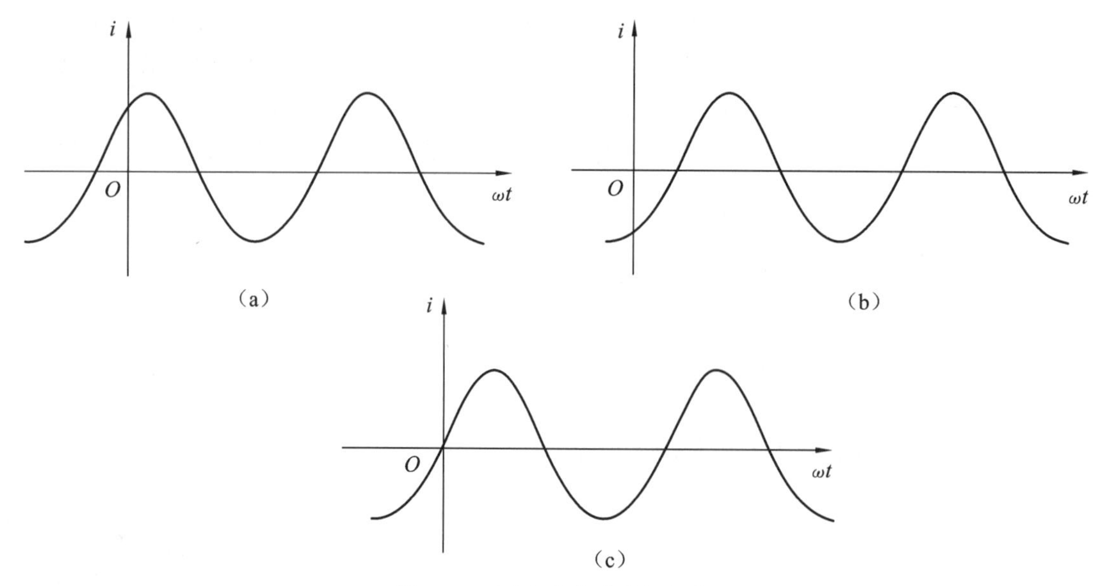

图 4-3　正弦交流电流的初相位

则：
$$\varphi=(\omega t+\varphi_u)-(\omega t+\varphi_i)=\varphi_u-\varphi_i$$

显然，相位差实际上等于两个同频率正弦量之间的初相之差。两同频率的正弦量之间的相位差为常数，与计时起点的选择无关，不同频率的正弦量比较相位无意义。和相位差有关的特殊情况包括：①相位差为 180°，为反相；②超前或滞后 90°，为正交；③相位差为 0°，为同相。

任务 3　正弦量的相量表示法

正弦量具有幅值、频率和初相位三个要素，它们除用三角函数式和正弦波形表示外，还可以用相量来表示。

正弦量的相量表示法

正弦量的相量表示法就是用复数来表示正弦量。

一、复数及其表达式

1. 复数的实部、虚部和模

$\sqrt{-1}$ 为虚数单位，数学上用 i 来表示，由于在电工中 i 代表电流，因此改用 j 代表虚单位，即 $\mathrm{j}=\sqrt{-1}$。

复数可用如图 4-4 所示的有向线段(矢量)表示为 $A=a+\mathrm{j}b$。

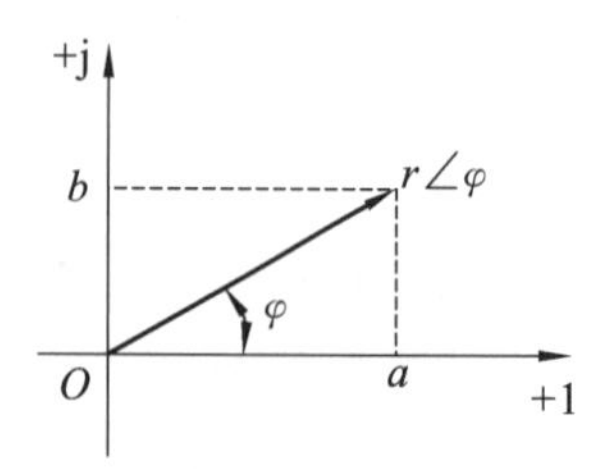

图 4-4　复数的矢量表示

由图 4-4 可见，

$$\begin{cases} r=\sqrt{a^2+b^2} \\ \varphi=\arctan\dfrac{b}{a} \end{cases} \tag{4-6}$$

式(4-6)中，r 表示复数的大小，称为复数的模，也可以用 $|A|$ 表示；φ 表示矢量与实轴正方向之间的夹角，称为复数的辐角，规定辐角的绝对值小于 180°。

2. 复数的表达方式

(1) 复数的代数形式：　$A=a+\mathrm{j}b$

(2) 复数的三角函数形式：$A=r\cos\varphi+\mathrm{j}r\sin\varphi=r(\cos\varphi+\mathrm{j}\sin\varphi)$

(3) 复数的指数形式 ：　$A=r\mathrm{e}^{\mathrm{j}\varphi}$

(4) 复数的极坐标形式：　$A=r\angle\varphi$

复数的几种表示方法可以相互转换，如式(4-7)所示。

$$A=r\cos\varphi+\mathrm{j}r\sin\varphi=r(\cos\varphi+\mathrm{j}\sin\varphi)=r\mathrm{e}^{\mathrm{j}\varphi}=r\angle\varphi \tag{4-7}$$

二、复数的运算

1. 复数的加、减运算

复数的加、减运算一般用复数的代数形式进行，运算法则是实部与实部相加、减，虚部与虚部相加、减。

设：　$A_1=a_1+\mathrm{j}b_1,\quad A_2=a_2+\mathrm{j}b_2$

则：　$A_1\pm A_2=(a_1\pm a_2)+(\mathrm{j}b_1\pm \mathrm{j}b_2)$

2. 复数的乘、除运算

复数的乘、除运算用指数形式或极坐标形式进行较为方便，运算法则为两复数相乘等于模相乘、辐角相加，两复数相除等于模相除、辐角相减。

设：　$A_1=|A_1|\angle\varphi_1,\quad A_2=|A_2|\angle\varphi_2$

则：

$$A_1\cdot A_2=|A_1||A_2|\angle(\varphi_1+\varphi_2)$$

$$\frac{A_1}{A_2}=\frac{|A_1|}{|A_2|}\angle(\varphi_1-\varphi_2)$$

3. 旋转因子

由于 $+\mathrm{j}=0+\mathrm{j}=1\angle 90°$，因此可把 $+\mathrm{j}$ 看成是一个模为 1、辐角为 90°的复数。因此，将任一复数乘以 $+\mathrm{j}$ 时，其模不变，幅角增大 90°，相当于在复平面上将该复数矢量逆时针旋转 90°。由此可得：

$$\mathrm{j}A_1=1\angle 90°\cdot A_1=A_1\angle(\varphi_1+90°)$$

同理：

$$-\mathrm{j}A_1=A_1\angle(\varphi_1-90°)$$

复数 A_1 乘以 $+\mathrm{j}$ 时，将逆时针旋转 90°，得到 $\mathrm{j}A_1$，超前 A_1 90°；复数 A_1 乘以 $-\mathrm{j}$ 时，将顺时针旋转 90°，得到 $-\mathrm{j}A_1$，滞后 A_1 90°，如图 4-5 所示。

因此，将 $\pm\mathrm{j}$ 定义为旋转 90°因子，且有：

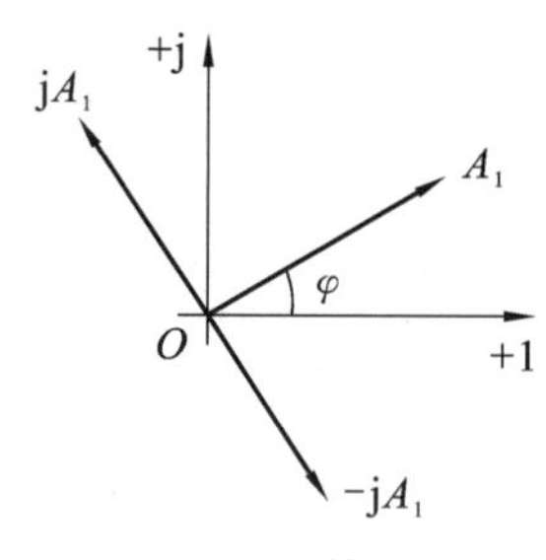

图 4-5 旋转因子

$$e^{\pm j90^\circ}=\cos(\pm 90^\circ)+j\sin(\pm 90^\circ)=\pm j \tag{4-8}$$

三、正弦量的相量表示法

一个正弦量是由它的三要素（幅值、频率和初相）所决定的。在正弦交流电路中，各处的电压和电流都是与电源相同频率的正弦量。因此，频率这个要素可作为已知量处理，计算可简化为两要素即幅值和初相的计算。我们已经知道复数也有两要素，即模和辐角。若用复数的模表示正弦量的幅值（或有效值），用复数的辐角表示正弦量的初相，则此复数就可用来表示一个正弦量。

为了与一般的复数相区别，把表示正弦量的复数称为相量，并在大写字母上打“·”表示，这种表示方法称为相量表示法。

设正弦交流电流为：　　$i=I_m\sin(\omega t+\varphi)$

则该电流的有效值相量为：　　$\dot{I}=Ie^{j\varphi}=I\angle\varphi$

该电流的最大值相量为：　　$\dot{I}_m=I_m e^{j\varphi}=I_m\angle\varphi$

注意：

(1) 只有正弦量才能用相量表示；

(2) 只有同频率的正弦量才能画在同一相量图上；

(3) 相量是用以表示正弦交流电的复数，正弦交流电是时间的函数，两者之间并不相等。

任务 4 单相正弦交流电路

在交流电路中，电阻元件、电感元件和电容元件是三种基本的电路元件。在分析和计算交流电路时，这三种电路元件的参数在电路分析时必须计入。首先讨论最简单的单相正弦交流电路，即只有电阻、电感或电容组成的单一参数的交流电路。一方面，在实际工程中，某些电路可以作为单一参数的电路来处理。另一方面，复杂电路也可以认为是由单一参数的电路组合而成的。因此，掌握单一参数的单相正弦交流电路中的电压、电流及功率关系十分重要。

一、电阻元件的单相正弦交流电路

电阻元件

只有电阻元件的电路称为纯电阻电路。在实际生活中，电阻炉、电暖器、电烙铁、灯泡等实物都可以等效为电阻元件，如图 4-6(a)、(b)所示。设在电阻元件的交流电路中，电压、电流参考方向如图 4-6(b)所示。

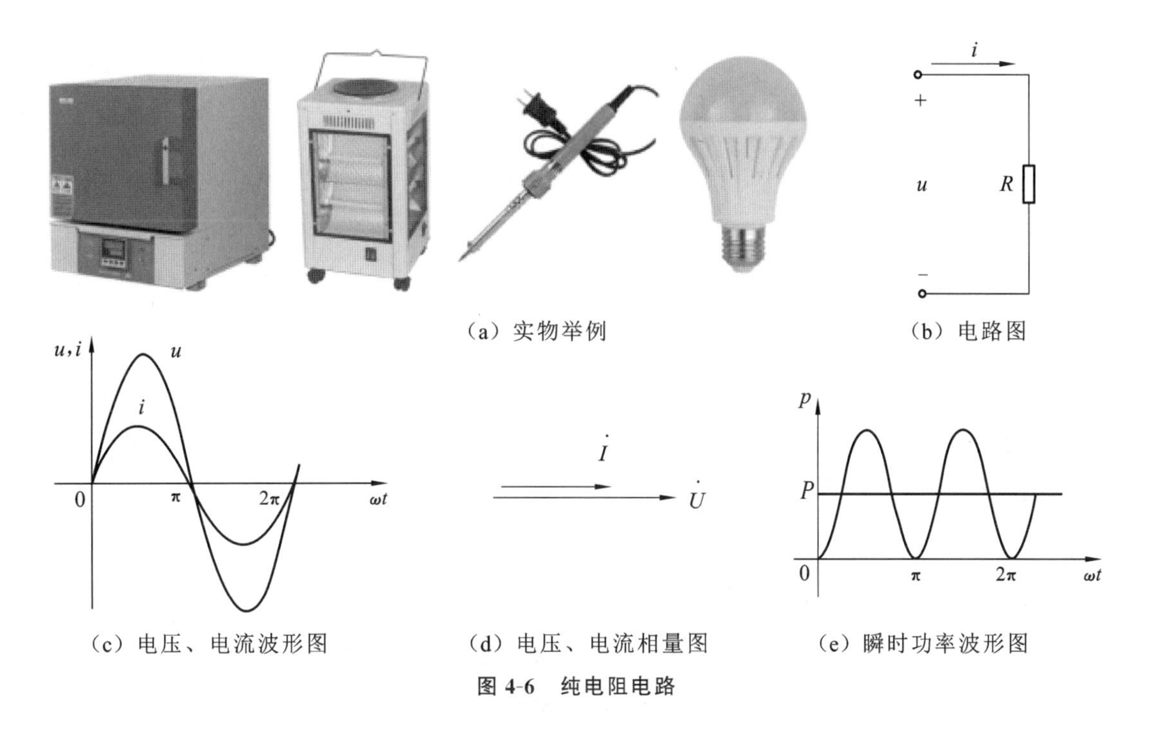

（a）实物举例　（b）电路图

（c）电压、电流波形图　（d）电压、电流相量图　（e）瞬时功率波形图

图 4-6　纯电阻电路

1. 电压、电流关系

设 $i=I_{\mathrm{m}}\sin(\omega t)$，则根据欧姆定律 $u=iR$，线性电阻 R 两端的电压为

$$u=Ri=RI_{\mathrm{m}}\sin(\omega t)=U_{\mathrm{m}}\sin(\omega t)$$

可见，在单一电阻元件正弦交流电路中，电压与电流之间的关系有如下特点：

(1) 频率相同；

(2) 数值大小遵循欧姆定律，即 $i=\dfrac{u}{R}$；

(3) 电压 u 与电流 i 同相位，即 $\varphi_u=\varphi_i$，波形图如图 4-6(c)所示。

在单一电阻元件正弦交流电路中，电压与电流的相量表达式为：

$$\dot{U}=R\dot{I} \tag{4-9}$$

相量图如图 4-6(d)所示。

2. 功率

(1) 瞬时功率。

在交流电路中，通过电阻元件的瞬时电压与瞬时电流的乘积称为瞬时功率，用小写字母 p 表示。假设 u、i 为关联参考方向，则有：

$$p=u\cdot i=U_{\mathrm{m}}\sin(\omega t)\cdot I_{\mathrm{m}}\sin(\omega t)=\sqrt{2}U\cdot\sqrt{2}I\sin^2(\omega t)=UI[1-\cos(2\omega t)]$$

电阻元件的瞬时功率波形如图 4-6(e)所示。由图可见，$p\geqslant0$。这表明，电阻元件每一瞬间都在消耗电能，说明电阻是耗能元件。

(2) 平均功率。

在工程实际中，常用平均功率来表示电阻元件在一个周期内的能量利用情况。工程上所说的功率指的是瞬时功率在一个周期内的平均值，用 P 表示。

$$P=\frac{1}{T}\int_0^T p\,\mathrm{d}t=\frac{1}{T}\int_0^T u\cdot i\,\mathrm{d}t=\frac{1}{T}\int_0^T UI[1-\cos(2\omega t)]\mathrm{d}t$$

可以写成：

$$P=UI=I^2R=\frac{U^2}{R} \tag{4-10}$$

平均功率又称为有功功率，基本单位为瓦(W)或千瓦(kW)，通常电气设备铭牌数据或仪表测量的功率均指有功功率。

二、电感元件的单相正弦交流电路

电感元件是电路中表示电流建立磁场、储存磁场能量这一电磁现象的理想电路元件。当导线中有电流通过时，其周围就存在磁场。在实际工程中，为了增强磁场，把导线紧密地绕成一圈一圈的线圈，称为电感线圈。图 4-7(a)所示就是日常生活中常见的几种电感线圈。

电感元件

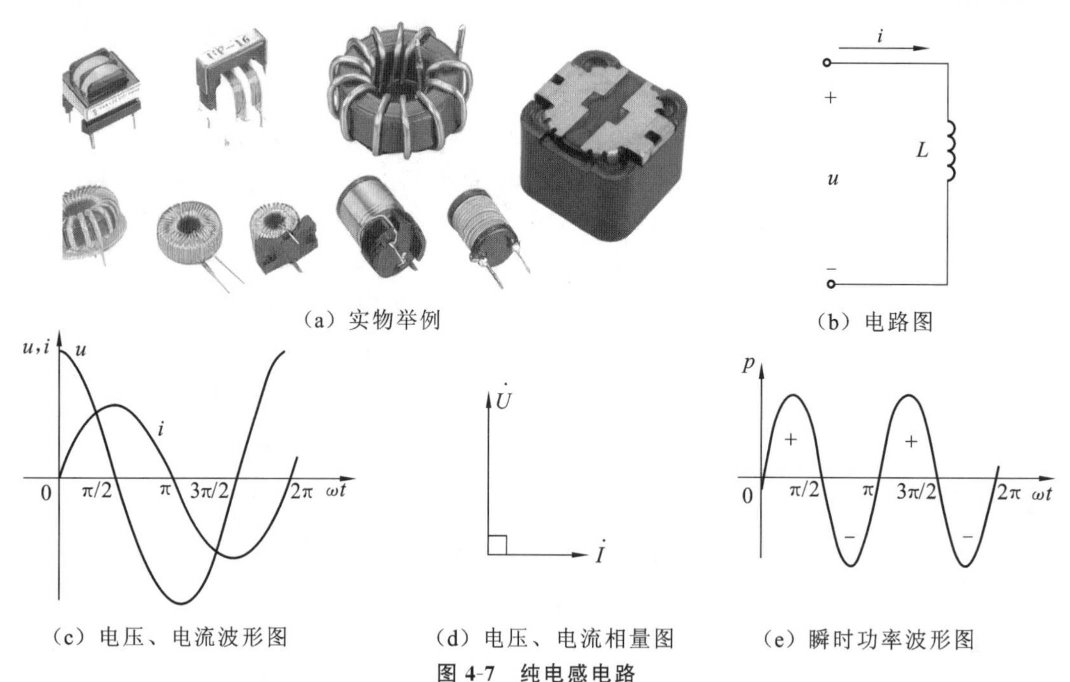

(a) 实物举例　(b) 电路图
(c) 电压、电流波形图　(d) 电压、电流相量图　(e) 瞬时功率波形图
图 4-7　纯电感电路

1. 电压、电流关系

设通过线圈的电流为 $i=I_m\sin(\omega t)=\sqrt{2}I\sin(\omega t)$，且电流 i 与自感电压 u 为关联参考方向，如图 4-7(b)所示，则电感元件两端的电压为

$$u=L\frac{\mathrm{d}i}{\mathrm{d}t}=L\frac{\mathrm{d}I_m\sin(\omega t)}{\mathrm{d}t}=\omega LI_m\cos(\omega t)=U_m\sin(\omega t+90^\circ)$$

在单一电感元件正弦交流电路中，电压与电流之间的关系有如下特点：

(1) 频率相同；

(2) 数值上满足关系式

$$U_m=I_m\omega L\quad 或\quad U=I\omega L \tag{4-11}$$

(3) 电压相位超前电流 90°，即二者的相位差 $\varphi=\varphi_u-\varphi_i=90^\circ$，波形图如图 4-7(c)所示。

在式(4-11)中，令

$$X_L=\omega L=2\pi fL$$

则有：

$$U=X_LI \tag{4-12}$$

式(4-12)为电感元件的欧姆定律。式中，X_L 称为感抗，即电感的电抗，是表示阻碍电流通过作用的物理量，单位是欧姆(Ω)。对于直流电流，$f=0$，$X_L=0$，电感元件 L 可视作短路；对于交流电流，随着 f 增加，X_L 也会增加。这说明电感元件具有“通直阻交”的作用。

用相量表示电压与电流的关系为

$$\dot{U}=\mathrm{j}X_L\dot{I} \tag{4-13}$$

电压、电流相量图如图 4-7(d)所示。

2. 功率

(1) 瞬时功率。

电压、电流取关联参考方向时，电感元件瞬时功率为

$$\begin{aligned}p=ui&=U_\mathrm{m}I_\mathrm{m}\sin(\omega t)\sin(\omega t+90^\circ)\\&=U_\mathrm{m}I_\mathrm{m}\sin(\omega t)\cos(\omega t)=\frac{U_\mathrm{m}I_\mathrm{m}}{2}\sin(2\omega t)\\&=UI\sin(2\omega t)\end{aligned}$$

电感元件的瞬时功率波形如图 4-7(e)所示。

电感元件平均功率为

$$P=\frac{1}{T}\int_0^T p\,\mathrm{d}t=0 \tag{4-14}$$

可见，纯电感不消耗能量，即它只和电源进行能量交换(能量的吞吐)，所以电感元件 L 是储能元件。

(2) 无功功率。

虽然电感元件的平均功率为 0，但它存在着和电源之间的能量交换。因此，为了衡量纯电感电路中能量交换的规模，我们用瞬时功率达到的最大值，即瞬时功率的幅值表征无功功率 Q_L，公式如下：

$$Q_L=UI=I^2X_L=\frac{U^2}{X_L} \tag{4-15}$$

无功功率 Q_L 的单位采用乏(var)或者千乏(kvar)。

三、电容元件的单相正弦交流电路

电容器是组成电子线路的基本元件之一，广泛应用于滤波电路、耦合电路、振荡电路等。电力电容器用于电力系统中电力负荷无功功率的补偿。如果电容器的漏电流(电容器内部从正极板通过电介质流向负极板的电流)和介质损耗可以忽略不计，则电容器可视为理想电容元件。图 4-8(a)所示就是常见的几种电容器。

电容元件

1. 电压、电流关系

在图 4-8(b)中，取电流 i 与电压 u 为关联参考方向，如选择电压为参考量，设 $u=U_\mathrm{m}\sin(\omega t)$，则

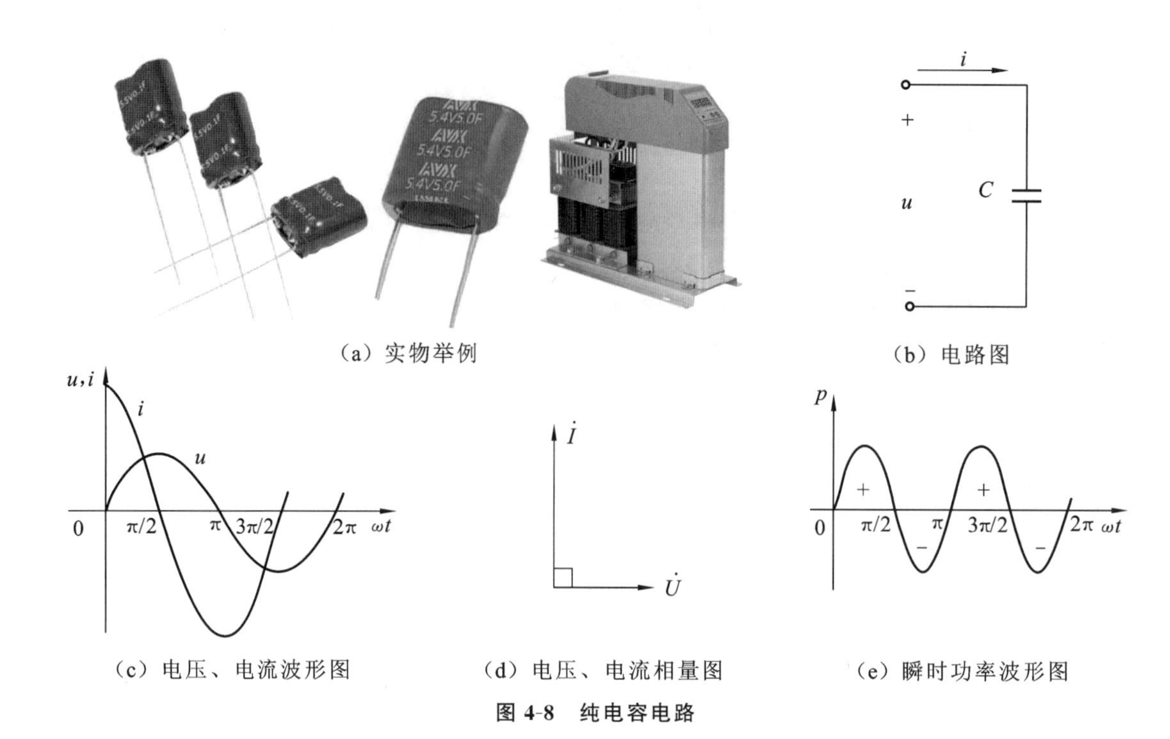

（a）实物举例　　（b）电路图

（c）电压、电流波形图　　（d）电压、电流相量图　　（e）瞬时功率波形图

图 4-8　纯电容电路

$$i=C\frac{\mathrm{d}u}{\mathrm{d}t}=\omega CU_{\mathrm{m}}\cos(\omega t)=\omega CU_{\mathrm{m}}\sin(\omega t+90^{\circ})$$

在单一电容元件正弦交流电路中，电压与电流之间的关系有如下特点：

（1）频率相同；

（2）数值上满足关系式

$$I_{\mathrm{m}}=\omega CU_{\mathrm{m}}\quad 或\quad U_{\mathrm{m}}=X_{C}I_{\mathrm{m}} \tag{4-16}$$

（3）电流相位超前电压 90°，波形图如图 4-8(c)所示。

在式(4-16)中，定义

$$X_{C}=\frac{U_{\mathrm{m}}}{I_{\mathrm{m}}}=\frac{U}{I}=\frac{1}{\omega C}=\frac{1}{2\pi fC} \tag{4-17}$$

式中，X_C称为容抗，即电容的电抗。容抗 X_C的大小跟电流的频率和电容系数成反比，单位是欧姆(Ω)。对于直流电流，$f=0$，电容元件的容抗等于∞，相当于开路；对于交流电流，随着 f 增加，电容元件呈现的阻值减小，说明电感元件 C 具有“隔直通交”的作用。

用相量表示电压与电流的关系为

$$\dot{I}_{\mathrm{m}}=\mathrm{j}\omega C\dot{U}_{\mathrm{m}}\quad 或\quad \dot{I}=\mathrm{j}\omega C\dot{U} \tag{4-18}$$

电压、电流相量图如图 4-8(d)所示。

2. 功率

（1）瞬时功率。

在电压、电流取关联参考方向时，电容元件瞬时功率为

$$\begin{aligned}p&=i\cdot u=U_{\mathrm{m}}I_{\mathrm{m}}\sin(\omega t)\sin(\omega t+90^{\circ})\\&=\frac{U_{\mathrm{m}}I_{\mathrm{m}}}{2}\sin(2\omega t)=UI\sin(2\omega t)\end{aligned}$$

电容元件的瞬时功率波形如图 4-8(e)所示。

同理，电容元件平均功率为

$$P=\frac{1}{T}\int_0^T p\,\mathrm{d}t=0$$

可见，纯电容不消耗能量，只和电源进行能量交换（能量的吞吐），所以电容元件 C 也是储能元件。

(2) 无功功率。

电容元件与电源之间互换的能量仍用无功功率 Q_C 来计量。它等于瞬时功率的幅值，公式如下：

$$Q_C=UI=I^2X_C=\frac{U^2}{X_C} \tag{4-19}$$

无功功率 Q_C 的单位采用乏(var)或者千乏(kvar)。

表 4-1 所示为单一参数正弦交流电路的电压、电流关系和功率特性表。

表 4-1 单一参数正弦交流电路的电压、电流关系和功率特性表

电路元件		R	L	C
电路模型		i_R + u_R R −	i_L + u_L L −	i_C + u_C C −
伏安特性		$u_R=i_RR$	$u_L=L\frac{\mathrm{d}i_L}{\mathrm{d}t}$	$i_C=C\frac{\mathrm{d}u_C}{\mathrm{d}t}$
		$u_R=\sqrt{2}U_R\sin(\omega t)$ $i_R=\frac{\sqrt{2}U_R}{R}\sin(\omega t)$	$i_L=\sqrt{2}I_L\sin(\omega t)$ $u_L=\sqrt{2}I_LX_L\sin(\omega t+90^\circ)$ $X_L=\omega L$	$i_C=\sqrt{2}I_C\sin(\omega t)$ $u_C=\sqrt{2}I_CX_C\sin(\omega t-90^\circ)$ $X_C=\frac{1}{\omega C}$
电压、电流关系	相量式	$\dot{U}_R=\dot{I}_RR$	$\dot{U}_L=\mathrm{j}\dot{I}_LX_L$	$\dot{U}_C=-\mathrm{j}\dot{I}_CX_C$
	相量图	$\dot{I}_R$ $\dot{U}_R$	$\dot{U}_L$ 90° $\dot{I}_L$	$\dot{I}_C$ 90° $\dot{U}_C$
	有效值	$U_R=I_RR$	$U_L=I_LX_L$	$U_C=I_CX_C$
平均功率		$P=U_RI_R$ $=I_R^2R$	$P=0$	$P=0$
无功功率		$Q_R=0$	$Q_L=U_LI_L$ $=I_L^2X_L$	$Q_C=U_CI_C$ $=I_C^2X_C$

任务5 三相交流电路

一、三相交流电源

1. 三相交流电源的产生

三相交流电源是由三个幅值相等、频率相同、相位相差 120°的三相正弦交流电动势按一定的方式连接而成的电源组。由三相交流电源供电的电路称为三相交流电路。

对称三相正弦交流电

三相发电机原理结构图如图 4-9 所示，三相发电机的对称三相电动势如图 4-10 所示。

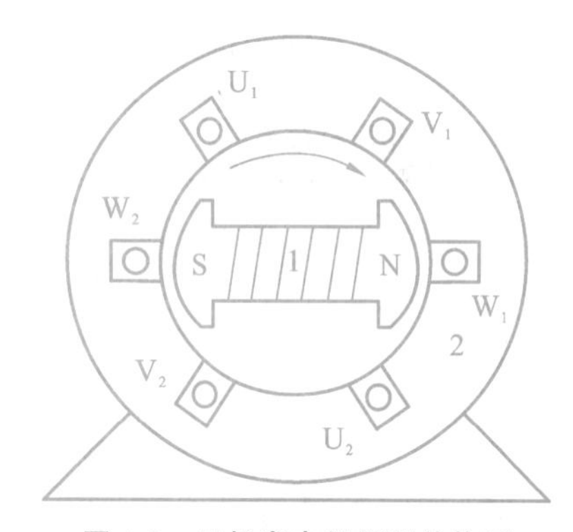

图 4-9 三相发电机原理结构图

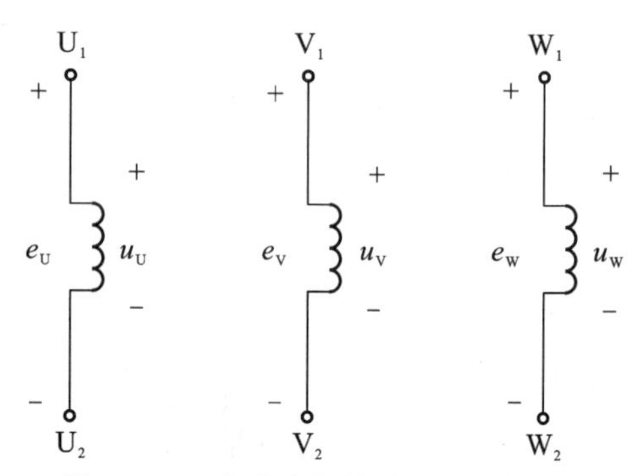

图 4-10 三相发电机的对称三相电动势

对称三相电动势的瞬时值表示式为

$$\begin{cases}e_{\mathrm{U}}=E_{\mathrm{m}}\sin(\omega t)\\ e_{\mathrm{V}}=E_{\mathrm{m}}\sin(\omega t-120^{\circ})\\ e_{\mathrm{W}}=E_{\mathrm{m}}\sin(\omega t-240^{\circ})=E_{\mathrm{m}}\sin(\omega t+120^{\circ})\end{cases} \tag{4-20}$$

式(4-20)中，E_{m} 为电动势的最大值。

对称三相电动势的一个重要特点是它们的瞬时值之和为 0，即

$$e_{\mathrm{U}}+e_{\mathrm{V}}+e_{\mathrm{W}}=0 \tag{4-21}$$

在电路分析和计算中，一般采用电源电压来表示电源的作用效果。它的参考方向为自绕组的始端指向末端，与电源电动势的方向相反；大小与电源电动势相等。

$$u_{\mathrm{U}}=-e_{\mathrm{U}},\quad u_{\mathrm{V}}=-e_{\mathrm{V}},\quad u_{\mathrm{W}}=-e_{\mathrm{W}} \tag{4-22}$$

式(4-22)中的瞬时电动势用瞬时电压表示可改写为式(4-23)，波形图如图 4-11 所示。

$$\begin{cases}u_{\mathrm{U}}=U_{\mathrm{m}}\sin(\omega t)\\ u_{\mathrm{V}}=U_{\mathrm{m}}\sin(\omega t-120^{\circ})\\ u_{\mathrm{W}}=U_{\mathrm{m}}\sin(\omega t-240^{\circ})=U_{\mathrm{m}}\sin(\omega t+120^{\circ})\end{cases} \tag{4-23}$$

式(4-23)中的三组电压称为三相交流电源，每个电压就是一相，依次称为 U 相、V 相和 W 相。它们的相量表达式为

$$\begin{cases}\dot{U}_{\mathrm{U}}=U\angle 0^{\circ}\\ \dot{U}_{\mathrm{V}}=U\angle -120^{\circ}\\ \dot{U}_{\mathrm{W}}=U\angle 120^{\circ}\end{cases} \tag{4-24}$$

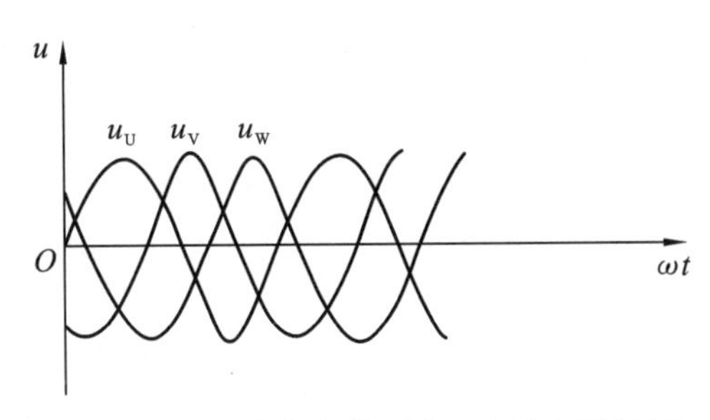

图 4-11　三相发电机的对称三相电压波形图

相量图如图 4-12 所示。

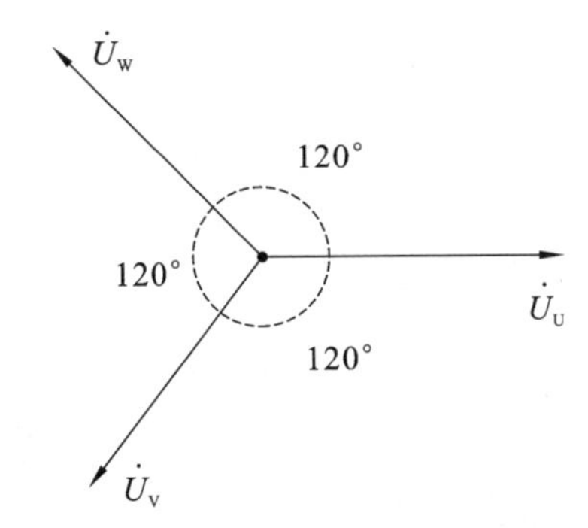

图 4-12　三相发电机的对称三相电压相量图

2. 三相交流电源的连接

三相交流电源有星形(Y)连接和三角形(△)连接两种连接方式,以构成一定的供电系统向负载供电。

(1) 星形(Y)连接。

三相交流电源的星形(Y)连接如图 4-13 所示。将三相交流电源的三个负极端连接在一起,形成一个节点 N,称为中性点。再由三个正极端 U、V、W 分别引出三根输出线,称为端线(相线),俗称火线。三相线可分别用黄、绿、红三种颜色标志。这样就构成了三相交流电源的星形连接。由中性点也可以引出一根线,这根线称为中性线(中线),俗称零线,用蓝色标志。三相交流电路系统中有中性线时,称为三相四线制电路;无中性线时,称为三相三线制电路。

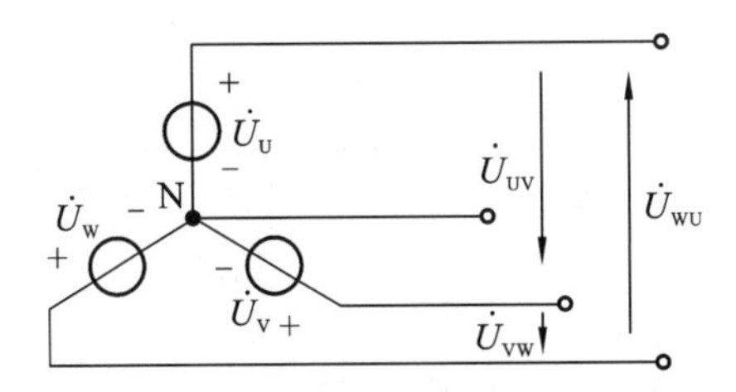

图 4-13　三相交流电源的星形(Y)连接图

端线与中性点之间的电压称为相电压($\dot{U}_p$),分别用 $\dot{U}_{UN}$、$\dot{U}_{VN}$ 和 $\dot{U}_{WN}$ 来表示 U、V、W 三相的相电压。

$$\dot{U}_{UN}=\dot{U}_U,\quad \dot{U}_{VN}=\dot{U}_V,\quad \dot{U}_{WN}=\dot{U}_W$$

每两根端线之间的电压称为线电压($\dot{U}_l$)，分别用$\dot{U}_{UV}$、$\dot{U}_{UW}$和$\dot{U}_{WU}$来表示，它们与相电压的关系为：

$$\begin{cases}\dot{U}_{UV}=\dot{U}_U-\dot{U}_V\\ \dot{U}_{VW}=\dot{U}_V-\dot{U}_W\\ \dot{U}_{WU}=\dot{U}_W-\dot{U}_U\end{cases} \tag{4-25}$$

设三相交流电源的相电压是对称的，根据式(4-24)和式(4-25)得：

$$\begin{cases}\dot{U}_{UV}=U\angle 0^\circ-U\angle -120^\circ=\sqrt{3}U\angle 30^\circ\\ \dot{U}_{VW}=U\angle -120^\circ-U\angle 120^\circ=\sqrt{3}U\angle -90^\circ\\ \dot{U}_{WU}=U\angle 120^\circ-U\angle 0^\circ=\sqrt{3}U\angle 150^\circ\end{cases} \tag{4-26}$$

式(4-26)还可表示如下：

$$\begin{cases}\dot{U}_{UV}=\sqrt{3}\dot{U}_U\angle 30^\circ\\ \dot{U}_{VW}=\sqrt{3}\dot{U}_V\angle 30^\circ\\ \dot{U}_{WU}=\sqrt{3}\dot{U}_W\angle 30^\circ\end{cases} \tag{4-27}$$

由式(4-27)可得出如下结论：三相交流电源采用星形接法时，若相电压是对称的，那么线电压一定也是对称的，并且线电压的有效值U_l是相电压的有效值U_p的$\sqrt{3}$倍，即$U_l=\sqrt{3}U_p$，相位超前相应的相电压30°，如$\dot{U}_{UV}$超前$\dot{U}_U$ 30°，$\dot{U}_{VW}$超前$\dot{U}_V$ 30°等，相位图如图4-14所示。

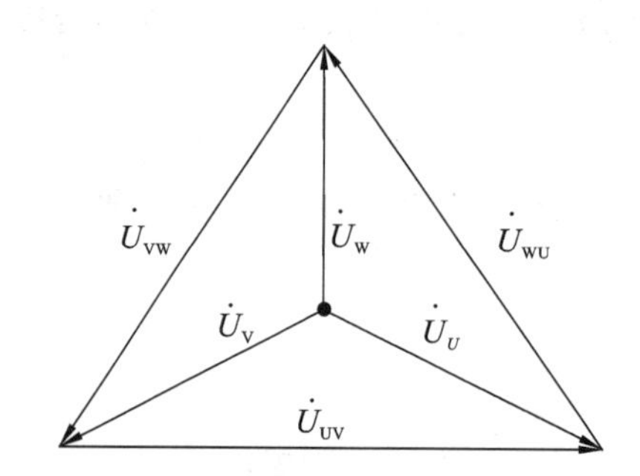

图 4-14　三相交流电源的星形(Y)连接相位图

(2) 三角形(△)连接。

三相交流电源的三角形(△)连接如图4-15所示。将三相交流电源的三相正、负极依次连接，即U_2与V_1、V_2与W_1、W_2与U_1分别相连接，再从三个连接点引出三根端线，这种方式称为三相交流电源的三角形连接。

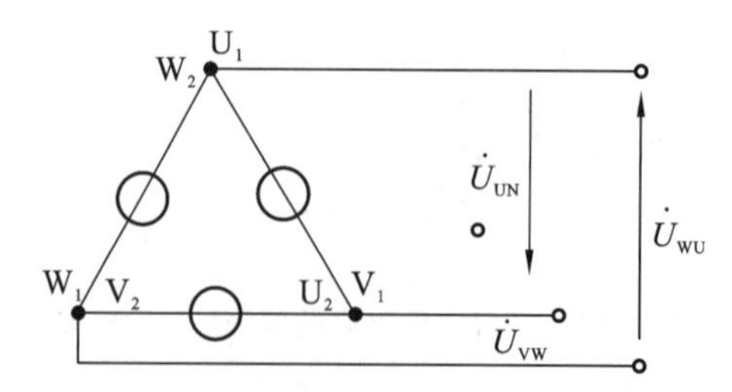

图 4-15　三相交流电源的三角形(△)连接图

三相交流电源采用三角形接法时，三相形成一个闭合回路。因此，三相交流电源的三角形连接要求每相的始端和末端一定要连接正确。只有连接正确时，$\dot{U}_U+\dot{U}_V+\dot{U}_W=0$才成立，闭合回路中才不会产生电流；如果某一相接错了，则 $\dot{U}_U+\dot{U}_V+\dot{U}_W\neq 0$，由于三相交流电源的内阻抗很小，因此将在回路内形成很大的环流，会烧毁三相交流电源设备。为避免此类现象，可在连接电源时串接一电压表，根据该表读数来判断三相交流电源连接正确与否。

显然，三相交流电源采用三角形(△)接法时，线电压与相应的相电压相等，即

$$\begin{cases}\dot{U}_{UV}=\dot{U}_U\\ \dot{U}_{VW}=\dot{U}_V\\ \dot{U}_{WU}=\dot{U}_W\end{cases}\tag{4-28}$$

在日常生活和工程技术中，用电设备种类非常繁多。其中：有的只需要单相电源供电即可正常工作，如照明灯具、家用电器等，此类电器称为单相负载；有的则需要三相交流电源供电才能正常工作，此类电器称为三相负载，如三相异步电动机、三相电阻炉等。在日常生活用电中，相电压为 220 V，线电压为 380 V，即实际的三相发电机采用星形(Y)接法。现以上述两种电压为例，说明不同类型的负载如何接入三相交流电源。

二、负载的连接

1. 负载接入三相交流电源的原则

(1) 为了使负载能够长期、安全可靠地工作，应按照电源电压等于负载额定电压的原则将负载接入三相交流电源，负载在高于或低于额定电压的情况下运转都会受到损伤。

(2) 当有多个负载时，应使多个负载尽可能均匀地分布到三相交流电源上，力求使三相交流电源的负载均衡、对称。这样可以更合理、更有效地使用三相交流电源。

2. 单相负载的连接

生活中大量使用的照明灯具、家用电器的额定电压都是 220 V，根据上述原则，应将这些负载接在相线与中性线之间。当有多个负载时，应使它们均匀分布地接在三相交流电源的三条相线与中性线之间或三条相线之间。

有的单相负载，如工业控制用的继电器和接触器的励磁线圈，它们的额定电压大多是 380 V，这样的单相负载就应接在电源的两条相线之间，如图 4-16 所示。

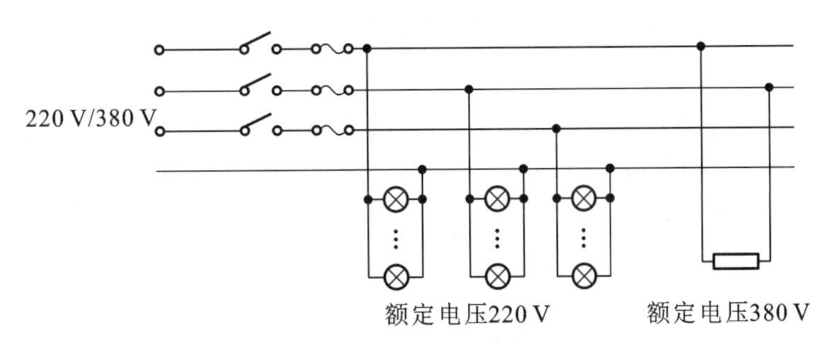

图 4-16 单相负载接入三相交流电源的方法

3. 三相负载的连接

以三相电阻炉为例。它本身由三个互相关联的发热元件组成一个整体。根据发热元件额定电压的不同，应采用不同的方式接入三相交流电源。例如：三相电阻炉每一个发热元件的额定电压 $U_N=220$ V，三个发热元件应该以星形方式接在三条相线之间；如果三相电阻炉的每一个发热元件的额定电压 $U_N=380$ V，三个发热元件应该以三角形方式接在三条相线

之间，如图 4-17 所示。

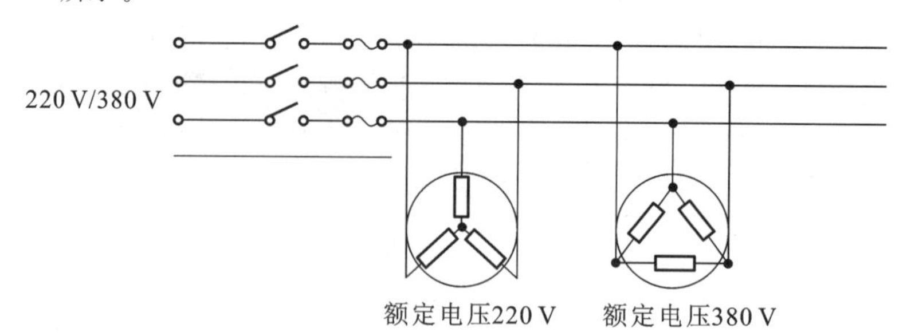

图 4-17　三相负载接入三相交流电源的方法

(1) 三相负载的星形(Y)连接。

三相负载的星形连接

将三相负载分别接在三相交流电源的相线和中性线之间，每相负载的电压等于电源的相电压，称为三相负载的星形(Y)连接，如图 4-18 所示，每相负载流过的电流就是电源的相线流过的电流。

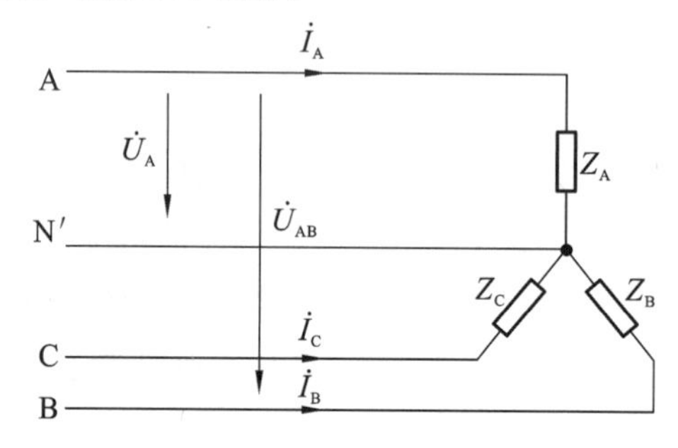

图 4-18　三相负载的星形连接

三相四线制各相电源与各相负载经中性线构成各自独立的回路，可以利用单相交流电的分析方法对每相负载进行独立的计算，即

$$\dot{I}_A=\frac{\dot{U}_A}{Z_A},\quad \dot{I}_B=\frac{\dot{U}_B}{Z_B},\quad \dot{I}_C=\frac{\dot{U}_C}{Z_C}$$

根据基尔霍夫电流定律可得，中性线的电流为：

$$\dot{I}_N=\dot{I}_A+\dot{I}_B+\dot{I}_C$$

如果三相负载对称，则$\dot{I}_N=\dot{I}_A+\dot{I}_B+\dot{I}_C=0$，中性线可以省略。

(2) 三相负载的三角形(△)连接。

三相负载的三角形连接

三相负载依次接在三相交流电源的相线与相线之间，构成了三相负载的三角形(△)连接，如图 4-19 所示。由此可得，每相负载的电压是电源的线电压。

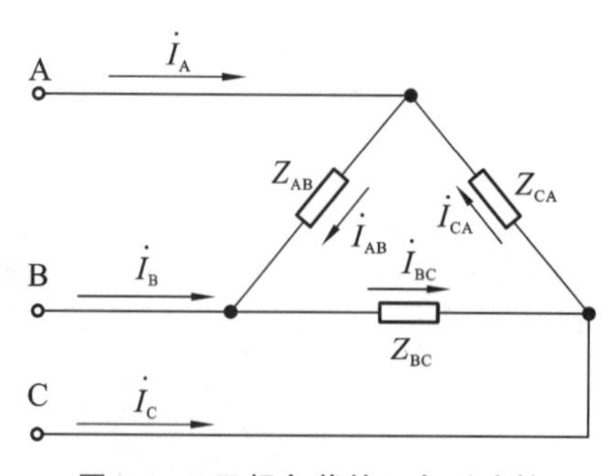

图 4-19　三相负载的三角形连接

每相负载的电流为：

$$\dot{I}_{AB}=\frac{\dot{U}_{AB}}{Z_{AB}},\quad \dot{I}_{BC}=\frac{\dot{U}_{BC}}{Z_{BC}},\quad \dot{I}_{CA}=\frac{\dot{U}_{CA}}{Z_{CA}}$$

线电流与相电流的关系为：

$$\dot{I}_{A}=\dot{I}_{AB}-\dot{I}_{CA}=\sqrt{3}\,\dot{I}_{AB}\angle -30^{\circ}$$

三相电路的功率

三、三相负载的电功率

1. 有功功率

三相交流电路的平均功率等于各相电路的平均功率之和。因此，无论是星形连接还是三角形连接，三相交流电路的总平均功率 P 都等于三相负载的平均功率之和，即

$$P=P_{A}+P_{B}+P_{C} \tag{4-29}$$

三相负载对称时，各相负载的平均功率相等，用 P_{p} 表示，所以有

$$P=3P_{p}=3U_{p}I_{p}\cos\varphi \tag{4-30}$$

式中，U_{p}、I_{p} 分别是负载的相电压、相电流的有效值；φ 是每相负载的阻抗角（负载相电压与相电流间的相位差）。

由于在工程实际中，线电压、线电流的数值能够比较容易地测量出来，因此用线电压、线电流计算三相交流电路的功率更有实用意义。

对称负载星形连接时，负载的相电压 $U_{p}=\frac{1}{\sqrt{3}}U_{l}$，负载的相电流 $I_{p}=I_{l}$。把这一关系代入式(4-30)，可得出用电源线电压、线电流表示的三相交流电路总平均功率的计算公式为：

$$P=3\cdot\frac{1}{\sqrt{3}}U_{l}I_{l}\cos\varphi=\sqrt{3}U_{l}I_{l}\cos\varphi \tag{4-31}$$

对称负载三角形连接时，负载的相电压 $U_{p}=U_{l}$，负载的相电流 $I_{p}=\frac{1}{\sqrt{3}}I_{l}$。把这一关系代入式(4-30)，亦可得出用电源线电压、线电流表示的三相交流电路总平均功率的计算公式，结果与式(4-31)相同。

应用式(4-31)计算有功功率时应注意：

(1) φ 为相电压与相电流的相位差角（阻抗角），不要误以为是线电压与线电流的相位差。

(2) $\cos\varphi$ 为每相负载的功率因数，在对称三相制中三相功率因数满足 $\cos\varphi_{A}=\cos\varphi_{B}=\cos\varphi_{C}=\cos\varphi$。

(3) 公式计算的是电源发出的功率（或负载吸收的功率）。

2. 无功功率

同理，三相总的无功功率等于各相无功功率的代数和，即：

$$Q=Q_{A}+Q_{B}+Q_{C}$$

用电源相电压和相电流、线电压和线电流表示的三相交流电路无功功率的计算公式为：

$$Q=3U_{p}I_{p}\sin\varphi=\sqrt{3}U_{l}I_{l}\sin\varphi \tag{4-32}$$

3. 视在功率

对称三相交流电路总的视在功率为：

$$S=\sqrt{P^2+Q^2}=3U_pI_p=\sqrt{3}U_lI_l \tag{4-33}$$

计算三相交流电路的功率时应注意：

(1) 对于不对称负载，需要分别计算出各相的电压、电流、功率因数，方可得出总的有功功率或无功功率。

(2) 一般情况下，三相视在功率不等于各相视在功率之和，只有在负载对称时，三相视在功率才等于各相视在功率之和。

(3) 三相交流电路中，测量相电压与相电流不方便，如三相电动机绕接成三角形时，要测量它的相电流就必须把绕组端部拆开；而测量线电压与线电流比较方便，所以常用线电压与线电流来计算对称三相负载的功率。

项目实施

任务6 准备工作

一、认识照明电路中的各种灯具

表4-2中比较了常见照明电光源的种类、特点和应用范围，图4-20列出了常见的照明灯具实物图。

表4-2 常见照明电光源的种类、特点和应用范围

种类	特点	应用范围
白炽灯	结构简单，价格低廉，使用和维修方便；发光效率低，寿命短，不耐振	用于室内外照度要求不高而开关频繁的场合
荧光灯	发光效率比白炽灯高3倍，使用寿命比白炽灯长2～3倍，光色较好；功率因数较低，附件多，故障率较白炽灯高	广泛用于办公室、会议室、家庭、商场等场所
碘钨灯	发光效率比白炽灯高30%左右，结构简单，使用可靠，光色好，体积小，装修方便；灯管必须水平安装（倾斜度不大于4°），灯管温度高（管壁温度可达500～700 ℃）	用于广场、体育场、游泳池、车间、仓库等照明要求高、照射距离远的场合
高压汞灯	发光效率比白炽灯高3倍，耐振、耐热性能好，使用寿命比白炽灯长2～3倍；起辉时间长，适应电压波动性能差（电压下降5%可能引起自熄），熄灭后再启动时间长（需5～10分钟才能再次开灯）	用于广场、车间、仓库、码头、街道场合
高压钠灯	发光效率高，耐振性能好，使用寿命超过白炽灯的10倍，光线穿透力强；辨色性能差	用于车站、码头、街道等场合，尤其适用于多雾、多尘埃的场合
氙灯	功率极大（自几千瓦至数十千瓦），体积小，使用寿命长；结构复杂，需要配用触发装置，灯管温度高	广泛用于广场、体育场、公园等大面积照明

（a）普通白炽灯

（b）声控白炽灯

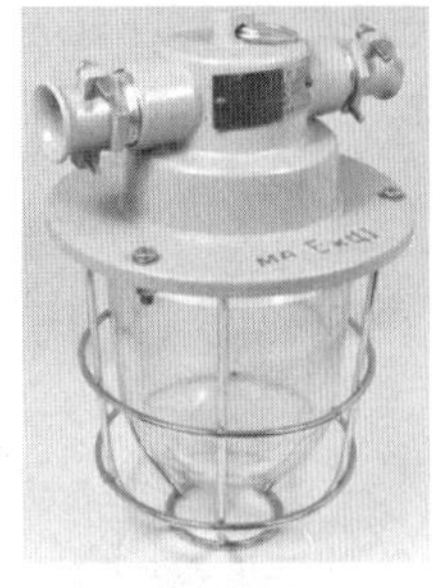

（c）防爆白炽灯

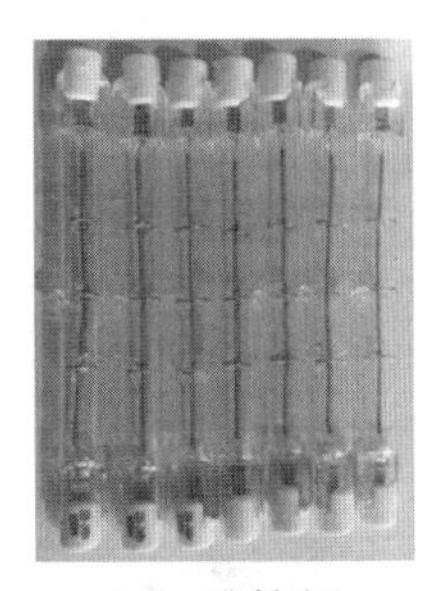

（d）碘钨灯

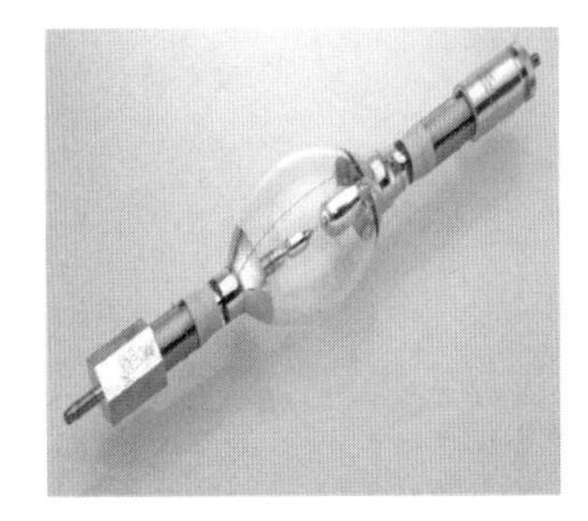

（e）高压汞灯

（f）高压钠灯

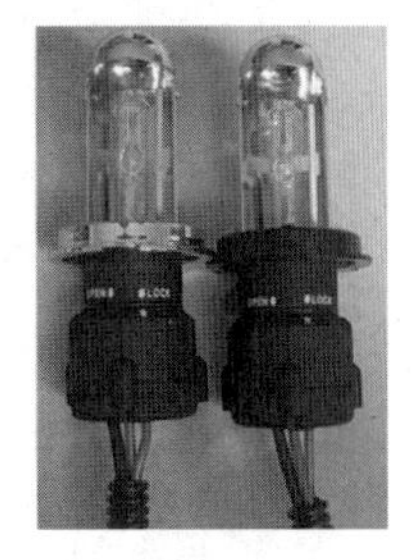

（g）氙灯

图 4-20　常见的照明灯具实物图

1. 灯具的选用原则

（1）环境条件：应注意易燃、易爆、灰尘大、潮湿、易化学腐蚀等环境。

（2）经济性：主要考虑初始投资费用（灯具购置费）、年运行费（电费、灯具更换费）以及年维护费（换灯和人工费），应尽量选择既经济又方便的灯具。

（3）装饰性：灯具尺寸、外形要与环境相协调，可用艺术灯具进行装饰，起到装饰房间和烘托环境的作用。

2. 灯具的附件

（1）灯座。灯座按灯头结构分为螺口灯座和插口灯座两类，如图 4-21 所示。功率大于 100 W 的灯泡多采用螺口灯座，因为螺口灯座接触面要比插口灯座好，能通过较大电流，而且比较安全。另外，灯座按安装方式可分为平灯座、悬吊灯座和管子灯座；按外壳材料又可分为胶木灯座、瓷质灯座和金属灯座三种。功率大于 100 W 的灯泡一般采用瓷质灯座；功率小于 100 W 的灯泡一般采用胶木灯座。

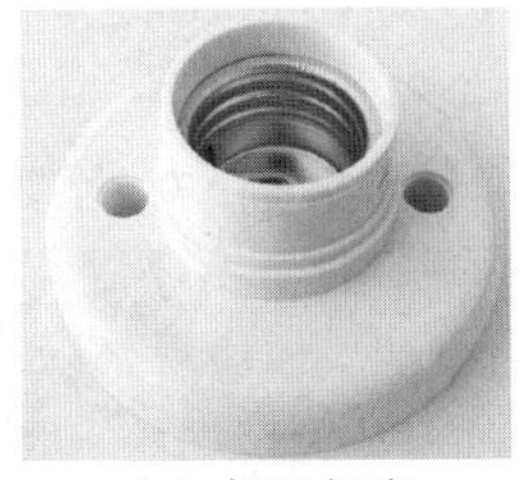

（a）螺口灯座

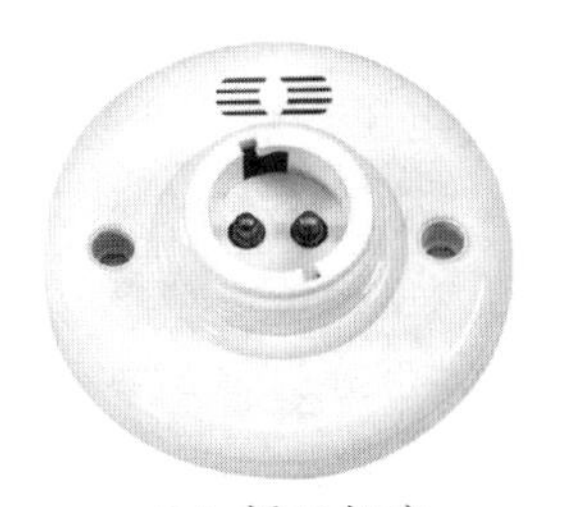

（b）插口灯座

图 4-21　灯座

(2) 灯罩。灯罩按材料分为玻璃灯罩、铝灯罩、搪瓷灯罩等，如图 4-22 所示；按灯具照明的配光方式又可分为直接式灯罩、间接式灯罩和半间接式灯罩三种。

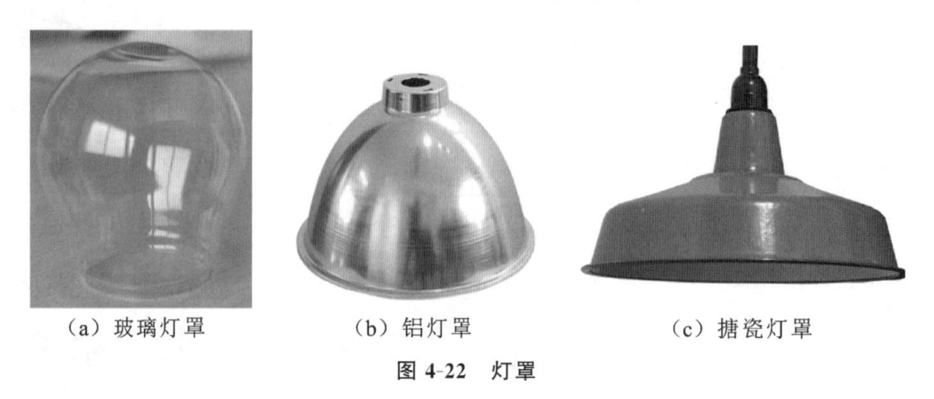

(a) 玻璃灯罩　　(b) 铝灯罩　　(c) 搪瓷灯罩

图 4-22　灯罩

(3) 开关。开关(见图 4-23)起接通和断开电路的作用。

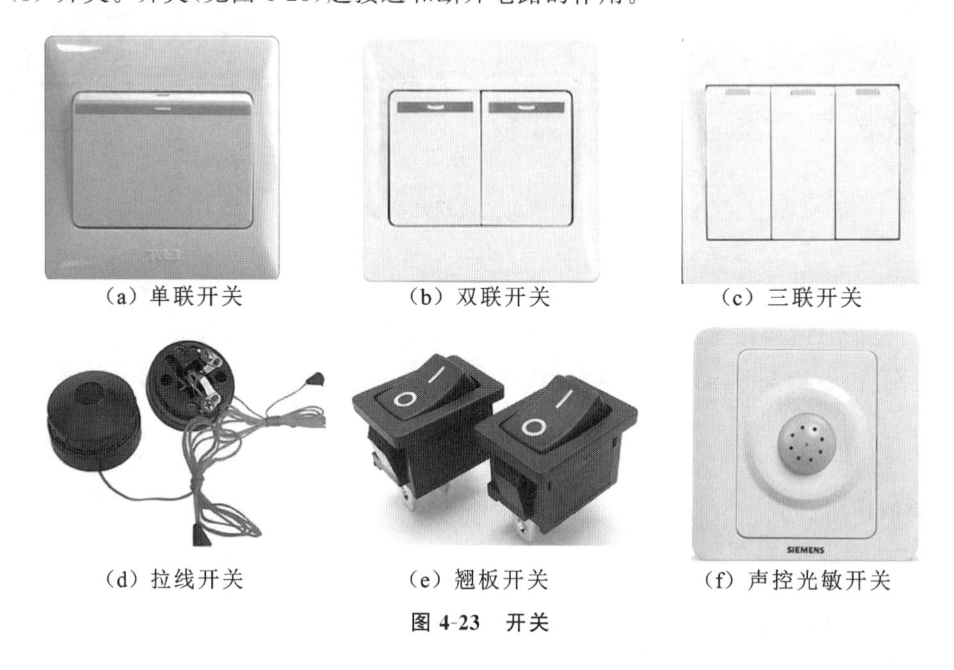

(a) 单联开关　　(b) 双联开关　　(c) 三联开关

(d) 拉线开关　　(e) 翘板开关　　(f) 声控光敏开关

图 4-23　开关

开关按安装条件可分为明装开关和暗装开关，按使用方式分为拉线开关和翘板开关，按构造分为单联开关、双联开关和三联开关以及声控光敏开关。声控光敏开关可在环境光照度低到一定数值时，通过声音振动使开关闭合，延时一段时间后自动断开。开关按外壳防护形式还可分普通开关、防水防尘开关、防爆开关等。开关规格以额定电压和额定电流来表示。室内开关的额定电压一般为 250 V，电流一般在 3～10 A 之间。

(4) 插座。插座(见图 4-24)供移动式灯具或其他移动式电气设备接通电路用。插座按结构可分为单相双孔、单相带接地线三孔和三相带接地线四孔等，按安装方式可分为明装、暗装两种，按防护方式可分为普通式、防水防尘式、防爆式。插座规格以额定电压和额定电流来表示。单相插座的额定电压一般为 250 V，三相插座的额定电压一般为 450 V。

(5) 吊线盒。吊线盒用来悬挂灯具并起接线盒的作用，分塑料和瓷质两种，一般能悬挂质量不超过 2.5 kg 的灯具。

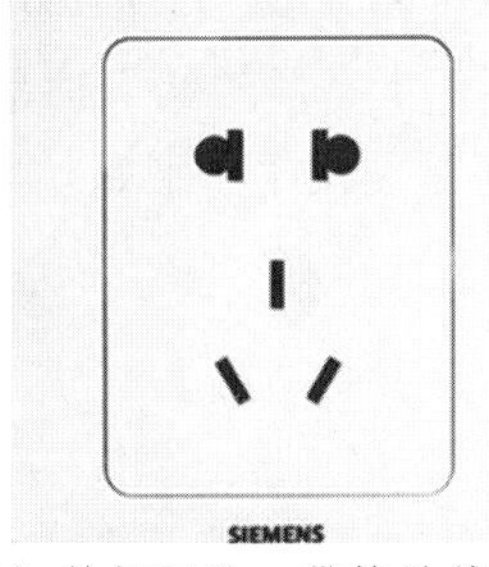

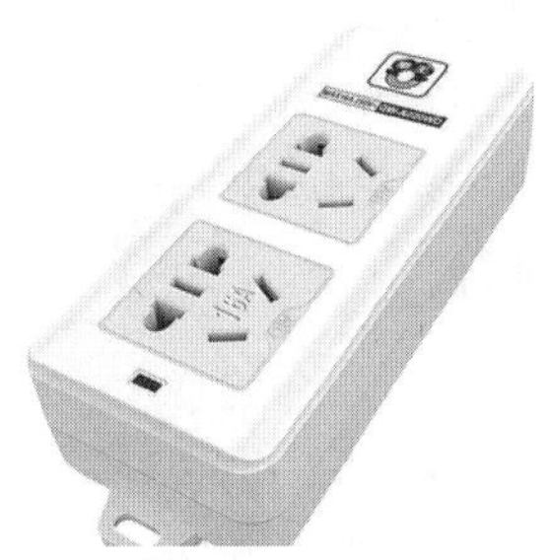

（a）三相带接地线四孔　（b）单相双孔、带接地线三孔　（c）移动多用途插座

图 4-24　插座

二、安装照明电路时使用的电工工具

1. 验电器

验电器是检验导线和电气设备是否带电的一种电工常用检测工具。使用时应注意，电压高于 60 V 时，氖管就会起辉发光；观察时应将氖管窗口背光面向操作者。验电器检测电压的范围为 60～500 V。

验电器由氖泡、电阻器、弹簧、笔身等组成，使用时手指触及笔尾金属体，氖管小窗朝向操作者。

验电器主要起以下作用。

（1）区分相线与中性线（地线或零线）。

在交流电路中，当验电器触及导线时，氖管发亮的是相线，氖管不亮的是中性线。

（2）区分直流电与交流电。

氖管里的两个极同时发亮的是交流电，氖管里的两个极中只有一个发亮的是直流电。

（3）区别直流电的正负极。

把验电器连接在直流电的正负极之间，氖管发亮的一端是直流电的负极。

（4）区别电压的高低。

根据氖管发亮的强弱来估计电压的高低。如果氖管呈暗红色、微亮，则电压低；如果氖管呈黄红色，则电压高；如果有电但氖管不发光，则说明电压低于 36 V，为安全电压。

（5）辨别同相与异相。

两手各持一支验电器，同时触及两条线，同相不亮而异相亮。

（6）识别相线是否碰壳。

用验电器触及电机、变压器等电气设备外壳，若氖管发亮，则说明该设备相线有碰壳现象。如果壳体上有良好的接地装置，则氖管是不会发亮的。

2. 旋具

螺丝刀又称改锥或起子，由绝缘套管（刀柄）和刀头两个部分组成。它按头部形状可分为一字形和十字形两大类。

对于一字形的螺钉，需用一字形螺丝刀来旋紧或拆卸。一字形螺丝刀的规格用柄部以外的刀体长度来表示，常用的有 100 mm、150 mm、200 mm、300 mm、400 mm 等几种。

对于十字形的螺钉，需用十字形螺丝刀来旋紧或拆卸。十字形螺丝刀的规格按头部旋动螺钉的规格不同，分为Ⅰ、Ⅱ、Ⅲ、Ⅳ四个型号，分别用于旋动直径为 2～2.5 mm、3～5 mm、6～8 mm、10～12 mm 的螺钉。十字形螺丝刀柄部以外的刀体长度规格与一字形螺丝刀相同。无论使用一字形螺丝刀还是使用十字形螺丝刀，都应注意用力平稳，推进和旋转要同时进行。

3. 钢丝钳

（1）规格：150 mm、175 mm、200 mm。

（2）组成：钳头、钳柄。

4. 尖嘴钳

尖嘴钳适用于狭小的工作空间或带电操作低压电气设备。尖嘴钳也可用来剪断细小的金属丝。它适用于电气仪表制作或维修。常用的尖嘴钳有普通尖嘴钳和长尖嘴钳。

尖嘴钳头部细而尖，适用于在狭小的空间夹持较小的螺钉、垫圈、导线及将导线弯成一定的形状供安装时使用。使用带绝缘柄的尖嘴钳可带电操作（一般绝缘柄的耐压值为 500 V），但为确保使用者的人身安全，严禁使用绝缘柄破坏、开裂的尖嘴钳在非安全电压范围内操作，一般不允许用尖嘴钳装拆螺母或把尖嘴钳当锤子使用。尖嘴钳头部较细，为防止其断裂，不宜用其夹、镊较粗的金属导线及其他物体，且要避免尖嘴钳头部长时间受热，否则容易使钳头退火，降低钳头部分的强度。当然，长时间受热也会使绝缘柄熔化或老化。

5. 斜口钳

斜口钳也叫偏口钳。在剪切导线，尤其是剪掉焊点上多余的线头和印制电路板安放插件后过长的引线时，选用斜口钳效果是最好的。斜口钳还常用来代替一般剪刀剪切绝缘套管、尼龙扎线卡等。

常见的斜口钳钳身长 160 mm，带塑料绝缘柄的斜口钳最为常用。使用时应注意：剪下的线头容易飞出伤人眼部，双目不要直视被剪物；钳口应朝下剪线，当被剪物体不易变化方向时，可用另一只手遮挡飞出的线头；不允许用斜口钳剪切螺钉及较粗的钢丝等，否则易损坏钳口；只有经常保持钳口结合紧密和刀口锐利，才能使剪切轻快并使切口整齐；当钳口有轻微的损坏或变钝时，可用砂轮或油石修磨。

6. 剥线钳

剥线钳是用来剥除小直径导线绝缘层的专用工具，主要用来剥除小截面积的塑料或橡胶绝缘导线的绝缘层。剥线钳的手柄是绝缘的，因此可以带点操作，工具电压一般不允许超过 500 V。剥线钳的优点在于使用效率高、剥线尺寸准确、不易损伤芯线。剥线钳钳口处有几个不同直径的小孔，可根据待剥导线的线径选用，以达到既能剥掉绝缘层又不损伤线芯的目的。

7. 电工刀

电工在装配维修工作中用电工刀割削导线绝缘外皮，以及割削木桩和割断绳索等。

8. 万用表

万用表是一种可以测量多种电量的多量程便携式仪表，可以来测量交流电压、直流电压、直流电流、电阻值等。有的万用表还可以测量模拟电路、数字电路中常用的元器件，如二极管、三极管。万用表是维修电工必备的仪表之一。

测量时，应将红表笔插入“VΩ”插孔，黑表笔插入“COM”插孔。测量高压时，应该把万用表的交流电压挡先调到最大，然后依次减小。

(1) 交流电压的测量。

测量时，将万用表右边的转换开关置于“V～”位置，将万用表左边的转换开关（量程的选择）置于测交流电压所需的某一量程位置上，表棒不分正负，用手握住两表棒绝缘部分，将两表棒金属头分别接触被测电压的两端，读数，然后从被测电压端移开表棒。

(2) 直流电压的测量。

测量时，将万用表右边的转换开关置于“V－”位置，将万用表左边的转换开关（量程的选择）置于测直流电压所需的某一量程位置上，用红表笔金属头接触被测电路的正极，用黑表笔金属头接触被测电路的负极。测量直流电压时，表棒不能接反，否则易损坏万用表。不清楚被测电压时，可用表棒轻快地碰触一下被测电压的两极，观察读数的正负，确定出正负极之后再进行测量。

(3) 直、交流电流的测量。

测量时，应将万用表左边的转换开关置于“A－”或“A～”位置，将万用表右边的转换开关置于测直、交流电流所需的某一量程位置上，再将两表棒串接在被测电路中。串接直流电时，应注意电流从正到负的方向。注意，这时红表笔应该插入“10 A”插孔中。

(4) 电阻的测量。

测量电阻时，将万用表左边的转换开关置于“Ω”位置，将万用表右边的转换开关置于所需的某一电阻挡位。

(5) 电容的测量。

测量电容时，将万用表左边的转换开关置于“F”位置，将万用表右边的转换开关置于所需的某一电容挡位。

(6) 电路中有无断路或元器件好坏的判断。

将万用表转换开关置于发声挡，用表笔在电路不带电的情况下测量，判断被测元器件的好坏或电路中有无断路。测量时应注意，若被测量的电路或元器件的阻抗超过 200 Ω，会因电阻值过大而不发声，这时应该调节转换开关，将其置于合适的电阻挡。如果电路无断路或元器件完好，则电压表有读数，否则就可判定电路有断路或元器件已经损坏。

(7) 使用注意事项。

① 使用万用表时，应仔细检查转换开关位置选择是否正确，若误用电流挡或电阻挡测量电压，会造成万用表损坏。

② 在用万用表测试时，不能旋转转换开关。需要旋转转换开关时，应让表棒离开被测电路，以保证转换开关接触良好。

③ 电阻、电容必须在断电状态下进行测量。

④ 在测量交、直电压或电流时，应该先把转换开关挡调至最大测量挡，然后再慢慢调节转换开关，将其调节到相应位置。

三、室内照明线路的安装

1. 室内照明线路的安装要求

总体要求：正规、合理、牢固、美观。

(1) 各种灯具、开关、插座、吊线盒及所有附件的品种规格、性能参数，如额定电压、额定电流等必须符合要求。

(2) 应用在户内特别潮湿或具有腐蚀性气体和蒸气的场所，应用在有易燃或易爆物的场所，以及应用于户外，必须相应地采用具有防潮或防爆结构的灯具和开关。

(3) 灯具安装应牢固。质量在 1 kg 以内的灯具可采用软导线自身作吊线；质量超过 1 kg 的灯具应采用链吊或管吊；灯具质量超过 3 kg 时必须固定在预埋的吊钩或螺栓上。

(4) 灯具的吊管应由直径不小于 10 mm 的薄壁钢管制成。

(5) 灯具固定时，不应因灯具自重而使导线承受额外的张力，导线在引入灯具处不应有磨损，且不应受力。

(6) 导线分支及连接处应便于检查。

(7) 必须接地或接零的金属外壳应由专门的接地螺栓连接牢固，不得用导线缠绕。

(8) 灯具的安装高度：室内一般不低于 2.4 m，室外一般不得低于 3 m，如遇特殊情况难以达到要求，可采取相应保护措施或采用 36 V 安全电压供电。

(9) 室内照明开关一般安装在门边易于操作的地方。拉线开关的安装高度一般离地 2～3 m，扳把开关一般离地 1.3 m，与门框的距离一般为 150～200 mm。安装时，同一建筑物内的开关宜采用同一系列产品，并应操作灵活、接触可靠。另外，还要考虑使用环境，以选用合适的外壳防护形式。

2. 室内照明线路敷设和施工安装工艺

(1) 室内照明设计与施工应满足以下条件：①安全；②可靠；③经济。

(2) 室内布线。

室内布线分为明敷设和暗敷设两种，均采用 PVC 管、接线盒和导线进行。

① 暗敷设布线：将 PVC 管埋在建筑材料和墙内，原则上要求“走捷径”，尽量减少弯头。暗敷设布线适用于美观要求较高的场所，如家庭、办公室等场所。

② 明敷设布线：管线暴露在外面，要求布线沿建筑物横平竖直，讲究工艺美观，管子用线卡固定。明敷设布线适用于商场和特殊照明安装。

(3) 敷设线路的步骤及工艺要求。

① 根据要求设计施工图。

② 根据施工图确定所需材料。根据要求弄清导线、PVC 管、管件及管卡、螺钉等的规格、数量。

③ 敷设 PVC 管。敷设时应横平竖直、整齐美观，按室内建筑物形态弯曲贴近。

④ 穿线。穿线时将所有穿的导线做好记号，用胶布绑扎在一起，从 PVC 管的一端逐渐送入另一端口，并把导线拉直，固定 PVC 管。PVC 管内穿导线的总面积应不超过管内截面积的 40%，并且管内导线不允许接头，不得有拧绞现象。

⑤ 接线时应注意：所有的分支线和导线的接头应设置在分线盒和开关盒内；线盒内线头应留有余度；导线扭绞连接要紧密，并包好绝缘带；接插座线时应注意左零右相的规定；接螺口灯头时应保证螺丝部分为零线；所有的开关都应控制火线，所有的零线不应受控。

⑥ 送电前，应用万用表对整个线路和元件进行检测。

3. 白炽灯、插座电路及其安装

（1）白炽灯电路。

从图 4-25 可知，白炽灯电路由导线、开关、熔断器及灯座（头）组成。火线先接开关、熔断器，然后才接到白炽灯灯座（头），而零线直接接入白炽灯灯座（头）。当开关合上时，白炽灯得电发光。

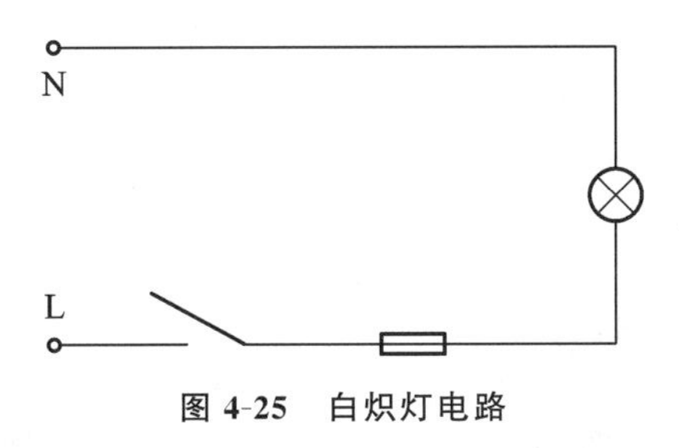

图 4-25　白炽灯电路

（2）插座电路。

插座电路如图 4-26 所示。

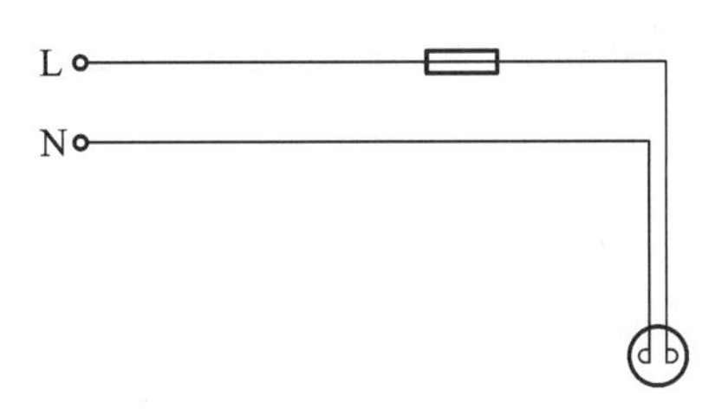

图 4-26　插座电路

白炽灯、插座电路各元件的接线如图 4-27 所示。对于单相两孔插座，水平安装时为“左零右火”，垂直安装时为“上火下零”；对于单相三孔扁插座，安装时为“左零右相上为地”，不得将地线孔装在下方或横装。

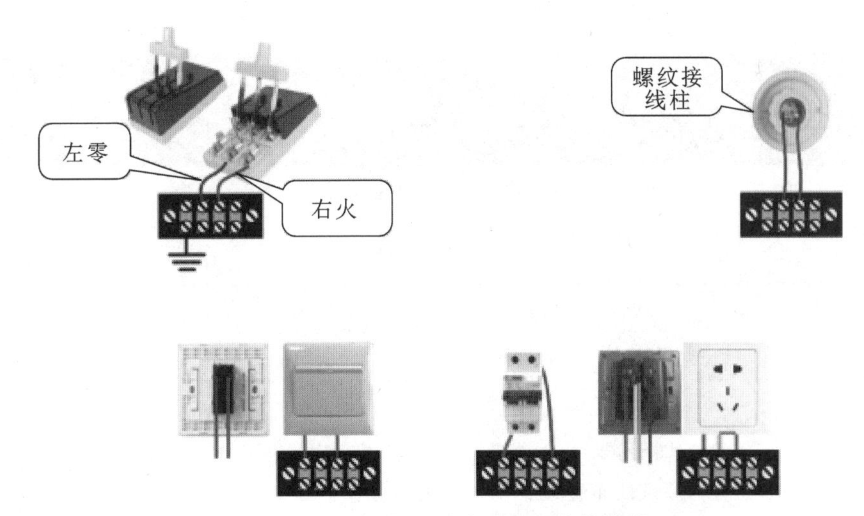

图 4-27　白炽灯、插座电路各元件的接线

接线后的电路实物图如图 4-28 所示。

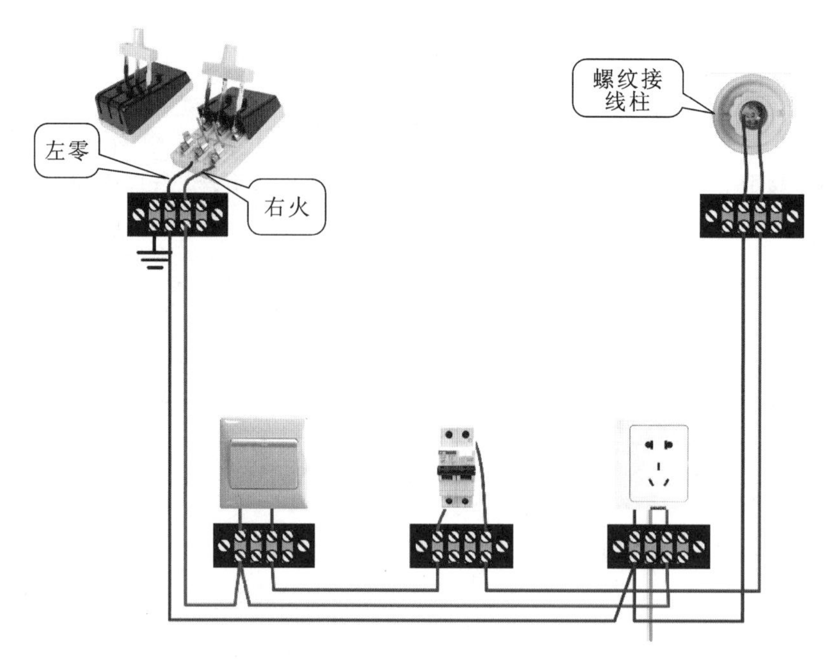

图 4-28 完成接线后的照明线路

四、实训要求

（1）打开单相电能表的盒盖，注意 1、3 接电源，2、4 接负载。

（2）将实训设备的空气开关、灯座、插座与单相电能表固定在木板上，按图接线，并自我检查一遍。

（3）接头连接：零线直接进灯座，火线经开关后再进灯座；零线、火线直接进插座。导线必须铺得横平、竖直和平服，线路应整齐、美观，符合工艺要求。

（4）经老师检查确认接线正确后，接通电源，操作开关，观察实训结果。

（5）导线布线要求横平竖直、弯成直角，少用导线少交叉，多线并拢一起走。

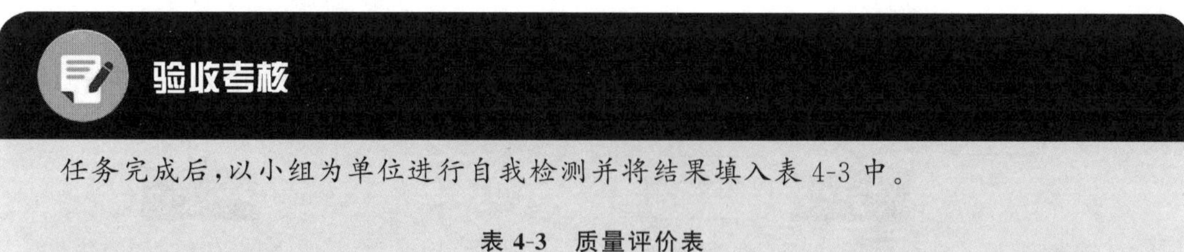

任务完成后，以小组为单位进行自我检测并将结果填入表 4-3 中。

表 4-3 质量评价表

任务名称：______	小组成员：______	评价时间：______				
考核项目	考核要求	分值	评分标准	扣分	得分	备注
元器件整体布局	① 能够正确选择元器件 ② 能够按照原理图布置元器件 ③ 能够正确固定元器件	15	① 不按原理图固定元器件扣 5 分 ② 元器件安装不牢固、接点松动，每处扣 2 分 ③ 元器件安装不整齐、不均匀、不合理，每处扣 3 分 ④ 损坏元器件此项不得分			

续表

考核项目	考核要求	分值	评分标准	扣分	得分	备注
导线连接	① 能够正确连接导线 ② 能够实现导线圈数6～8圈 ③ 导线连接处表面光滑	25	① 导线连接不规范扣 5 分 ② 不能达到导线圈数要求扣 3 分 ③ 导线表面有伤损扣 5 分			
照明电路功能实现	① 能够正解连接元件引脚 ② 能够正确实现双控要求 ③ 能够正确实现单控要求	35	① 不能正确连接元件引脚扣 5 分 ② 不能实现电路双控要求扣 20 分 ③ 不能实现电路单控要求扣 10 分 ④ 接线不正确每处扣 2 分			
工作现场安全	① 接线动作规范正确，操作安全 ② 自觉遵守电路安全规程，注意通电试车操作的安全与规范性 ③ 工具使用正确	20	① 错误一次扣 2 分 ② 出现安全隐患，0 分处理 ③ 不规范酌情扣 1～2 分			
现场清理	清理元器件面板，将其恢复原状	5	未做者扣 5 分			
时间	1.5 小时		① 提前正确完成，每 5 分钟加 2 分 ② 超过规定时间，每 5 分钟扣 2 分			

项目总结

通过本项目的学习，学生应该掌握安全用电知识，了解照明电路的原理、构成和接线方法，能够独立完成家庭常见照明电路的安装；撰写一份心得体会。

项目5

声控延时小夜灯电路的制作与调试

项目要求

通过本项目的学习，学生应理解小夜灯的工作原理，会画仿真图并调试功能，会利用工具检测元器件的好坏、检测电流和电压等。

项目描述

本项目要完成的学习任务是声控延时小夜灯电路的制作与调试，电路原理图如图5-1所示。

制作要求如下：

(1) 利用Proteus软件仿真调试声控延时小夜灯电路；

(2) 利用万用表检测电路中电阻的好坏，读取电阻值；

(3) 利用万用表检测电路中电容的极性，读取电容值；

(4) 利用万用表检测电路中二极管的极性，读取其型号；

(5) 利用万用表检测电路中三极管引脚的极性，读取其型号；

(6) 利用万能板搭建声控延时小夜灯电路并调试。

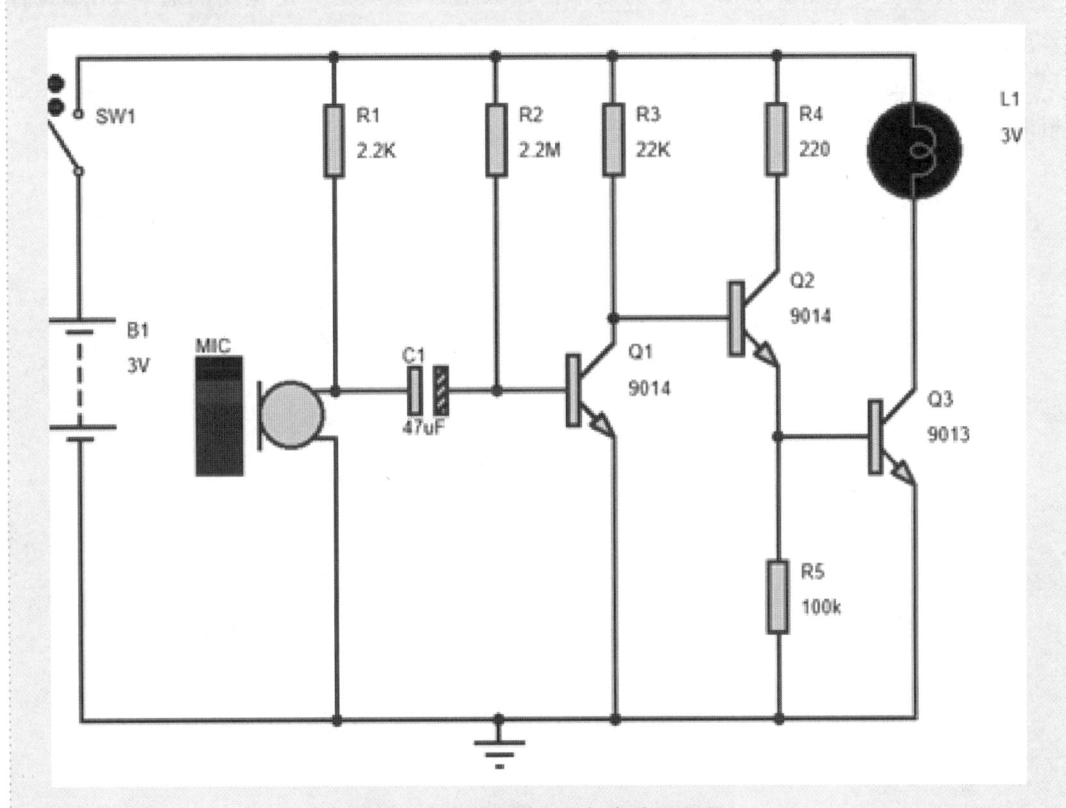

图5-1 声控延时小夜灯电路原理图

相关知识

任务1 放大电路基础知识

一、三极管基本放大电路的组成

放大电路的作用是将输入的微弱信号放大成幅度足够大的输出信号，以便有效地进行观察、测量和控制。放大电路的基本模型如图 5-2 所示。

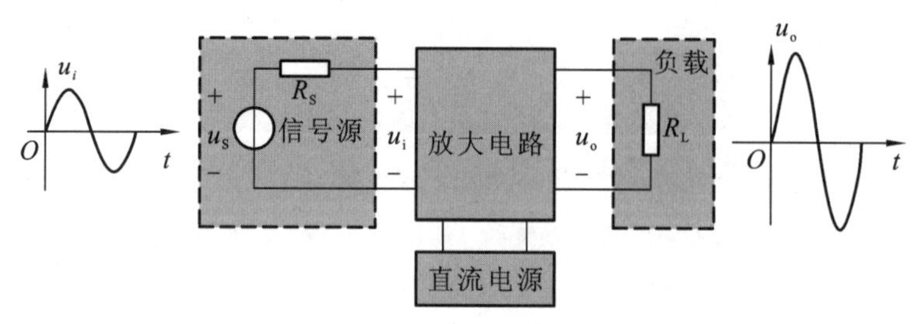

图 5-2 放大电路的基本模型

对放大电路的基本要求如下：要有足够的放大倍数；要具有一定宽度的通频带；非线性失真要小；工作要稳定。

图 5-3 示出了放大电路主要的性能指标。放大电路放大倍数、输入电阻、输出电阻、通频带 BW 的计算如下。

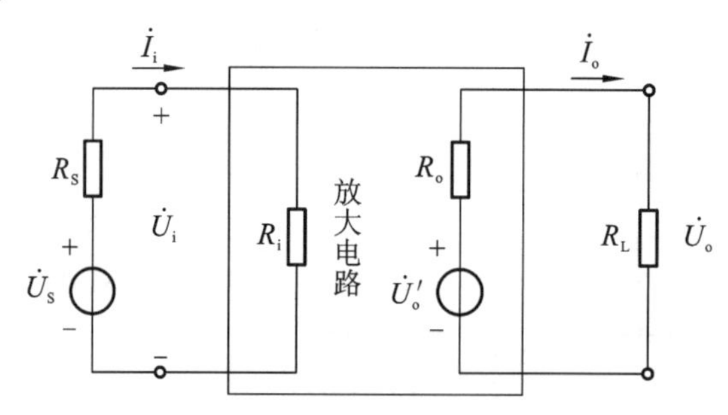

图 5-3 放大电路主要的性能指标

1. 放大倍数

电压放大倍数：
$$\dot{A}_u=\frac{\dot{U}_o}{\dot{U}_i}$$

电流放大倍数：
$$\dot{A}_i=\frac{\dot{I}_o}{\dot{I}_i}$$

2. 输入电阻

放大电路与信号源相连接后成为信号源的负载，必然要从信号源索取电流，且所索取电流的大小取决于放大电路自身。所索取的电流表明放大电路对信号源的影响程度。输入电阻是从放大电路的输入端向右看进去的等效电阻，大小等于输入电压有效值U_i与输入电流有效值I_i之比，单位为欧姆，即：

$$R_i=\frac{U_i}{I_i}$$

从公式可以看出，输入电阻R_i越大，放大电路从信号源索取的电流越小，信号源内阻R_S上的电压降越小，放大电路的输入电压U_i越接近信号源电压U_S，放大电路对U_S的放大能力越强。

3. 输出电阻

由公式$U_o=\frac{R_L}{R_o+R_L}\cdot U_o'$可以推出输出电阻的计算公式为：

$$R_o=\left(\frac{U_o'}{U_o}-1\right)R_L$$

式中，U_o'为空载时输出电压的有效值，U_o为带负载后输出电压的有效值。

从公式可以看出，R_o的大小反映了放大电路带负载的能力，R_o越小，当输出电流I_o变化(即外接负载R_L变化)时，输出电压U_o的变化越小，放大电路带负载的能力越强。

4. 通频带 BW

放大电路的增益$A(f)$是频率的函数。在低频段和高频段，放大电路的放大倍数都要下降。当$A(f)$下降到中频电压放大倍数A_O的$\frac{1}{\sqrt{2}}$，即$A(f_L)=A(f_H)=\frac{A_O}{\sqrt{2}}\approx0.7A_O$时，相应的频率$f_L$称为下限频率，$f_H$称为上限频率，如图5-4所示。

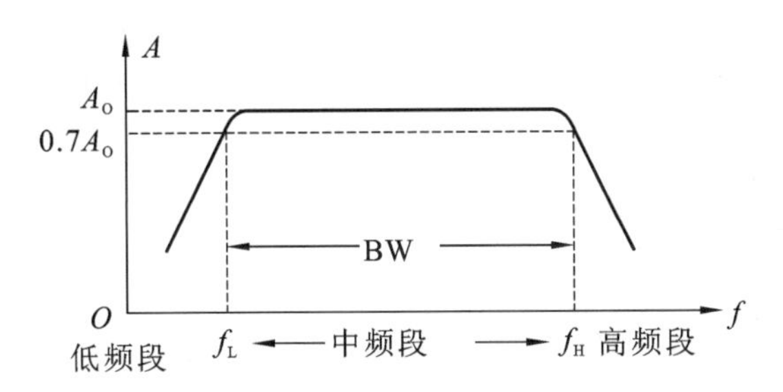

图5-4 放大电路的增益与通频带

通频带用于衡量放大电路对不同频率的交流信号的放大能力。放大电路存在电容、电感等电抗元件。这些电抗元件对不同频率的交流信号的阻碍作用不同，使放大电路对不同频率的交流信号的放大倍数不同。一般情况下，一个具体的放大电路只能放大一定频率范围内的交流信号，这个频率范围就称为通频带。

通频带的宽窄表明了放大电路对频率的适应性。不同的放大电路要求有不同的通频带和频率范围，有的要求宽一些，以提高适应性，如扩音机的通频带应宽于音频范围(20 Hz～20 kHz)，才能完全不失真地放大声音信号；有的要求窄一些，如收音机中用到的选频放大电路，希望它只对单一频率的信号放大，以减小频带外信号对频带内信号的干扰。在电路设计中，可通过合理选择电路元件参数和设计电路结构来调整通频带及频率范围。

二、三极管放大电路的作用

1. 三极管的工作电压

三极管要实现放大作用必须满足的外部条件是：发射结加正向电压，集电结加反向电压，即发射结正偏，集电结反偏。三极管电源的连接方式如图 5-5 所示。图中：VT 为三极管；U_{CC}为集电极电源电压，U_{BB}为基极电源电压，两类管子外部电路所接电源极性正好相反；R_b为基极电阻；R_c为集电极电阻。若以发射极电压为参考电压，则三极管发射结正偏、集电结反偏，这个外部条件也可用电压关系来表示：对于 NPN 型，$U_C>U_B>U_E$；对于 PNP 型，$U_E>U_B>U_C$。

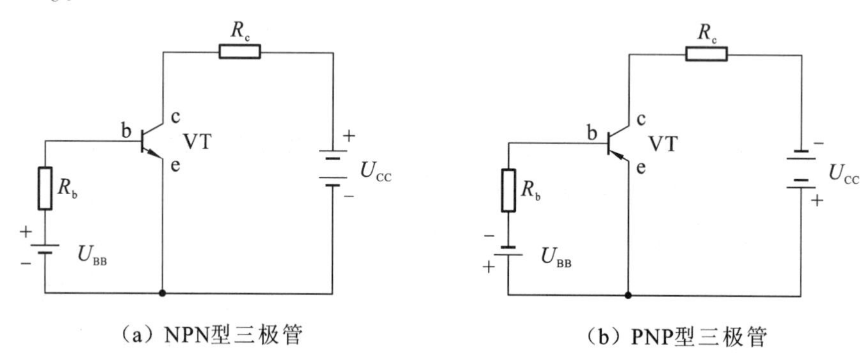

（a）NPN型三极管　　（b）PNP型三极管

图 5-5　三极管电源的连接方式

2. 基本连接方式

三极管有三个电极，而在连成电路时必须由两个电极接输入回路、两个电极接输出回路，这样势必有一个电极作为输入回路和输出回路的公共端。根据公共端的不同，三极管有三种基本连接方式。

（1）共发射极接法（简称共射接法）。共射接法是以基极为输入端的一端，以集电极为输出端的一端，发射极为公共端，如图 5-6（a）所示。

（2）共集电极接法（简称共集接法）。共集接法是以基极为输入端的一端，以发射极为输出端的一端，集电极为公共端，如图 5-6（b）所示。

（3）共基极接法（简称共基接法）。共基接法是以发射极为输入端的一端，以集电极为输出端的一端，基极为公共端，如图 5-6（c）所示。

图 5-6 中“⊥”表示公共端，又称接地端。无论采用哪种接法，都必须满足发射结正偏，集电结反偏。

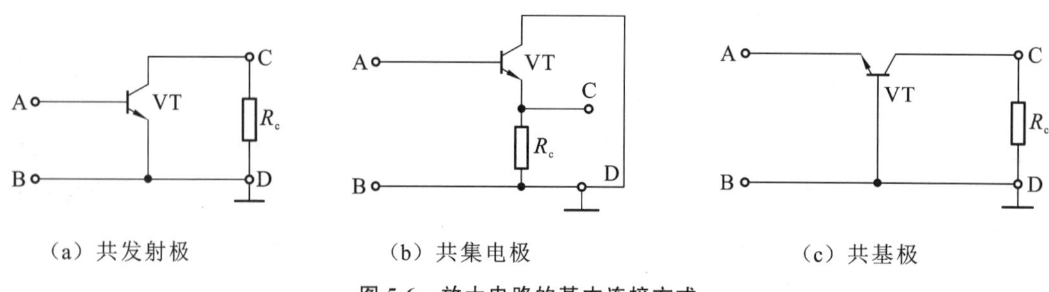

（a）共发射极　　（b）共集电极　　（c）共基极

图 5-6　放大电路的基本连接方式

它们各自的特点如表 5-1 所示。

表 5-1　放大电路特点对比

对比项目	共射放大电路	共集放大电路	共基放大电路
信号放大	既有电压放大，也有电流放大	只有电流放大	只有电压放大
输出与输入的相位关系	相反	相同	相同
输入电阻	千欧	大	小
输出电阻	千欧	小	大

3. 电流分配关系的测试

三极管各电极电流分配关系的测试电路如图 5-7 所示。

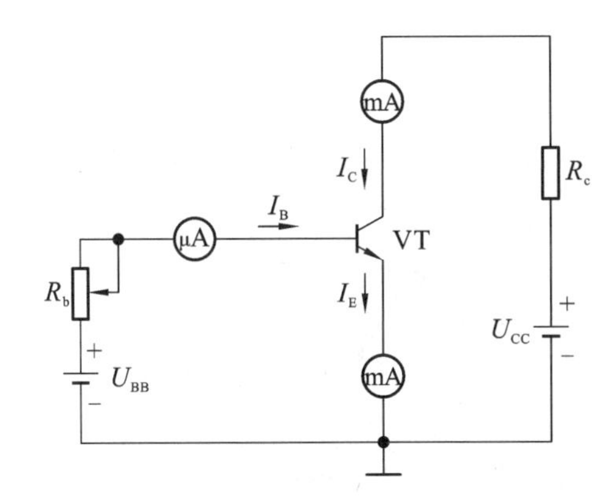

图 5-7　三极管各电极电流分配关系的测试电路

在图 5-7 中，改变电阻R_b的阻值，对应的各极电流也会随之变化，如表 5-2 所示。

表 5-2　三极管各极电流变化值

I_B/mA	0	0.01	0.02	0.03	0.04	0.05
I_C/mA	<0.001	0.50	1.00	1.55	2.10	2.85
I_E/mA	<0.001	0.51	1.02	1.58	2.14	2.90

分析实验测试数据，可得到以下结论：

(1) 三极管各电极电流的关系满足$I_E=I_B+I_C$，且I_B很小，$I_C \approx I_E$。

(2) I_C与I_B的比值基本保持不变，且大小由三极管的内部结构决定，定义该比值为共射放大电路的直流电流放大系数，用$\bar{\beta}$表示，即$\bar{\beta}=\frac{I_C}{I_B}$。

(3) I_C与I_B的变化量 ΔI_C与 ΔI_B的比值也基本保持不变，定义该比值为共射放大电路的交流电流放大系数，用 β 表示，即 $\beta=\frac{\Delta I_C}{\Delta I_B}$。

通常 β 与$\bar{\beta}$近似相等，一般不予区分。

4. 三极管的特性曲线

三极管的输入特性曲线(以共射放大电路为例)如图 5-8 所示。

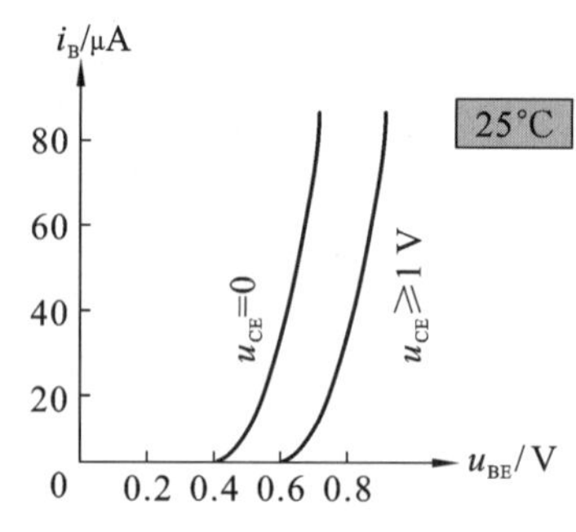

图 5-8　三极管的输入特性曲线

(1) $u_{CE}=0$ V 那一条相当于发射结的正向特性曲线。

(2) 当$u_{CE}\geqslant 1$ V 时,$u_{CB}=u_{CE}-u_{BE}>0$,集电结进入反偏状态,开始收集电子,基区复合减少,在同样的u_{BE}下I_B减小,特性曲线右移。

三极管的输出特性曲线(以共射放大电路为例)如图 5-9 所示。

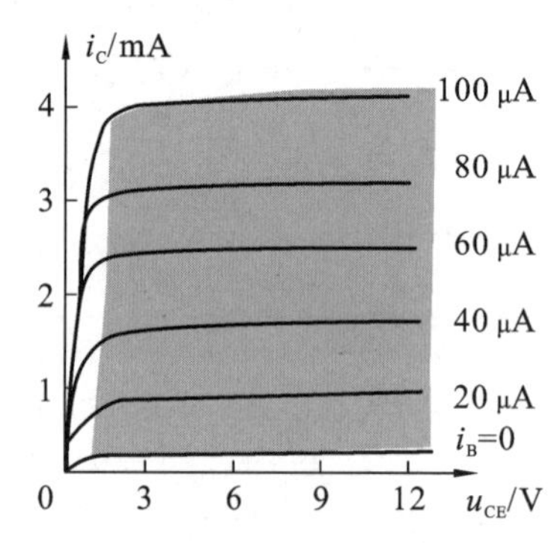

图 5-9　三极管的输出特性曲线(放大状态)

图 5-9 中阴影部分满足$i_C=\beta i_B$,称为线性区(放大区)。

图 5-10 中阴影部分$u_{CE}<u_{BE}$,集电结正偏,$u_{CE}\approx 0.3$ V,称为饱和区。

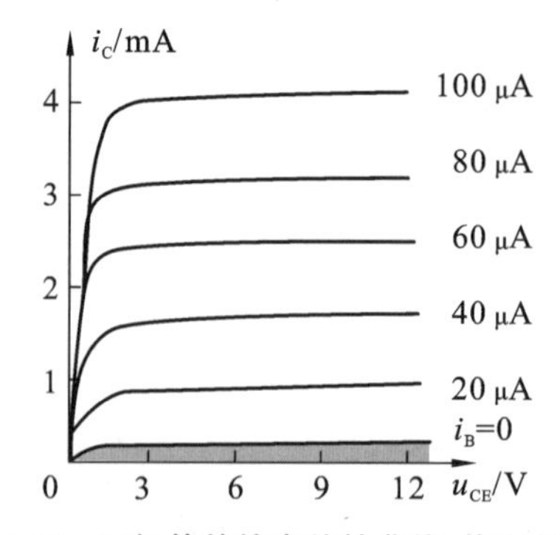

图 5-10　三极管的输出特性曲线(饱和状态)

图 5-11 中阴影部分$i_B=0$,$i_C=I_{CEO}$,u_{BE}小于死区电压,称为截止区。

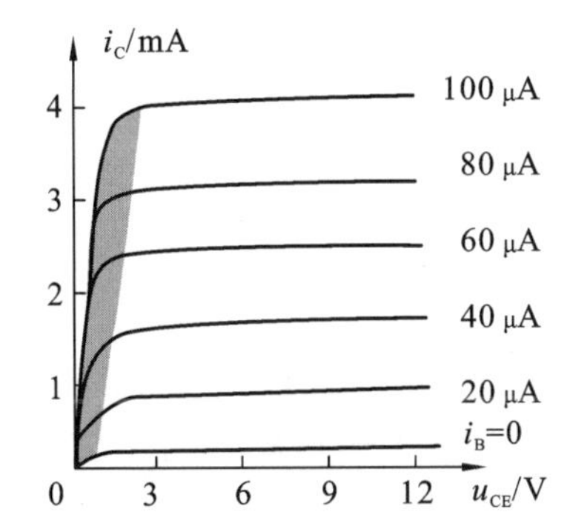

图 5-11　三极管的输出特性曲线(截止状态)

任务 2　单级放大电路基础知识

一、共射基本放大电路的组成

共射放大电路的组成如图 5-12 所示。其中:三极管 VT 起放大作用;负载电阻 R_c 将变化的集电极电流转换为电压;输入耦合电容 C_1 保证信号加到发射结,不影响发射结偏置;输出耦合电容 C_2 保证信号输送到负载,不影响集电结偏置。

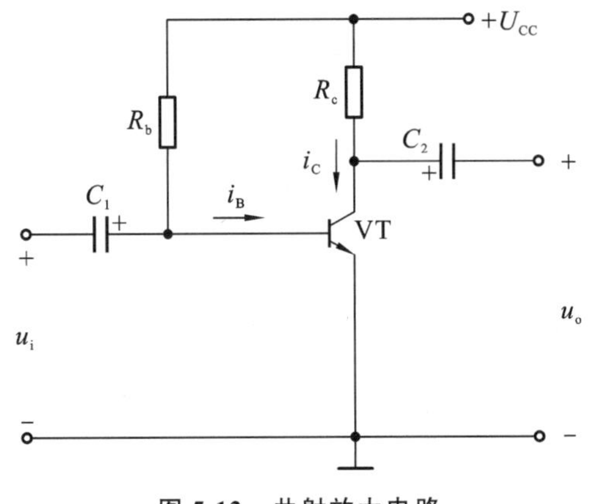

图 5-12　共射放大电路

电路中各元件的名称及作用如表 5-3 所示。

表 5-3　共射放大电路中各元件的名称及作用

元件符号	元件名称	元件作用
U_{CC}	直流电源	为放大器提供直流偏置
VT	三极管	放大信号
R_b	基极偏置电阻	提供偏置电压
R_c	集电极负载电阻	把放大的电流转换成电压
C_1	输入耦合电容	使信号源的交流信号传送到放大电路输入端
C_2	输出耦合电容	把放大的交流信号传送给负载

共射放大电路受直流电源 U_{CC} 和交流信号源 u_i 的共同作用。根据线性网络的叠加原理，共射放大电路中各支路上的电压和电流应该等于每个独立电源单独作用于电路时产生的电压和电流之和。

二、三极管静态工作情况分析

放大电路一般采用静态分析和动态分析两种方法。

(1) 静态：当 $u_i=0$ 时，放大电路的工作状态，也称直流工作状态。电路中各电压、电流均处于恒定的直流工作状态，通常称为静态或直流工作状态。此时，晶体管的 I_B、I_C、U_{BE}、U_{CE} 称为放大电路的静态工作点，简称 Q 点，记为 I_{BQ}、I_{CQ}、U_{BEQ}、U_{CEQ}。

(2) 动态：当 $u_i\neq 0$ 时，放大电路的工作状态，也称交流工作状态。

直流电通过的路径称为直流通路；交流电通过的路径称为交流通路。对放大电路建立正确的静态，是保证动态工作的前提。分析放大电路，必须正确地区分静态和动态，正确区分直流通路和交流通路。

1. 用近似估算法求静态工作点

先画出它的直流通路，如图 5-13 所示，然后计算它的静态工作点。

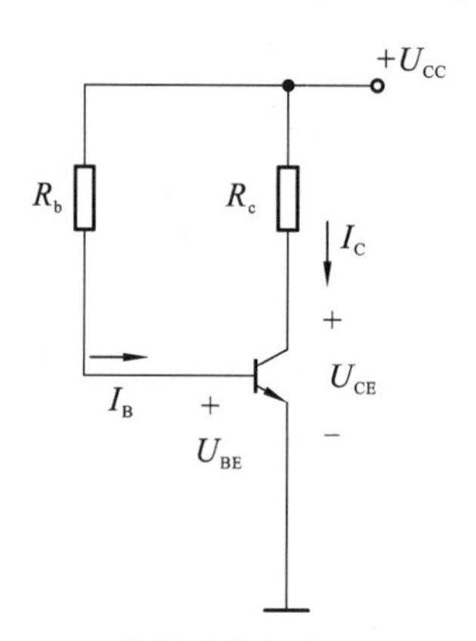

图 5-13 共射放大电路的直流通路

静态工作点参数计算如下：

$$I_{BQ}=\frac{U_{CC}-U_{BEQ}}{R_b}\approx\frac{U_{CC}}{R_b}$$

$$I_{CQ}=\beta I_{BQ}$$

$$U_{CEQ}=U_{CC}-I_{CQ}R_c$$

硅三极管 $U_{BEQ}=0.7\ V$，锗三极管 $U_{BEQ}=0.2\ V$。

2. 用图解分析法确定静态工作点

图解分析法是指利用晶体管的特性曲线，通过作图确定静态工作点。

已知器件的实际伏安特性曲线，运用图解分析法能够直观分析各个参数对静态工作点的影响，了解静态工作点变化对放大电路静态特性的影响。

在输出特性曲线上，作出直流负载线 $U_{CE}=U_{CC}-I_CR_c$。该有线与 I_{BQ} 曲线的交点即为 Q 点，从而得到 U_{CEQ} 和 I_{CQ}，如图 5-14 所示。

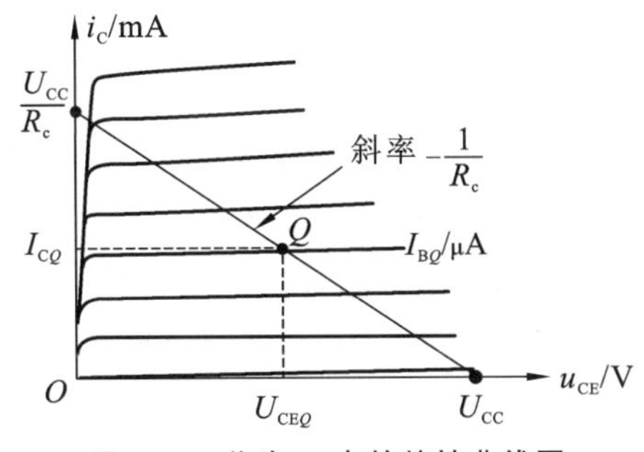

图 5-14　作出 Q 点的特性曲线图

例 5-1　电路如图 5-15(a)所示，图 5-15(b)所示是三极管的输出特性，已知$U_{CC}=12$ V，$R_b=500$ kΩ，$R_c=3$ kΩ，三极管 $\beta=100$，静态时$U_{BEQ}=0.7$ V。利用近似估算法和图解分析法求静态工作点。

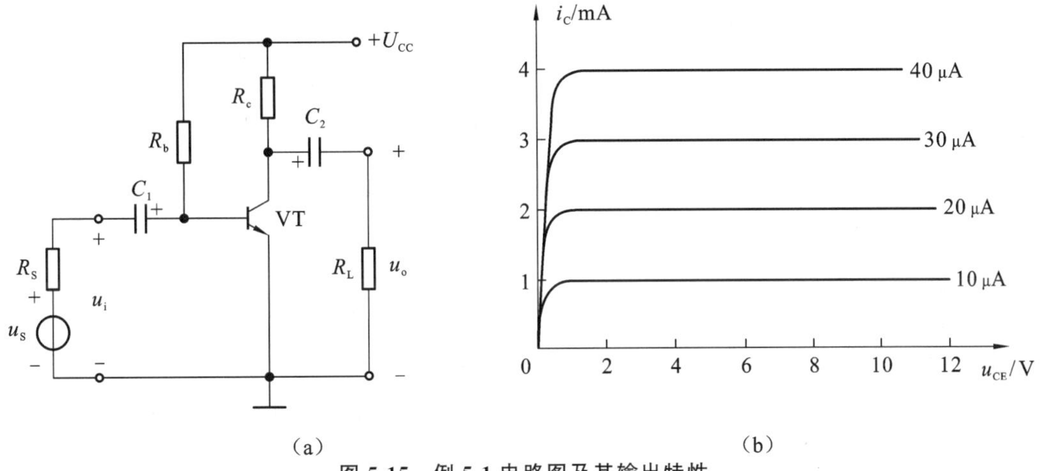

图 5-15　例 5-1 电路图及其输出特性

解：(1) 利用近似估算法计算静态工作点。

首先画出直流通路，如图 5-16 所示，然后利用公式计算出静态工作点。

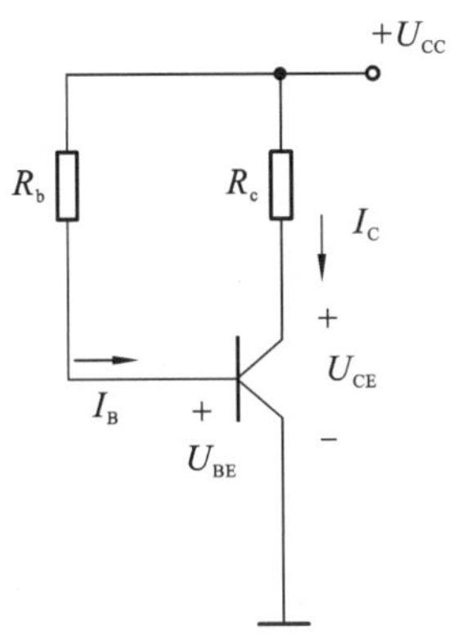

图 5-16　直流通路

$$I_{BQ}=\frac{U_{CC}-U_{BEQ}}{R_b}=\frac{12-0.7}{560\times10^3}\ \text{A}\approx20\ \mu\text{A}$$

$$I_{CQ}=\beta I_{BQ}=2\ \text{mA}$$

$$U_{CEQ}=U_{CC}-I_{CQ}R_{c}=6\ \text{V}$$

(2) 用图解分析法计算静态工作点。

首先根据(1)求得的数据,在输出特性曲线的坐标平面内作出直流负载线。

输出回路的直流负载线方程为$U_{CE}=U_{CC}-I_{C}R_{c}=12-3000I_{C}$。

令$I_{C}=0$,则$U_{CE}=12\ \text{V}$,得$M(12,0)$;又令$U_{CE}=0$,则$I_{C}=4\ \text{mA}$,得$N(0,4)$。

然后连接M、N两点,便得到直流负载线,该直流负载线与$i_{B}=20\ \mu\text{A}$的输出特性曲线交于$Q(6,2)$,如图5-17所示,即$I_{CQ}=2\ \text{mA}$,$U_{CEQ}=6\ \text{V}$。

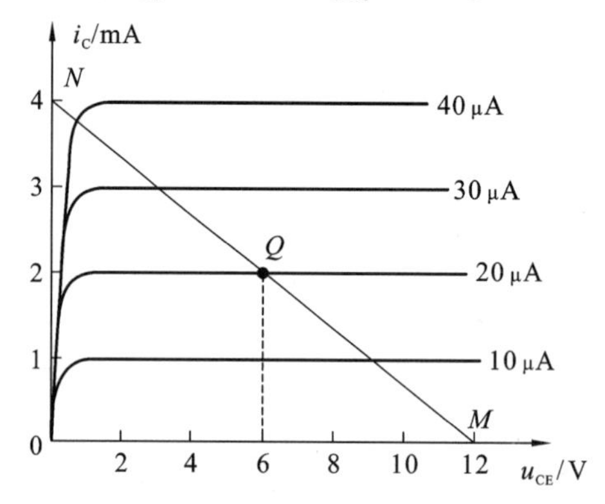

图5-17 例5-1的图解分析法求解图

三、波形失真与静态工作点的关系

图5-18(a)所示的失真是由I_{CQ}太小或U_{CEQ}过高而引起的截止失真。

图5-18(b)所示的失真是由I_{CQ}太大或U_{CEQ}太低而引起的饱和失真。

如图5-18(c)所示,输入信号的幅度增加时,就会使输出波形同时出现截止失真和饱和失真。

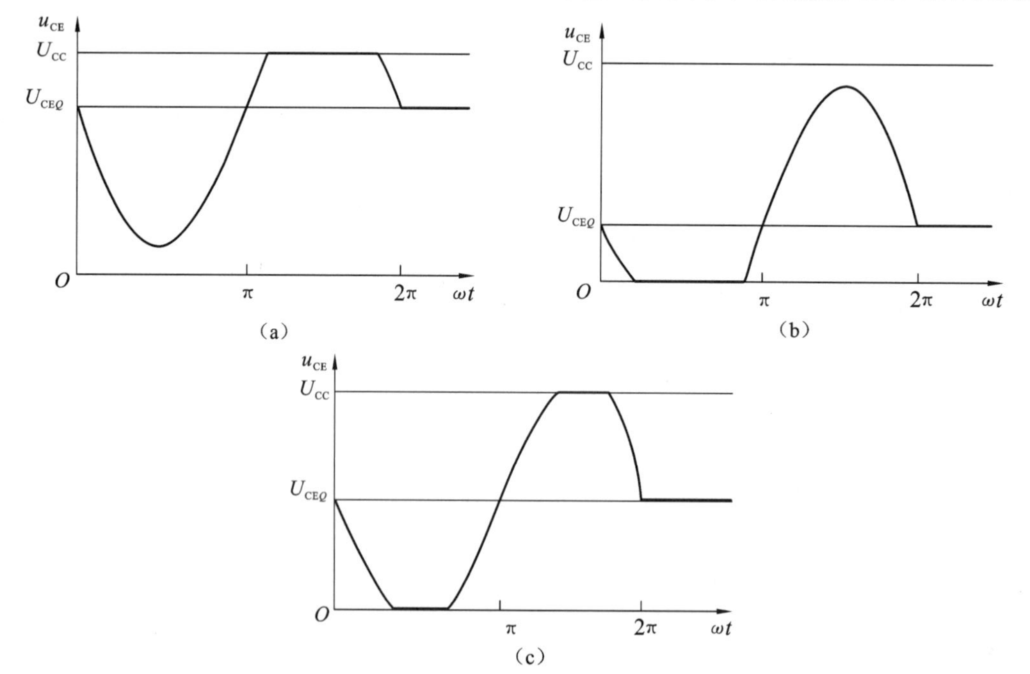

图5-18 波形失真与静态工作点的关系

1. 放大电路的电压和电流符号约定

(1) 小写的字母和小写的下脚标，表示交流瞬时值，如i_b、i_c、u_{be}、u_{ce}、u_o等；

(2) 大写的字母和大写的下脚标，表示直流量，如I_B、I_C、U_{BE}、U_{CE}等；

(3) 大写的字母和小写的下脚标，表示交流量的有效值，如U_i、U_o等；

(4) 小写的字母和大写的下脚标，表示交流量和直流量的叠加总量，如

$$i_B=I_B+i_b,\quad i_C=I_C+i_c,\quad u_{CE}=U_{CE}+u_{ce},\quad u_{BE}=U_{BE}+u_{be}$$

2. 放大电路原理分析图

在图 5-19 中，可以通过波形相应的参数分析放大电路原理。

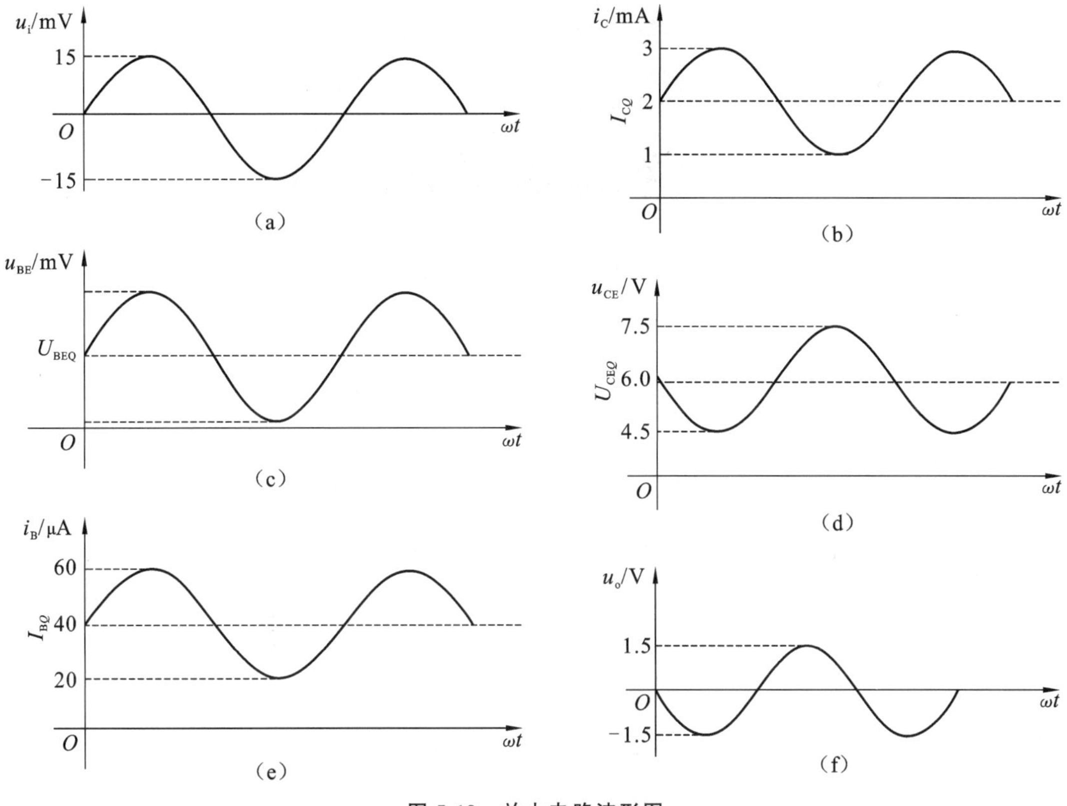

图 5-19 放大电路波形图

通过分析图 5-19，可得如下结论。

(1) 输出信号u_o的幅度远比输入信号u_i的幅度大，且二者同为正弦波，体现了放大作用。

(2) 输出信号u_o的相位与输入信号u_i的相位相反，这种现象称为放大电路的反相作用，因而共射放大电路又叫作反相电压放大器。

(3) 基本共射放大电路的电压放大作用是利用晶体管的电流放大作用，并依靠将电流的变化转化成电压的变化来实现的。

共射放大电路仿真实验的结果如图 5-20 所示。图中示波器屏幕上第一个波形为输入波形，第二个波形为输出波形，清晰地显示出输出信号被放大了。

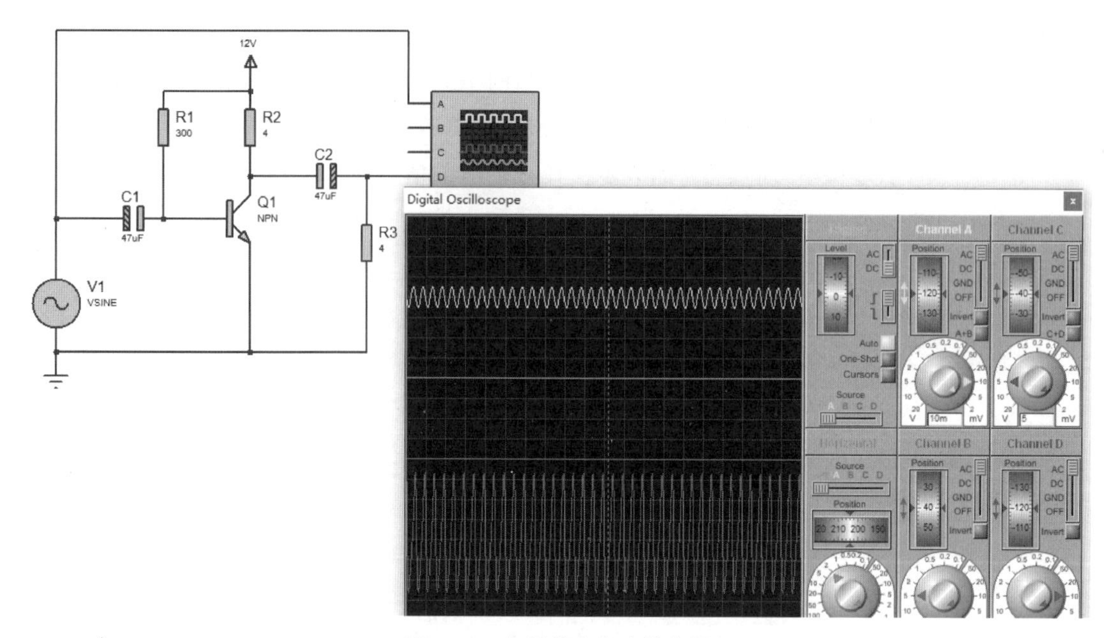

图 5-20　共射放大电路仿真图

四、单管共射放大电流的动态分析

1. 微变等效电路法

所谓等效，就是替代前后电路的伏安关系不变。三极管输入、输出端的伏安关系可用其输入、输出特性曲线来表示。在输入特性放大区 Q 点附近，三极管的输入特性曲线近似为一段直线，即Δi_B与Δu_{BE}成正比，如图 5-21(a)所示。因此，三极管的 b、e 间可用一等效电阻r_{be}来代替。从输出特性看，在 Q 点附近的一个小范围内，可将各条输出特性曲线近似认为是水平的，而且相互之间平行等距，即集电极电流的变化量Δi_C与集电极电压的变化量Δu_{CE}无关，而仅取决于Δi_B，即$\Delta i_C=\Delta\beta i_B$，如图 5-21(b)所示。因此，三极管的 c、e 间可用一个线性的受控电流源来等效，电流大小为Δi_B。

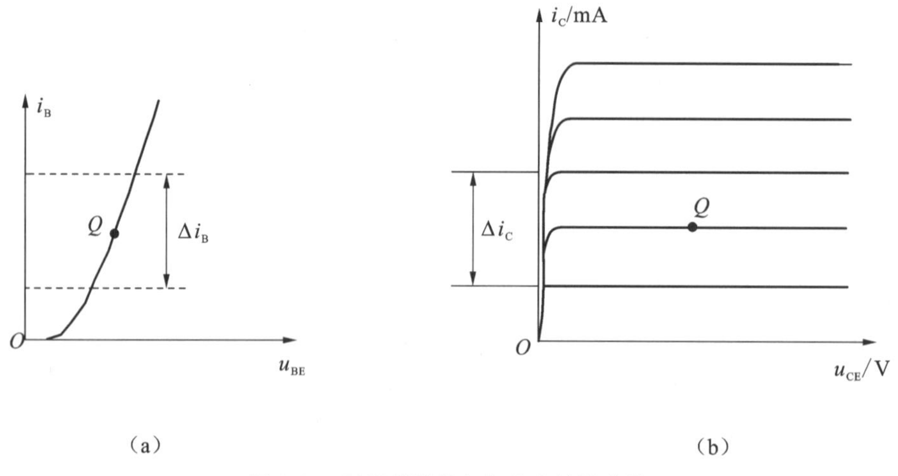

图 5-21　三极管的输入与输出特性曲线

三极管的等效电路如图 5-22 所示。

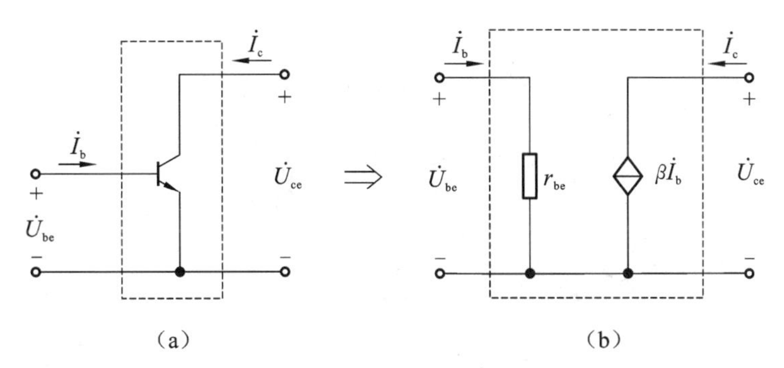

图 5-22 三极管的等效电路

r_{be}的值与 Q 点有关，一般用公式估算：

$$r_{be}=r_{bb'}+(1+\beta)r_e$$

一般低频小功率管的$r_{bb'}\approx 300\ \Omega$，且

$$r_e=\frac{U_T}{I_{EQ}}=\frac{26\ \text{mV}}{I_{EQ}}$$

因此，

$$r_{be}\approx 300\ \Omega+(1+\beta)\frac{26\ \text{mV}}{I_{EQ}}$$

2. 动态分析——微变等效电路分析法

动态分析的目的是确定放大电路的输入电阻R_i、输出电阻R_o和电压放大倍数A_u。以共射放大电路为例，用微变等效电路分析法分析放大电路的步骤如下：

（1）画直流通路，计算 Q 点值，以确定 Q 点处的交流参数r_{be}值；

（2）画出放大电路的交流通路；

（3）画出放大电路的微变等效电路；

（4）根据等效电路求解动态参数A_u、R_i、R_o。

三极管的简化微变等效电路如图 5-23 所示。其中，u_S为外接的信号源，R_S是信号源内阻。

根据图 5-23 可以列出方程：

$$u_i=i_b\cdot r_{be}$$

$$u_o=-i_c(R_c/\!/R_L)$$

电压放大倍数A_u是衡量放大电路对信号放大能力的主要参数，是输出电压与输入电压的比值。

$$A_u=\frac{u_o}{u_i}=\frac{-i_c\cdot(R_c/\!/R_L)}{i_b\cdot r_{be}}=-\frac{\beta i_b\cdot(R_c/\!/R_L)}{i_b\cdot r_{be}}=-\frac{\beta\cdot(R_c/\!/R_L)}{r_{be}}=-\frac{\beta R_L'}{r_{be}}$$

从上面的公式可以分析出：负载电阻越小，电压放大倍数越小。

输入电阻R_i反映了放大电路从信号源中索取电流的能力。它是从放大电路输入端看向输出端（图 5-23(c)中左侧箭头所指的方向）的等效电阻。由图 5-23(c)可见，放大电路的输入电阻是 R_b 和 r_{be}相并联。

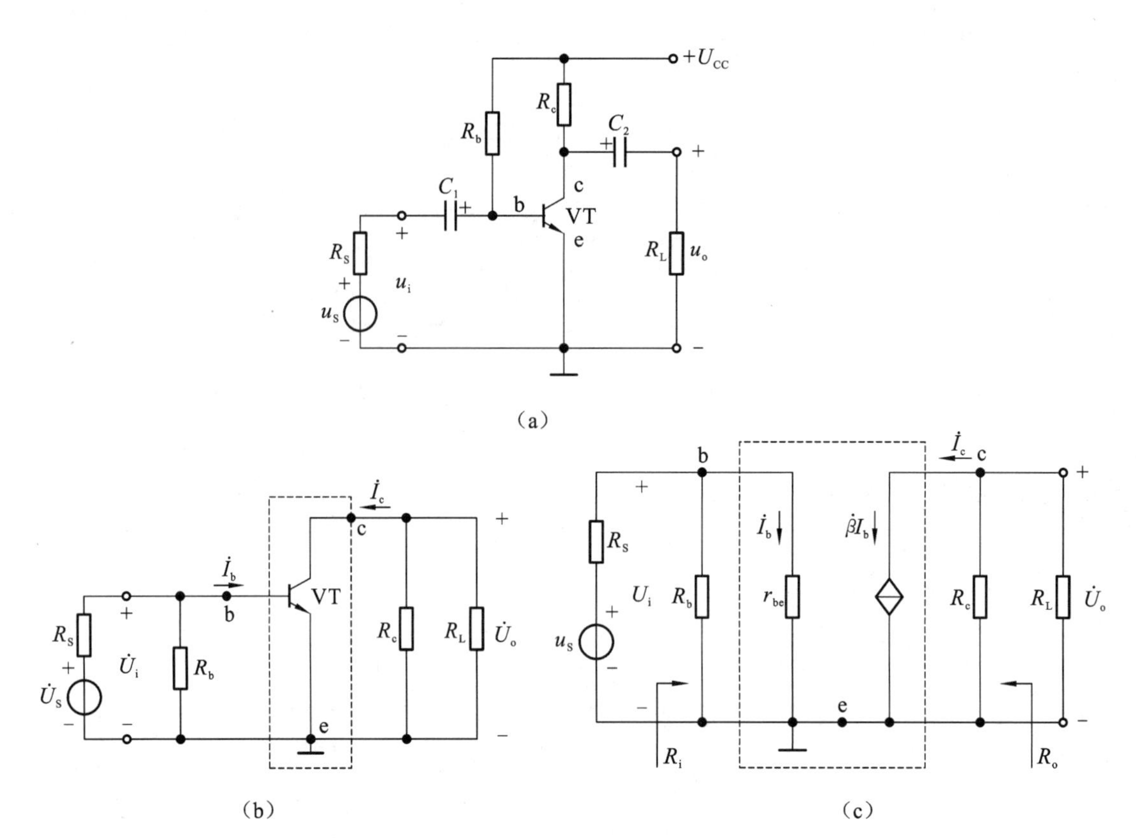

图 5-23 三极管的简化微变等效电路

$$R_i=\frac{U_i}{I_i}=\frac{U_i}{I_b}=\frac{I_b(R_b/\!/r_{be})}{I_b}=R_b/\!/r_{be}$$

输入电阻的大小可表明放大电路对信号源的影响程度。R_i越大，放大电路从信号源索取的电流越小，对信号源的影响越小。

输出电阻R_o反映了放大电路携带负载的能力。放大电路的输出电阻就是从放大电路的输出端看进去(图 5-23(c)中右侧箭头所指的方向)的等效电阻。由图 5-23(c)可得：

$$R_o=R_c$$

计算输出电阻R_o时，先断开负载R_L，将信号源电压短路，受控电流源相当于开路，此时从输出端看进去的电阻就是输出电阻R_o，大小等于R_c。输出电阻R_o的大小表明放大电路受负载影响的程度。R_o越小，当负载变化时，放大电路输出电压u_o的变化越小，即放大电路的带负载能力越强。

例 5-2 固定偏置共射放大电路如图 5-24 所示。已知 $U_{CC}=12$ V，$R_b=300$ kΩ，$R_c=3$ kΩ，$R_L=3$ kΩ，三极管的电流放大系数为 $\beta=60$，试计算：

(1) 放大电路的静态工作点；

(2) 接入 R_L 前后的电压放大倍数 A_u；

(3) 输入电阻 R_i和输出电阻 R_o。

解：(1) 计算静态工作点。

$$I_{BQ}=\frac{U_{CC}-U_{BEQ}}{R_b}=\frac{12-0.7}{300\times10^3}\ \text{A}\approx40\ \mu\text{A}$$

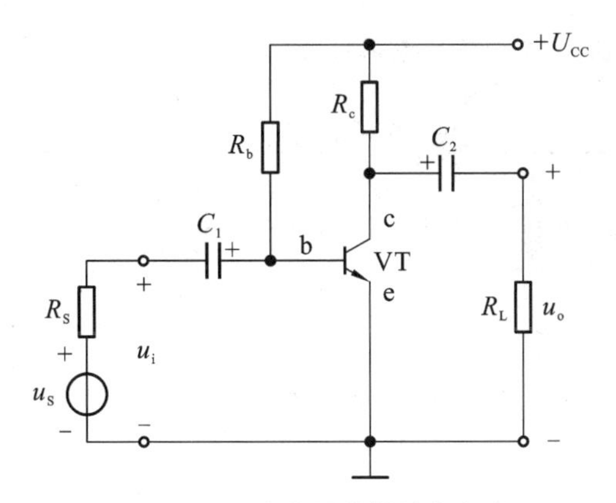

图 5-24　固定偏置共射放大电路

$$I_{CQ}=I_{EQ}=\beta I_{BQ}=60\times40\times10^{-6}\ \text{A}=2.4\ \text{mA}$$

$$U_{CEQ}=U_{CC}-I_{CQ}R_c=12\ \text{V}-2.4\times10^{-3}\times3\times10^{3}\ \text{V}=4.8\ \text{V}$$

(2) 计算电压放大倍数。

$$r_{be}\approx300\ \Omega+(1+\beta)\frac{26\ \text{mV}}{I_{EQ}}=300\ \Omega+(1+60)\times\frac{26\times10^{-3}}{2.4\times10^{-3}}\ \Omega\approx961\ \Omega$$

$$A_u=-\frac{\beta R_L'}{r_{be}}=-60\times\frac{1.5\times10^{3}}{961}\approx-94$$

(3)

$$R_i=R_b/\!/r_{be}=\frac{300\times10^{3}\times961}{300\times10^{3}+961}\ \Omega\approx958\ \Omega$$

$$R_o=R_c=3\ \text{k}\Omega$$

例 5-3　电路如图 5-25 所示。已知 $\beta=50$，试求静态工作点，画出微变等效电路图，并求出 A_u、R_i、R_o。

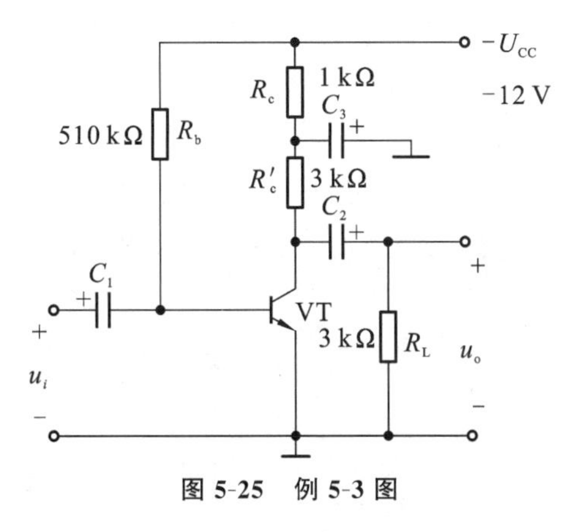

图 5-25　例 5-3 图

解：(1) 求静态工作点。

$$I_{BQ}=\frac{U_{CC}-U_{BEQ}}{R_b}=\frac{-12+0.3}{510}\ \text{mA}=-23\ \mu\text{A}$$

$$I_{CQ}=\beta I_{BQ}=50\times(-23\ \mu\text{A})=-1.15\ \text{mA}$$

$$U_{CEQ}=U_{CC}-I_{CQ}(R_c+R_c')=-7.4\ \text{V}$$

$$r_{be}=300\ \Omega+(1+\beta)\frac{26\ \text{mV}}{I_{EQ}}=1.45\ \text{k}\Omega$$

(2) 图 5-25 所示电路的微变等效电路如图 5-26 所示。

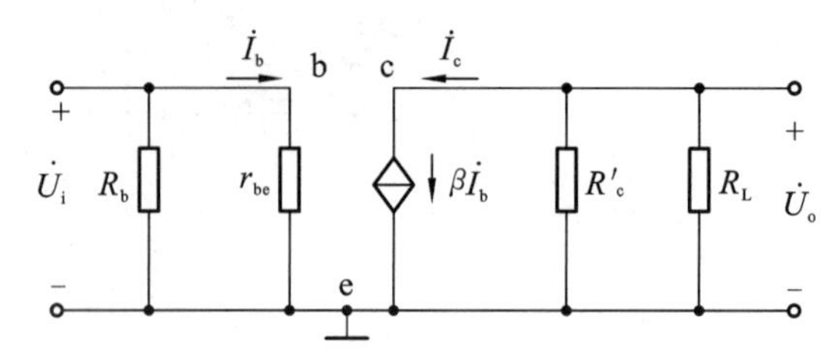

图 5-26 图 5-25 所示电路的微变等效电路

(3) 求 A_u、R_i、R_o。

$$A_u=-\frac{\beta(R'_c/\!/R_L)}{r_{be}}=-\frac{50\times(3/\!/3)}{1.45}=-51.72$$

$$R_i=R_b/\!/r_{be}\approx 1.45\ \text{k}\Omega$$

$$R_o=R'_c=3\ \text{k}\Omega$$

通过对以上几种方法的对比，总结出它们的优缺点如表 5-4 所示。

表 5-4 放大电路分析法对照表

对照项目	近似估算法	图解分析法	微变等效电路法
对象	计算 Q	分析 Q 点、波形失真、动态范围	计算小信号状态下的动态指标 A_u、R_i、R_o
优点	简捷	形象直观，能分析静态和动态的工作情况；适用于分析工作在大信号状态下的放大电路	适用于各种电路，简单方便
局限性	精确度不够	需要使用特性曲线，作图不方便，不能分析复杂电路和高频小信号	不适用于静态分析

五、共集放大电路

共集放大电路如图 5-27 所示。交流信号从基极输入，从发射极输出，故该电路又称射极输出器。由交流通路可看出，集电极为输入、输出的公共端，故称为共集电极放大电路(简称共集放大电路)。

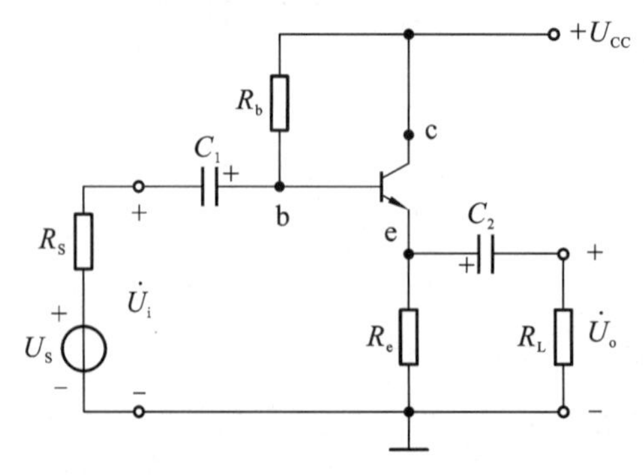

图 5-27 共集放大电路

(1) 静态工作点 Q。

先画出直流通路,如图 5-28 所示,然后计算静态工作点。

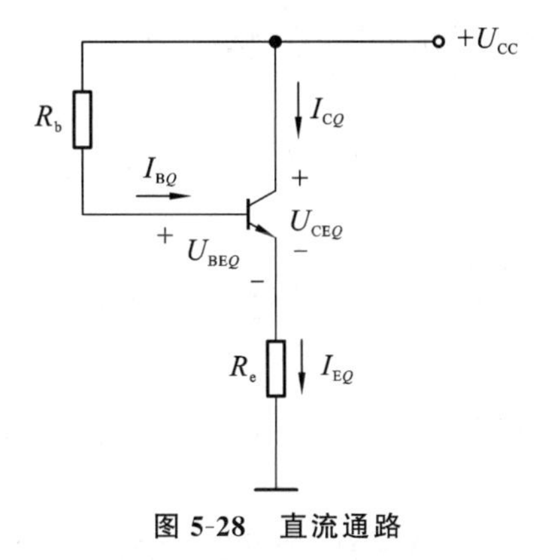

图 5-28 直流通路

静态工作点参数计算如下。

$$U_{EQ}=I_{EQ}R_e=(1+\beta)I_{BQ}R_e$$

$$U_{CC}=R_bI_{BQ}+U_{BEQ}+U_{EQ}$$

$$I_{BQ}=\frac{U_{CC}-U_{BEQ}}{R_b+(1+\beta)R_e}\approx\frac{U_{CC}}{R_b+(1+\beta)R_e}$$

$$I_{CQ}=\beta I_{BQ}$$

$$U_{CEQ}=U_{CC}-I_{CQ}R_e$$

(2) 电压增益。

共集放大电路的微变等效电路如图 5-29 所示,相关参数计算公式如下。

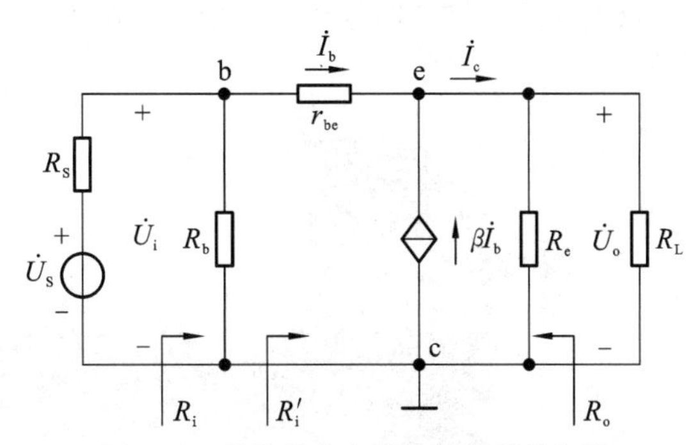

图 5-29 共集放大电路的微变等效电路

$$R_L'=R_e/\!/R_L$$

$$\dot{U}_i=\dot{I}_br_{be}+R_L'(\dot{I}_b+\beta\dot{I}_b)$$

$$\dot{U}_o=R_L'(\dot{I}_b+\beta\dot{I}_b)$$

$$\dot{A}_u=\frac{\dot{U}_o}{\dot{U}_i}=\frac{(1+\beta)R_L'}{r_{be}+(1+\beta)R_L'}\approx 1$$

从电压增益公式可以看出,输入电压与输出电压同相。

(3) 输入电阻R_i。

$$R_i'=\frac{\dot{U}_i}{\dot{I}_b}=\frac{\dot{I}_br_{be}+(1+\beta)\dot{I}_bR_L'}{\dot{I}_b}=r_{be}+(1+\beta)R_L'$$

$$R_i = R_b /\!/ R_i' = R_b /\!/ [r_{be} + (1+\beta)R_L']$$

(4) 输出电阻R_o。

令$U_S=0$,并去掉负载R_L,在输出端加一测试电压$\dot{U}_T$,如图 5-30 所示。

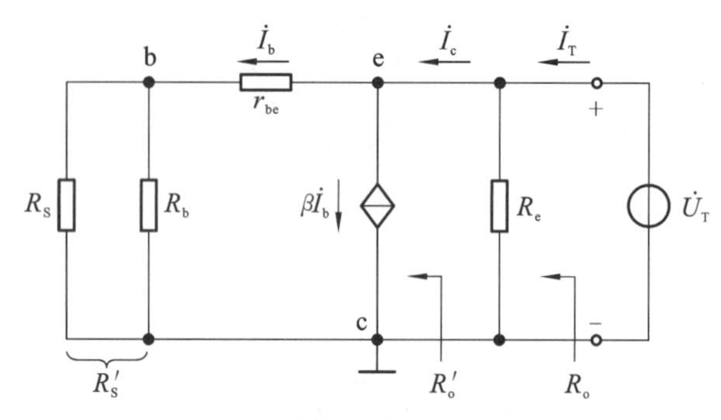

图 5-30 微变等效电路

$$R_o' = \frac{\dot{U}_T}{\dot{I}_e} = \frac{\dot{I}_b(r_{be}+R_S')}{(1+\beta)\dot{I}_b} = \frac{r_{be}+R_S'}{1+\beta}$$

$$R_o = R_e /\!/ R_o' = R_e /\!/ \frac{r_{be}+R_S'}{1+\beta} = R_e /\!/ \frac{r_{be}+R_S /\!/ R_b}{1+\beta}$$

通常情况下,r_{be}在几百到几千欧之间,$R_S'=R_S /\!/ R_b$一般只有几十欧,$R_o' \ll R_e$,所以有

$$R_o \approx \frac{r_{be}+R_S'}{1+\beta}$$

共集放大电路利用 Proteus 软件进行波形仿真实验的结果如图 5-31 所示。图中示波器屏幕上的波形验证了该电路电压放大倍数约等于 1,且输入、输出同相。

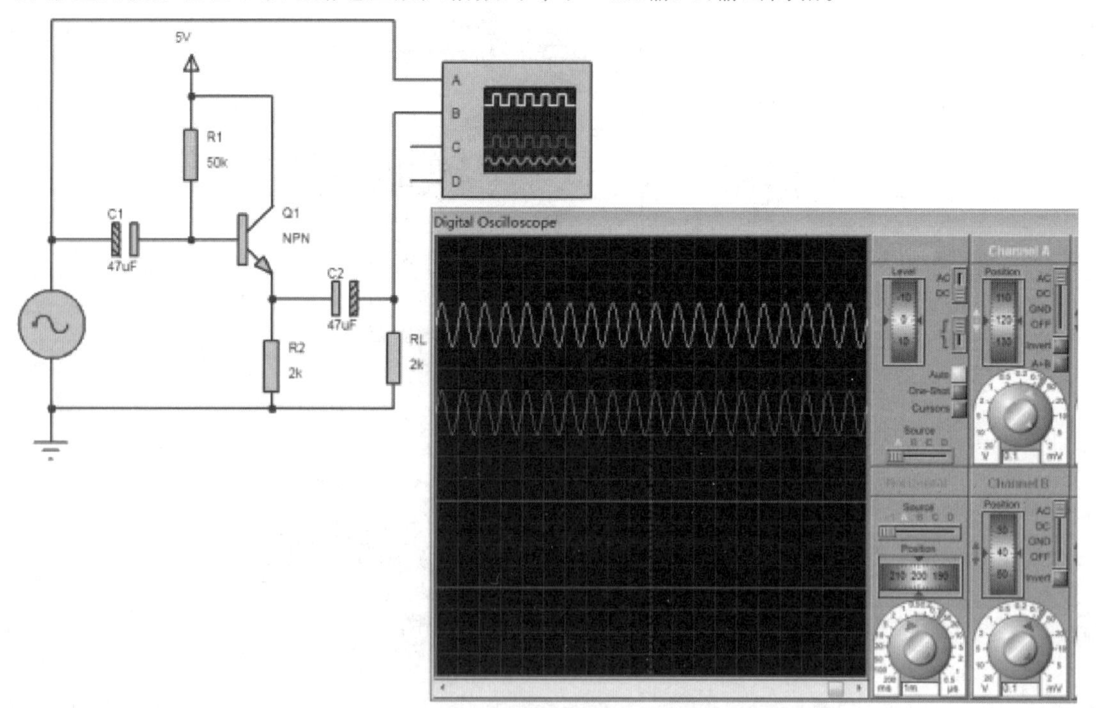

图 5-31 共集放大电路仿真图

综上所述，共集放大电路的主要特点有：电压放大倍数小于1，且近似等于1；输出电压与输入电压同相；输入电阻高，可减小放大电路对信号源（或前级）索取的信号电流；输出电阻低，可减少负载变动对电压放大倍数的影响，提高带负载能力。因此，共集放大电路常用于多级放大电路的输入级和输出级；也可用它连接两电路，减小电路间直接相连所带来的影响，起缓冲作用。

例5-4 在如图5-32所示的分压偏置共集放大电路中，已知$U_{CC}=12\ V$，$\beta=50$，$R_{b1}=20\ k\Omega$，$R_{b2}=10\ k\Omega$，$R_e=R_c=2\ k\Omega$，$R_L=4\ k\Omega$，试估算Q点，并求电压放大倍数、输入电阻和输出电阻。

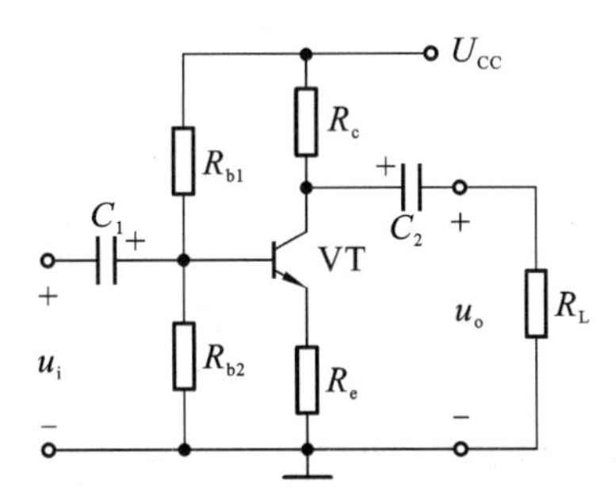

图5-32 分压偏置的共集放大电路

解：(1) 先画出直流通路，如图5-33所示。

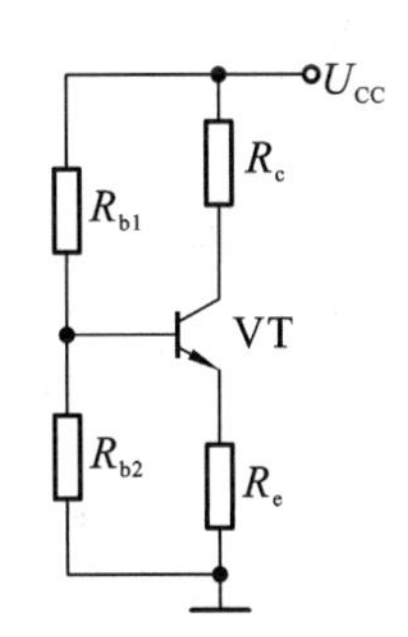

图5-33 分压偏置共集放大电路的直流通路

$$U_{BQ}\approx\frac{R_{b2}}{R_{b1}+R_{b2}}\cdot U_{CC}=\frac{10\times10^3}{10\times10^3+20\times10^3}\times12\ V=4\ V$$

$$I_{CQ}\approx I_{EQ}=\frac{U_{BQ}-U_{BEQ}}{R_e}=\frac{4-0.7}{2\times10^3}\ A=1.65\ mA$$

$$U_{CEQ}\approx U_{CC}-I_{CQ}(R_c+R_e)=[12-1.65\times10^{-3}\times(2+2)\times10^3]\ V=5.4\ V$$

$$I_{BQ}\approx\frac{I_{CQ}}{\beta}=\frac{1.65\times10^{-3}}{50}\ A=33\ \mu A$$

(2) 画出图5-32所示电路的微变等效电路，如图5-34所示。

$$R'_L=R_c/\!/R_L=2\ k\Omega/\!/4\ k\Omega=1.33\ k\Omega$$

$$r_{be}=300\ \Omega+(1+\beta)\times\frac{26\ mV}{I_{EQ}}=300\ \Omega+51\times\frac{26}{1.65}\ \Omega=1.1\ k\Omega$$

电压放大倍数为：$$A_u=\frac{U_o}{U_i}=-\frac{\beta R'_L}{r_{be}}=-\frac{50\times1.33}{1.1}=-60.5$$

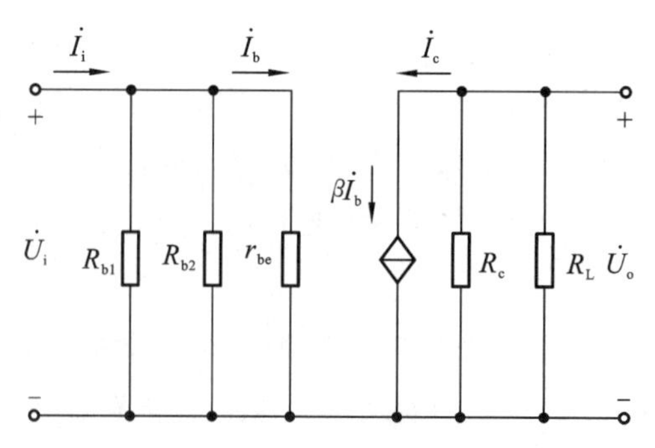

图 5-34　分压偏置共集放大电路的微变等效电路

输入电阻为：$R_i=\dfrac{\dot{U}_i}{\dot{I}_i}=r_{be}/\!/R_{b1}/\!/R_{b2}=1.1\ \text{k}\Omega/\!/20\ \text{k}\Omega/\!/10\ \text{k}\Omega=0.94\ \text{k}\Omega$

输出电阻为：　$R_o=R_c=2\ \text{k}\Omega$

例 5-5　电路如图 5-35 所示，晶体管的 $\beta=80$，$r_{be}=1\ \text{k}\Omega$。

(1) 求出 Q 点；

(2) 分别求出 $R_L=\infty$ 和 $R_L=3\ \text{k}\Omega$ 时电路的输入电阻和电压增益；

(3) 求出输出电阻。

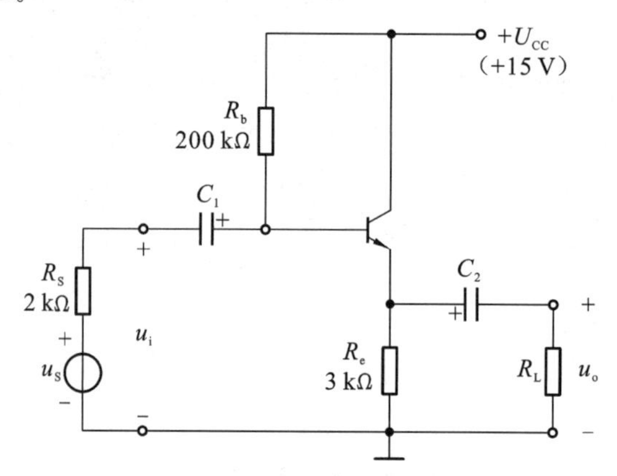

图 5-35　例 5-5 电路图

解：(1) Q 点的计算。

$$I_{BQ}=\frac{U_{CC}-U_{BEQ}}{R_b+(1+\beta)R_e}\approx 32.3\ \mu\text{A}$$

$$I_{CQ}=\beta I_{BQ}\approx 2.6\ \text{mA}$$

$$U_{CEQ}=U_{CC}-I_{CQ}R_e\approx 7.2\ \text{V}$$

(2)输入电阻和电压增益的计算。

当 $R_L=\infty$ 时，

$$R_i=R_b/\!/\ [r_{be}+(1+\beta)R_e]\approx 110\ \text{k}\Omega$$

$$A_u=\frac{(1+\beta)R_e}{r_{be}+(1+\beta)R_e}\approx 0.996$$

当 $R_L=3\ \text{k}\Omega$ 时，

$$R_i=R_b/\!/\ [r_{be}+(1+\beta)(R_e/\!/R_L)]\approx 76\ \text{k}\Omega$$

$$A_u = \frac{(1+\beta)(R_e /\!/ R_L)}{r_{be} + (1+\beta)(R_e /\!/ R_L)} \approx 0.992$$

（3）输出电阻的计算。

$$R_o = R_e /\!/ \frac{R_S /\!/ R_b + r_{be}}{1+\beta} \approx 36\ \Omega$$

任务3 多级放大电路基础知识

一、多级放大电路的组成及耦合方式

多级放大电路的组成可用图5-36来表示。多级放大电路的第一级称为输入级（或称前置级），一般要求有尽可能高的输入电阻和较低的静态工作电流（以减小输入级的噪声）。中间级主要提供电压放大倍数。推动级（或称激励级）又可分为输入激励级和推动激励级。前者主要提供足够的电压增益；后者还需提供足够的功率增益，以便能推动功放级工作。功放级以一定功率驱动负载工作。

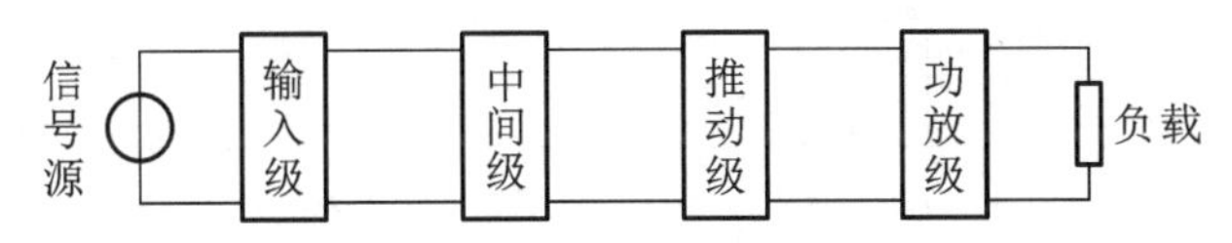

图5-36　多级放大电路组成框图

多级放大电路是由两级或两级以上的单级放大电路连接而成的。在多级放大电路中，级与级之间的连接方式称为耦合。级与级之间耦合时，必须满足以下条件：

（1）耦合后，各级电路仍具有合适的静态工作点；

（2）保证信号在级与级之间能够顺利地传输过去；

（3）耦合后，多级放大电路的性能指标必须满足实际的要求。

为了满足上述要求，一般常用的耦合方式有直接耦合、阻容耦合、变压器耦合。

1. 直接耦合

为了在传输过程中避免电容对缓慢变化的信号带来的不良影响，可以把级与级直接用导线连接起来。这种连接方式称为直接耦合，如图5-37所示。

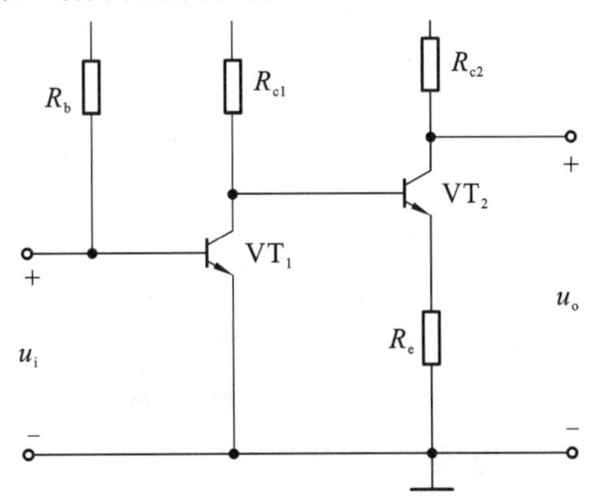

图5-37　两级直接耦合放大电路

分析图 5-37 可知，直接耦合放大电路的主要特点如下。

(1) 优点：既可以放大交流信号，也可以放大直流和变化非常缓慢的信号；电路简单，便于集成，所以集成电路中多采用这种耦合方式。

(2) 缺点：存在着各级静态工作点相互牵制和零点漂移这两个问题。

2. 阻容耦合

级与级之间通过电容连接的方式称为阻容耦合方式，如图 5-38 所示。

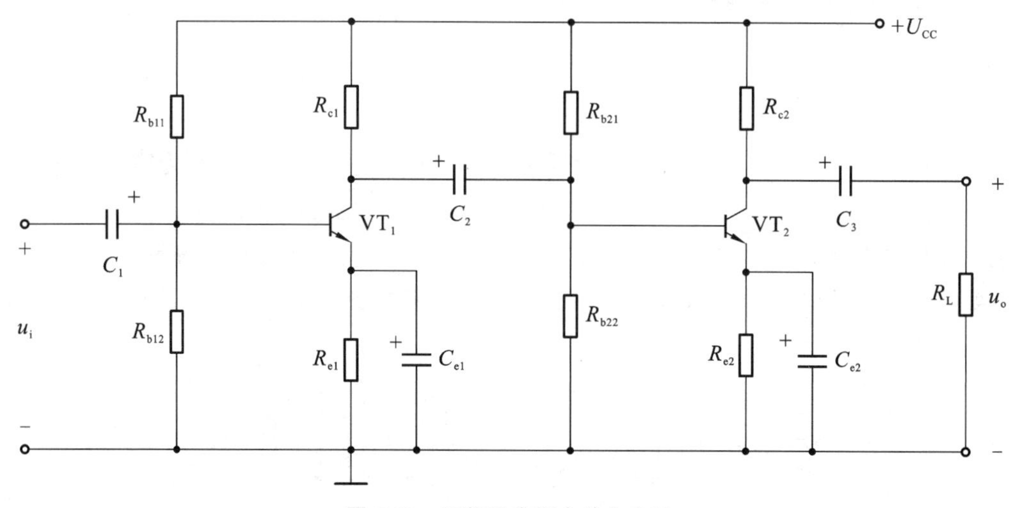

图 5-38 两级阻容耦合放大电路

分析图 5-38 可知，阻容耦合放大电路的主要特点如下。

(1) 优点：因为电容具有“隔直”作用，所以各级电路的静态工作点相互独立、互不影响。这给放大电路的分析、设计和调试带来了很大的方便。此外，还具有体积小、质量轻等优点。

(2) 缺点：因电容对交流信号具有一定的容抗，故交流信号在传输过程中会有一定的衰减。尤其变化缓慢的交流信号所受的容抗很大，不便于传输。此外，在集成电路中，制造大容量的电容很困难，所以采用这种耦合方式的多级放大电路不便于集成。

二、多级放大电路性能指标的估算

1. 电压放大倍数

将电压放大倍数的定义式

$$A_u=\frac{u_o}{u_i}$$

推广到 n 级放大电路，有：

$$A_u=A_{u1}A_{u2}\cdots A_{un}$$

多级放大电路的电压放大倍数非常大，计算和表示起来都不方便，因此常采用另外一种表示方法：对数表示。在声学理论中，功率放大倍数(放大电路的输出功率与输入功率之比)用对数表示，单位为贝尔(B)。为了减小单位，常用贝尔的 1/10 作单位，称为分贝(dB)。当放大倍数用分贝单位表示时，称为增益。电压增益定义为

$$G_u = 20\lg \frac{\dot{U}_o}{\dot{U}_i}$$

用这种方法表示，增益表示多级放大电路的总电压放大倍数时，便可把各级电压放大倍数的乘积转化为各级放大电路的电压增益之和。

2. 输入电阻

多级放大电路的输入电阻就是输入级的输入电阻。计算时要注意，当输入级为共集放大电路时，要考虑第二级的输入电阻作为前级负载时对输入电阻的影响。

$$R_i = R_{i1} = R_{b1} // R_{b2} // r_{be1}$$

3. 输出电阻

多级放大电路的输出电阻就是输出级的输出电阻。计算时要注意，当输出级为共集放大电路时，要考虑其前级对输出电阻的影响。

$$R_o = R_{o2} = R_{c2}$$

任务 4 负反馈放大电路

凡是将放大电路输出端的信号(电压或电流)的一部分或全部引回到输入端，与输入信号叠加，就称为反馈，框图如图 5-39 所示。

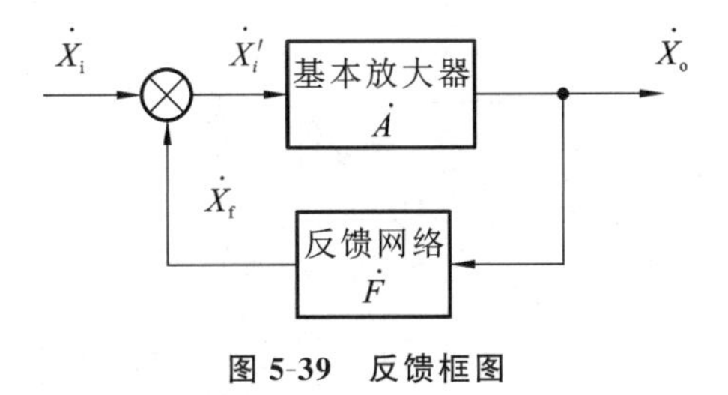

图 5-39 反馈框图

反馈电路的三个环节如下。

放大： $$\dot{A} = \frac{\dot{X}_o}{\dot{X}_i'}$$

反馈： $$\dot{F} = \frac{\dot{X}_f}{\dot{X}_o}$$

叠加： $$\dot{X}_i' = \dot{X}_i - \dot{X}_f$$

一、反馈的分类及判断

反馈一般有正反馈与负反馈，交流反馈、直流反馈与交直流反馈，电压反馈与电流反馈，并联反馈与串联反馈之分。

1. 正反馈和负反馈

正反馈：反馈信号使放大电路净输入信号增加的反馈。

负反馈：反馈信号使放大电路净输入信号减小的反馈。

2. 正反馈和负反馈的判断

在放大电路的输入端，假设一个输入信号对地的极性用“＋”“－”表示。按信号传输方向依次判断相关点的瞬时极性，直至判断出反馈信号的瞬时极性。如果反馈信号的瞬时极性使净输入信号减小，则为负反馈；反之，为正反馈。

反馈信号和输入信号加于输入回路一点时，瞬时极性相同为正反馈，瞬时极性相反是负反馈。反馈信号和输入信号加于输入回路两点时，瞬时极性相同为负反馈，瞬时极性相反是正反馈。

以上输入信号和反馈信号的瞬时极性都是对地而言的，这样才有可比性。

3. 交流反馈和直流反馈

交流反馈：反馈信号只有交流成分的反馈。

直流反馈：反馈信号只有直流成分的反馈。

交直流反馈：反馈信号既有交流成分又有直流成分的反馈。

4. 电压反馈与电流反馈

电压反馈：反馈信号的大小与输出电压成比例的反馈。

电流反馈：反馈信号的大小与输出电流成比例的反馈。

5. 电压反馈和电流反馈的判断

反馈信号从输出端标“＋”的一端反馈回来为电压反馈，如图 5-40 所示。

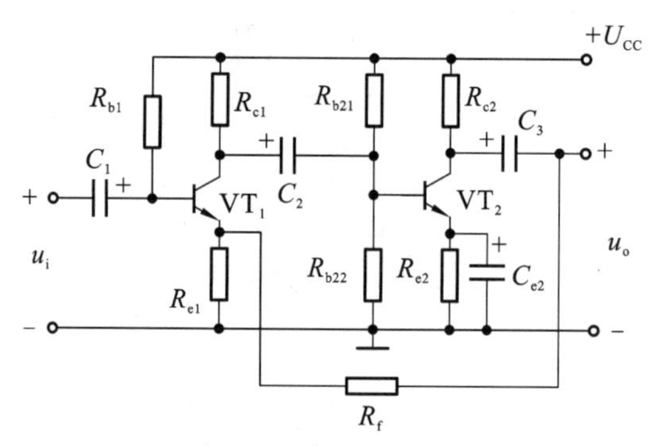

图 5-40 电压反馈

反馈信号从其他端子反馈回来为电流反馈，如图 5-41 所示。

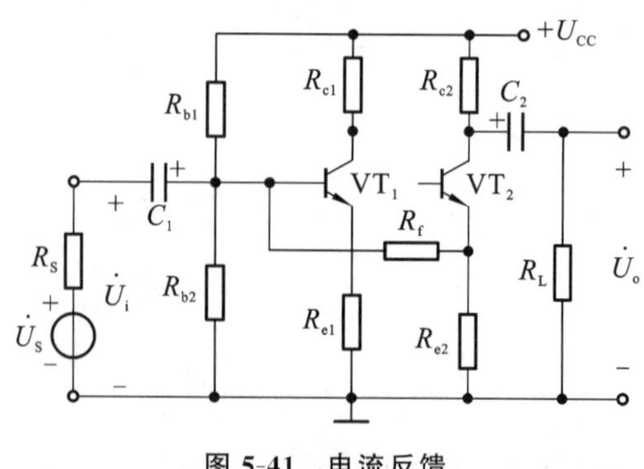

图 5-41 电流反馈

6. 并联反馈与串联反馈

并联反馈:在放大电路输入回路中,反馈信号与输入信号并联。

串联反馈:在放大电路输入回路中,反馈信号与输入信号串联。

7. 串联反馈和并联反馈的判断

反馈信号与输入信号加在放大电路输入回路的两个电极上,为串联反馈,如图 5-42 所示。

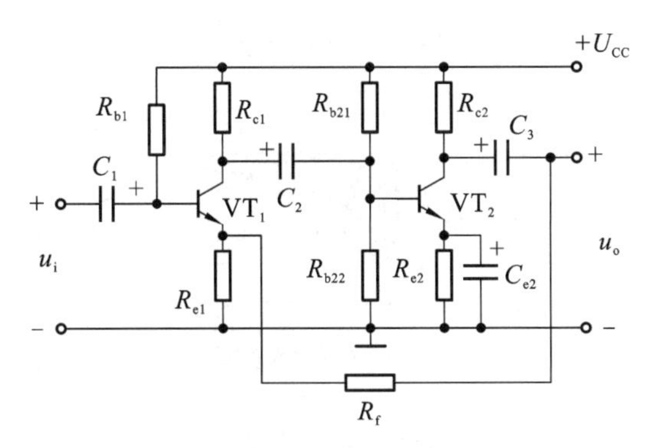

图 5-42　串联反馈

反馈信号与输入信号加在放大电路输入回路的同一个电极上,为并联反馈,如图 5-43 所示。

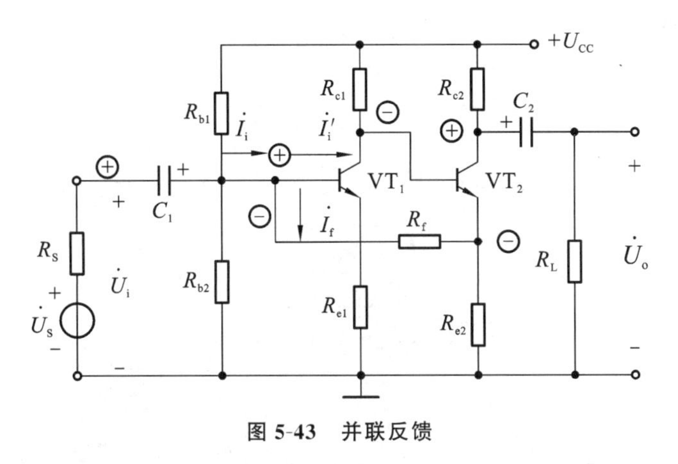

图 5-43　并联反馈

二、负反馈放大电路的四种组态

1. 电压并联负反馈

输入回路I_i和I_f以并联的方式进行比较,称为并联负反馈。输出回路反馈信号与电压成比例,所以是电压并联负反馈,如图 5-44 所示。

2. 电压串联负反馈

输入回路反馈电压U_f与输入电压U_i是串联关系,称为串联负反馈。输出回路反馈信号与电压成比例,所以是电压串联负反馈,如图 5-45 所示。

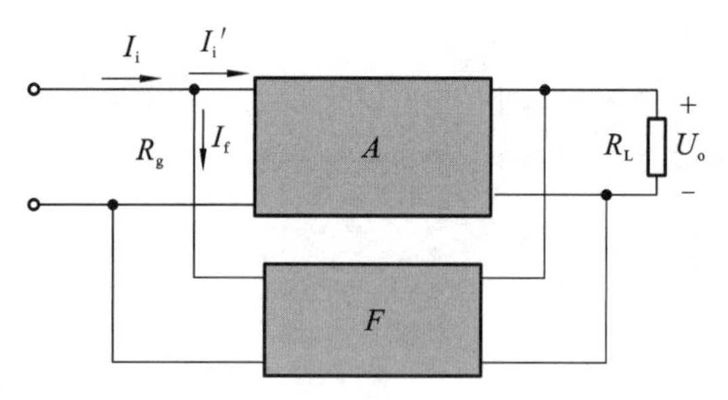

图 5-44　电压并联负反馈

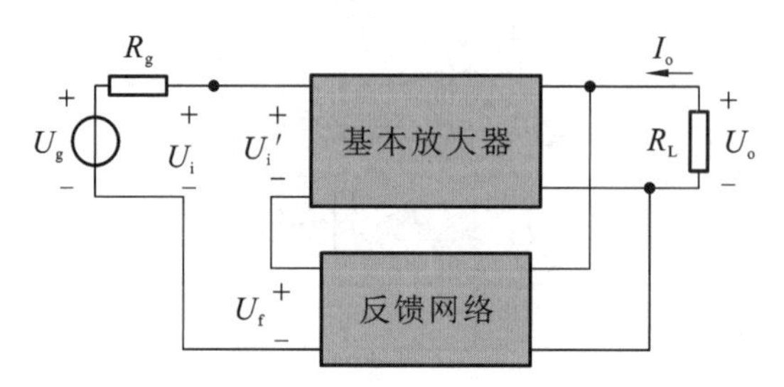

图 5-45　电压串联负反馈

3. 电流并联负反馈

输入回路I_i和I_f以并联的方式进行比较，称为并联负反馈。输出回路的取样是电流，所以是电流并联负反馈，如图 5-46 所示。

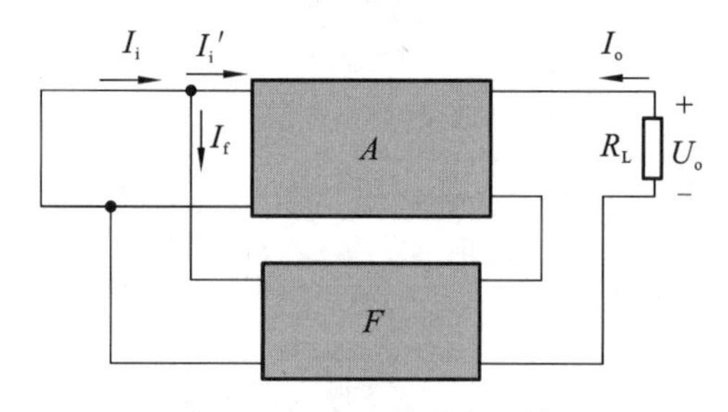

图 5-46　电流并联负反馈

4. 电流串联负反馈

输入回路U_i和U_f以串联的方式进行比较，称为串联负反馈。输出回路的取样是电流，所以是电流串联负反馈，如图 5-47 所示。

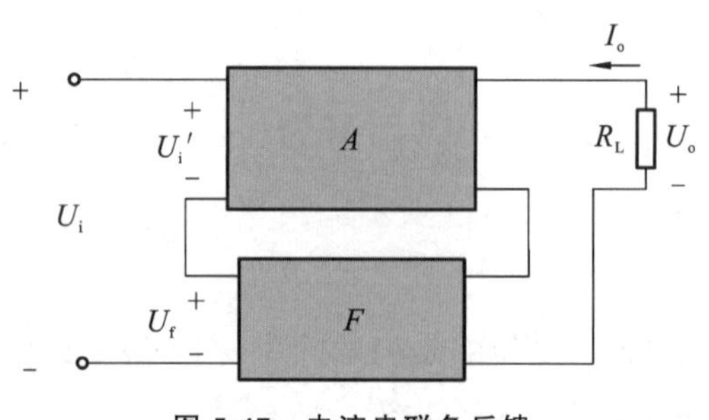

图 5-47　电流串联负反馈

例 5-6 试分析图 5-48 所示电路中是否引入了反馈。若有反馈，判断反馈的极性及类型。

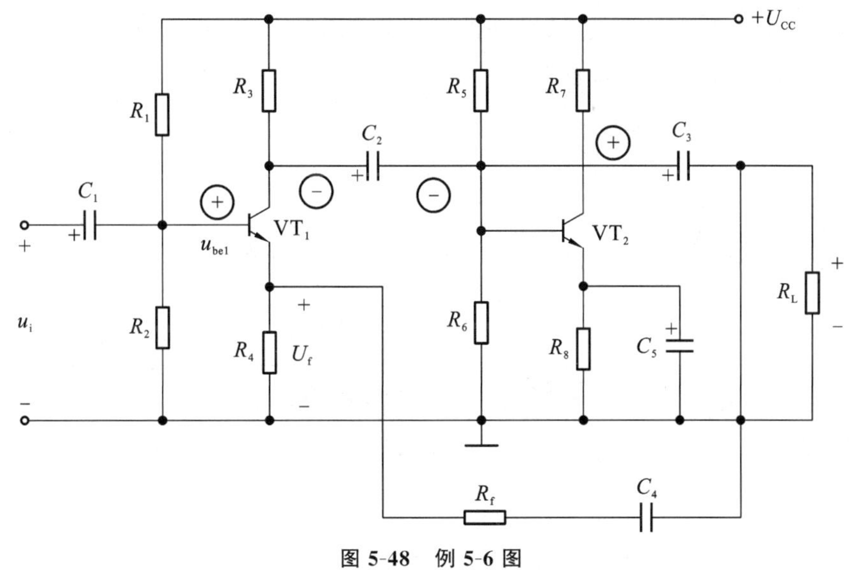

图 5-48 例 5-6 图

解：在本电路中，电阻R_4和R_f能把输出端交流信号返回到输入端；C_4是隔直电容，对交流可看作短路，故电路中引入了交流反馈。

判断反馈的极性。设u_i瞬时对地的极性为"＋"，VT_1管基极对地的极性为"＋"，而VT_1管集电极对地的极性为"－"，VT_2管集电极对地的极性为"＋"。由此可得，u_f的极性为上"＋"下"－"。由于$u_{be1}=u_i-u_f$，u_{be1}减小，因此本电路引入了负反馈。

从输出端看，反馈端与输出端位于同一电极，故为电压反馈；从输入点看，反馈点与输入点不在同一点，故为串联反馈。因此，本电路引入了电压串联负反馈。

为改善电路性能引入负反馈的一般原则如下：

(1) 引入直流负反馈——稳定直流量；

(2) 引入交流负反馈——稳定交流量；

(3) 引入电压负反馈——稳定输出电压；

(4) 引入电流负反馈——稳定输出电流；

(5) 引入串联负反馈——增大输入电阻；

(6) 引入并联负反馈——减小输入电阻。

任务 5 认识电路

一、工作原理

在图 5-1 中，R1 为话筒 MIC 的偏置电阻，R2、R3 使 Q1 处于临界截止状态。话筒 MIC 接收到音频信号后，通过 C1 将其耦合到 Q1 基极，在音频信号的正半周加深 Q1 的导通，Q1 还是导通，同时把 Q2 基极电位拉低，Q2 此时截止。

在音频信号的负半周使 Q1 反偏压截止，Q2 导通，Q3 也导通，小灯泡点亮。由于电容

C1 充放电需要一个过程，因此小灯泡点亮后会延时一段时间。调整 C1 的大小可以改变小灯泡点亮后延时熄灭的时间，容量小延时时间短，容量大延时时间长。C1 的值可以在 1 微法到几百微法范围内选取。改变 R2 阻值的大小可以改变 Q1 的临界截止度，也就是改变灵敏度，阻值大灵敏度高，反之灵敏度低。

二、元器件的识别与检测

1. 电路元器件的识别

电路元器件清单如表 5-5 所示。

表 5-5　电路元器件清单

代号	名称	规格
R1	色环电阻	2.2 kΩ
R2	色环电阻	2.2 MΩ
R3	色环电阻	22 kΩ
R4	色环电阻	220 Ω
R5	色环电阻	100 kΩ
C1	电解电容	47 μF/50 V
MIC	驻极体	
L1	灯泡	3 V
Q1	三极管	9014
Q2	三极管	9014
Q3	三极管	9013
SW1	按键开关	
B1	电池	3 V

2. 元器件的检测

色环电阻主要是识读它的标称值，并用万用表检测它的实际值；电解电容主要是判断它的正负极性，并用万用表检测它的好坏；三极管主要是判断它的类型和引脚极性。以上元件的检测方法在项目 2 里已讲解过，这里不再赘述。

（1）驻极体话筒极性判断。

由于驻极体话筒内部场效应管的漏极 D 和源极 S 直接作为话筒的引出电极，因此只要判断出漏极 D 和源极 S，也就不难确定出驻极体话筒的电极。如图 5-49 所示，将万用表拨至 $R\times100$ 或 $R\times1$ k 电阻挡，黑表笔接任意一极，红表笔接另外一极，读出电阻值，对调两表笔后，再次读出电阻值，并比较两次测量结果，阻值较小的那次测量中，黑表笔所接为源极 S，红表笔所接为漏极 D。如果被测话筒的金属外壳与源极 S 相连，则被测话筒为两端式驻极体话筒，其漏极 D 应为“正电源/信号输出脚”，源极 S 为“接地引脚”。如果被测话筒的金属外壳与漏极 D 相连，则源极 S 应为“负电源/信号输出脚”，漏极 D 电极为“接地引脚”，被测话筒仍为两端式驻极体话筒。如果被测话筒的金属外壳与源极 S、漏极 D 均不相连，则被测话筒为三端式驻极体话筒，其漏极 D 和源极 S 可分别作为“正电源引脚”和“信号输出脚”(或“信号输出脚”和“负电源引脚”)，金属外壳则为“接地引脚”。

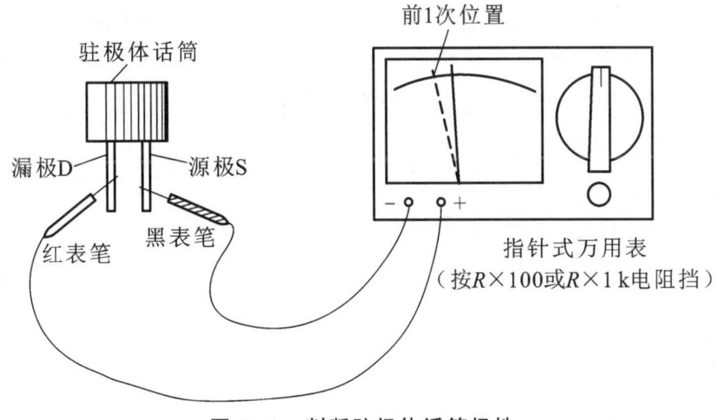

图 5-49　判断驻极体话筒极性

(2) 驻极体话筒好坏判断。

在上面的测量中，驻极体话筒正常测得的电阻值应该是一大一小。如果正、反向电阻值均为∞，则说明被测话筒内部的场效应管已经开路；如果正、反向电阻值均接近或等于 0，则说明被测话筒内部的场效应管已被击穿或发生了短路；如果正、反向电阻值相等，则说明被测话筒内部场效应管栅极 G 与源极 S 之间的晶体二极管已经开路。

(3) 驻极体话筒灵敏度判断。

将万用表拨至 $R\times100$ 或 $R\times1$ k 电阻挡，按照图 5-50 所示，黑表笔(万用表内部接电池正极)接被测两端式驻极体话筒的漏极 D，红表笔接接地端(或红表笔接源极，黑表笔接接地端)，此时万用表指针指示在某一刻度上，再用嘴对着话筒正面的入声孔吹一口气，万用表指针应有较大摆动。指针摆动范围越大，说明被测话筒的灵敏度越高。如果指针没有反应或反应不明显，则说明被测话筒已经损坏或性能下降。

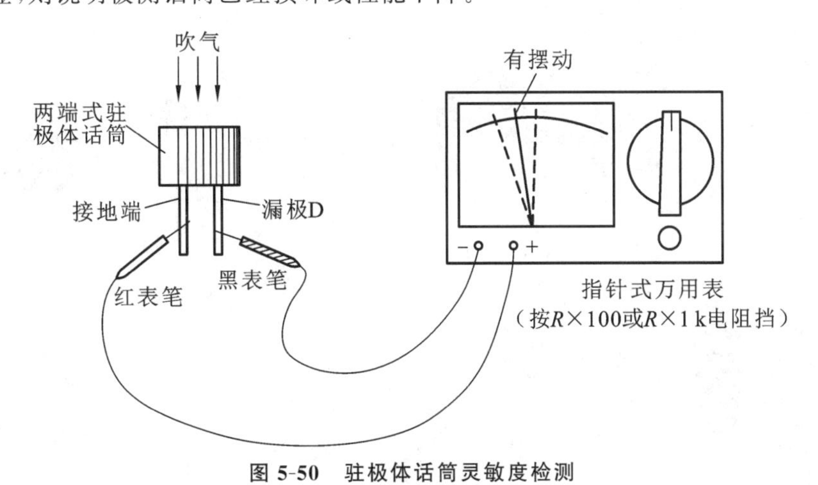

图 5-50　驻极体话筒灵敏度检测

(4) 驻极体话筒使用注意事项。

驻极体话筒在安装和使用时，必须尽可能地远离扬声器，更不要对准扬声器方向，以免引起啸叫。几个驻极体话筒同时使用时，不能将它们直接并联，而应该将各个话筒分别接到相应的前置放大电路，放大后再根据需要进行“合并”。

使用驻极体话筒时，嘴和话筒应保持一定的距离，过近容易引起声音信号的阻塞和失真；过远则会使声音信号变小，噪声相对增大。另外，话筒正面的受音孔要指向声源，以获得较好的频率响应和灵敏度。不论是使用还是存放话筒，均应保持干燥，防止受潮。对于外置型驻极体话筒，引出线要顺一个方向收放，否则容易造成引出线断路或者短路。

项目实施

任务6 准备工作

首先阅读图纸，对所绘制的电路图有一个大致的认识，示例如图 5-1 所示。在 E 盘的 Student 文件夹下新建一个文件夹，并取名为“项目 5”，用以存放后面新建的所有文件。新建一个项目文件和一个原理图文件，步骤详见项目 1 任务 4。

文件新建好后，接着在元件库找到相应元件并正确放置到原理图中。该项目元件的名称如表 5-6 所示。

表 5-6 声控延时小夜灯电路中元件的名称

元件	名称	元件	名称
C1	CAP-ELEC	R1、R2、R3、R4、R5	RES
Q1、Q2、Q3	NPN	MIC	VUMETER
L1	LAMP	SW1	SW-SPST
B1	BATTERY		

放置好的元件如图 5-51 所示。

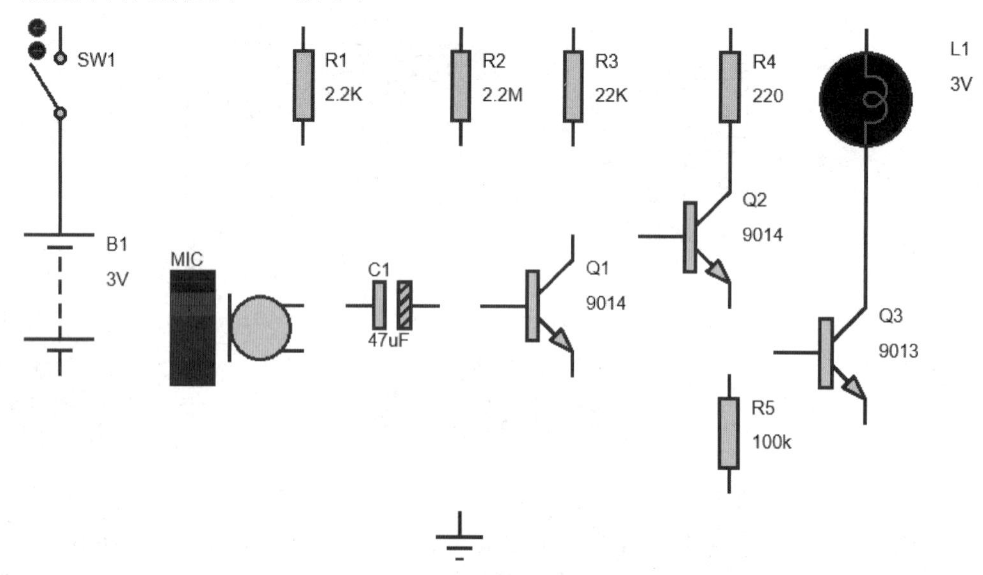

图 5-51 元件布局示意图

元件放置好后，按照图5-1的设计，用导线将所有元件有序连接起来，最后进入调试阶段。

任务7 声控延时小夜灯电路仿真调试

在上一步的基础上，我们进行最后的仿真调试工作，单击左下角的 ▶ 按钮，进行调试，如图5-52所示。

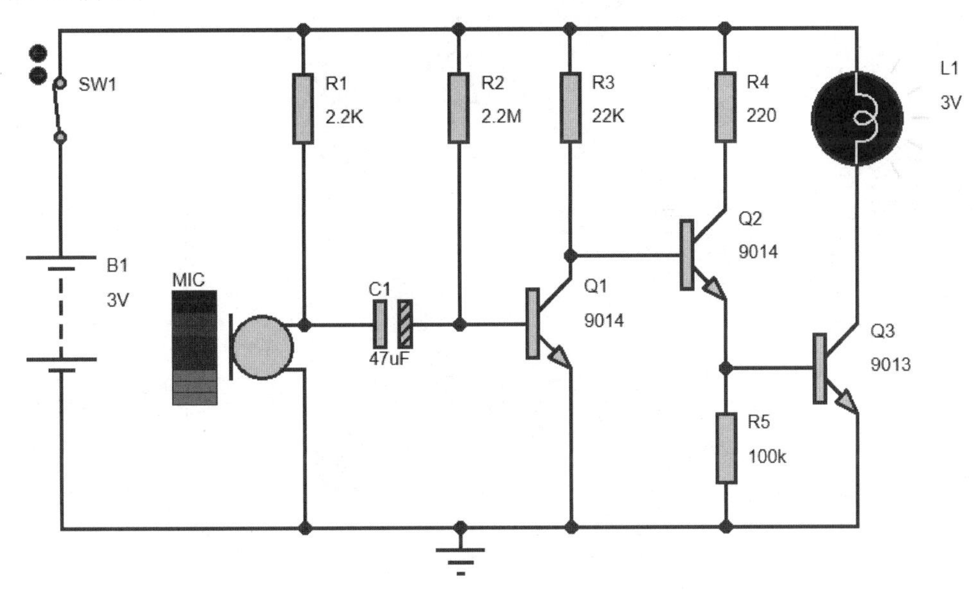

图5-52　声控延时小夜灯电路仿真调试

单击仿真按钮后，闭合开关SW1，然后从MIC输入声音信号，我们能观察到L1灯被点亮，现象如图5-52所示，说明电路调试正常。输入的声音信号大，灯就越亮，反之越暗，停止输入声音后一段时间灯自动熄灭，达到节约能源的目的。仿真电路调试成功后，可以将该电路制作成实物，具体要求参见本项目的“验收考核”。

任务8 声控延时小夜灯电路制作

1. 制作准备

在制作电路之前，先按表5-7清点材料是否齐全。

表5-7　材料清单

<table>
<tr><th>代号</th><th>名称</th><th>实物</th><th>规格</th></tr>
<tr><td>R1</td><td rowspan="5">色环电阻</td><td rowspan="5"></td><td>2.2 kΩ</td></tr>
<tr><td>R2</td><td>2.2 MΩ</td></tr>
<tr><td>R3</td><td>22 kΩ</td></tr>
<tr><td>R4</td><td>220 Ω</td></tr>
<tr><td>R5</td><td>100 kΩ</td></tr>
</table>

续表

代号	名称	实物	规格
C1	电解电容		47 μF/50 V
MIC	驻极体		
L1	灯泡		3 V
Q1	三极管		9014
Q2			
Q3	三极管		9013
SW1	按键开关		
B1	电池		3 V
	万能板		
	导线		

材料清点完成后，清理需要用到的工具，如表 5-8 所示。

表 5-8 工具清单

工具名称	实物	工具名称	实物
电烙铁	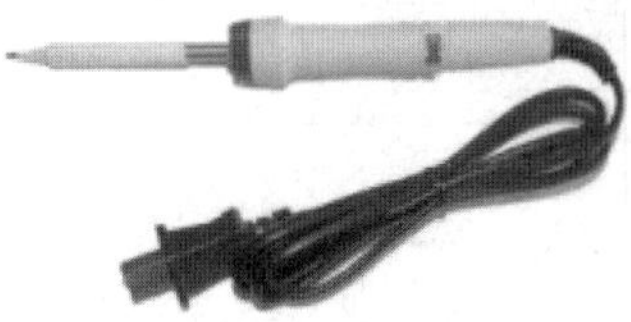	烙铁架	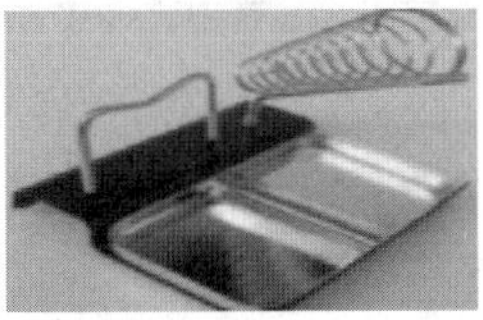
焊锡丝		助焊剂	
吸锡器	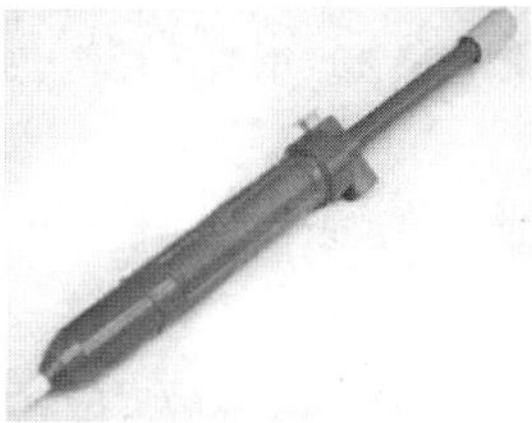	万用表	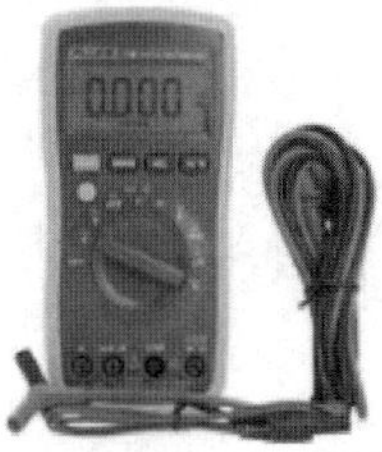

2. 制作步骤

按照图 5-1 所示的布局，将元件按照由低到高的顺序依次固定在万能板上，大致步骤如下：①焊接电阻元件；②焊接三极管；③焊接驻极体；④焊接按键；⑤焊接电容；⑥焊接灯泡；⑦焊接电源插座；⑧从电源插座引出 VCC、GND。

然后利用导线正确进行连接。电路组装完成后，安装支承钢柱。

3. 比一比，赛一赛

电路制作完成后，我们可以通过小组互评进行评比，选出优秀的作品并进行展示。评比表如表 5-9 所示。

表 5-9 作品评比表

评比项目	第一组	第二组	第三组	第四组	第五组	第六组
成功人数最多组						
板子最优秀组						
问题最少组						
文明规范组						

验收考核

任务完成后，以小组为单位进行自我检测并将结果填入表5-10中。

表5-10 质量评价表

任务名称：________ 小组成员：________ 评价时间：________						
考核项目	考核要求	分值	评分标准	扣分	得分	备注
元器件整体布局	① 能够正确选择元器件 ② 能够按照原理图布置元器件 ③ 能够正确固定元器件	30	① 不按原理图固定元器件扣5分 ② 元器件安装不牢固、接点松动，每处扣2分 ③ 元器件安装不整齐、不均匀、不合理，每处扣3分 ④ 损坏元器件此项不得分			
元器件检测	① 能够检测电阻元件并读数 ② 能够检测电容元件并判断极性 ③ 能够检测三极管引脚极性并正确安装	40	① 不能正确读取电阻元件读数扣5分 ② 不能正确读取电容元件读数扣3分 ③ 不能正确判断三极管引脚极性扣5分			
工艺规范	① 焊点饱满光滑 ② 不能出现虚焊、空焊 ③ 焊接线路美观	20	① 焊点出现尖角、瑕疵扣3分 ② 出现虚焊、空焊每处扣2分 ③ 线路不协调、不美观每处扣3分			
安全生产	自觉遵守安全文明生产规程	10	① 每违反一项规定，扣3分 ② 发生安全事故，0分处理			
时间	1.5小时		① 提前正确完成，每5分钟加2分 ② 超过规定时间，每5分钟扣2分			

开始时间		结束时间		实际时间	

项目总结

通过本项目的学习，学生应该掌握电阻元件的测量与读数、三极管的命名和引脚极性判断、电容元件的读数和正负极判断，以及驻极体话筒的检测；能够独立完成电路图的绘制并调试仿真；能使用万能板焊接成品并调试；撰写一份心得体会。

项目 6

七彩声控旋转LED灯电路的制作与调试

项目要求

通过本项目的学习，学生应理解 CD4017 的功能，了解计数器和分频器的特点，掌握进制之间的转换方法，会利用门电路进行电路分析等。

项目描述

本项目要完成的学习任务是七彩声控旋转 LED 灯电路的制作与调试，电路原理图如图 6-1 所示。

制作要求如下：

(1) 利用 Proteus 软件仿真调试七彩声控旋转 LED 灯电路；

(2) 利用万用表检测电路中电阻的好坏，读取电阻值；

(3) 利用万用表检测电路中电容的极性，读取电容值；

(4) 利用万用表检测电路中二极管的极性，读取其型号；

(5) 利用万用表检测电路中三极管引脚的极性，读取其型号；

(6) 利用万能板搭建七彩声控旋转 LED 灯电路并调试。

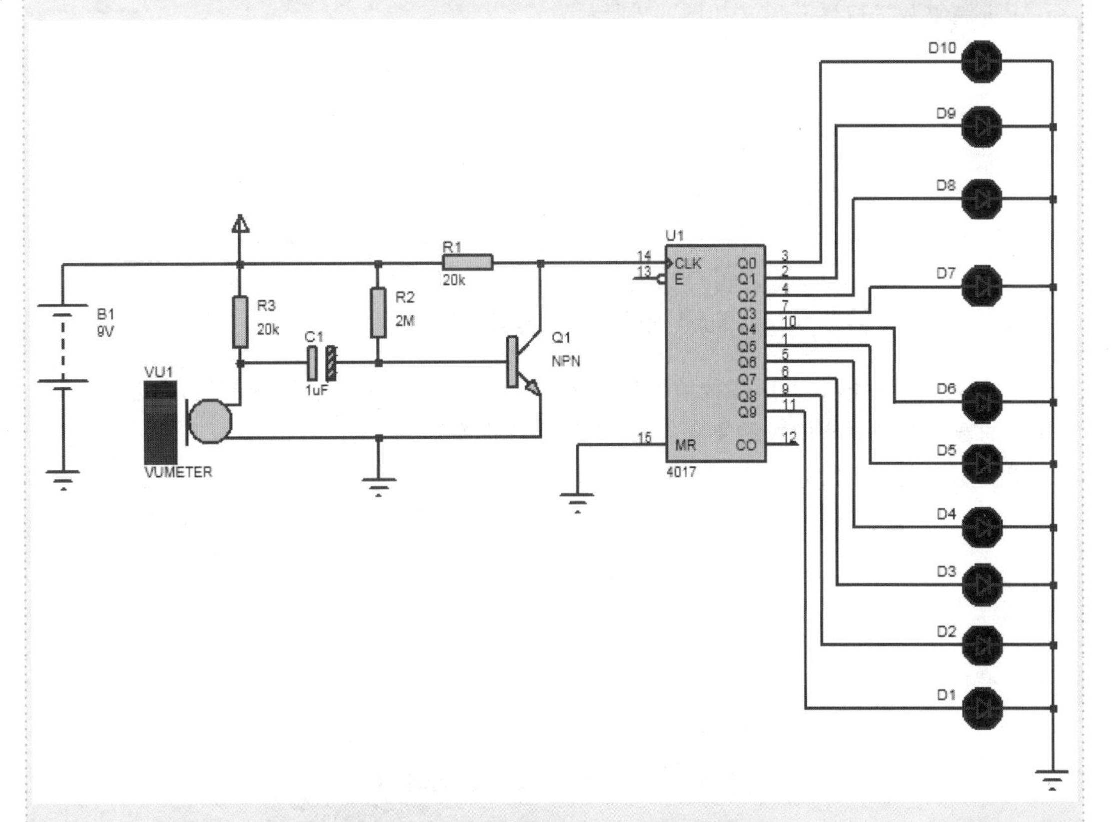

图 6-1　七彩声控旋转 LED 灯电路原理图

相关知识

任务1 逻辑运算

一、计数制的概念与转换

用一组固定的符号和统一的规则来表示数值的方法称为数制。它包含基数和位权两个基本要素,主要用来表示数量的规则。

码制即编码体制,表示事物的规则。在数字电路中,码制主要是指用二进制数来表示非二进制数字和字符的编码方法和规则。

各种计数制中数码的集合称为基,用到的数码个数称为基数。

任一计数制中,每一位数的大小都对应该位上的数码乘上一个固定的数,这个固定的数称作各位的权,简称位权。

1. 十进制

在十进制中,数码是0～9,基数是10,运算规律是逢十进一。十进制数的表示有以下几种方式:$(a)_{10}$,$(a)_D$,aD,a。

十进制整数按权展开形式如图6-2所示。

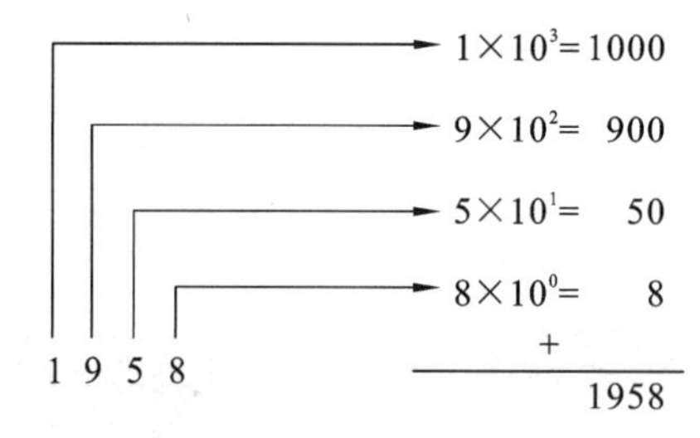

图6-2 十进制整数按权展开示意图

在图6-2中,能够观察出各位数的权是10的幂。任意一个十进制数都可以表示为各个数位上的数码与其对应的权的乘积之和,也称为按权展开。

十进制小数按权展开形式如图6-3所示。

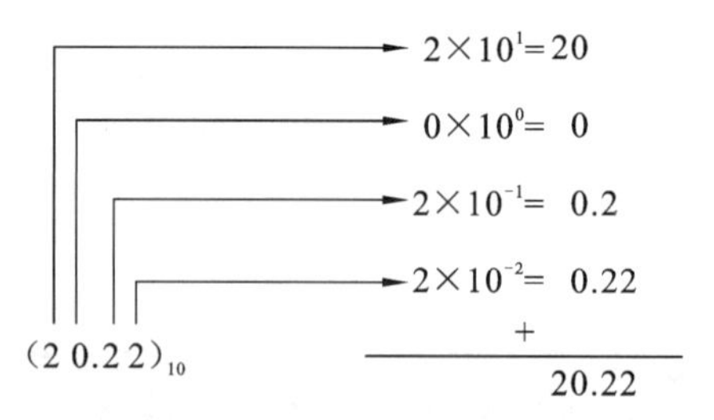

图6-3 十进制小数按权展开示意图

通过观察图6-3,我们可以发现这样的规律:以小数点为界,左边的数是按0次幂依次递增展开,右边的是按−1次幂依次递减展开。

2. 二进制

在二进制中，数码是 0 和 1，基数是 2，运算规律是逢二进一。二进制数的表示有以下几种方式：$(c)_2$，$(c)_B$，cB。

二进制整数按权展开形式如下：

$$(110110)_2 = 1\times2^5 + 1\times2^4 + 0\times2^3 + 1\times2^2 + 1\times2^1 + 0\times2^0$$

3. 八进制

在八进制中，数码是 0～7，基数是 8，运算规律是逢八进一。八进制数的表示有以下几种方式：$(b)_8$，$(b)_O$，bO。

4. 十六进制

在十六进制中，数码是 0～9、A～F，基数是 16，运算规律是逢十六进一。十六进制数的表示有以下几种方式：$(d)_{16}$，$(d)_H$，dH。

5. 二进制与十进制的转换

将二进制数按权展开，就可以转换为十进制数，如图 6-4 所示。

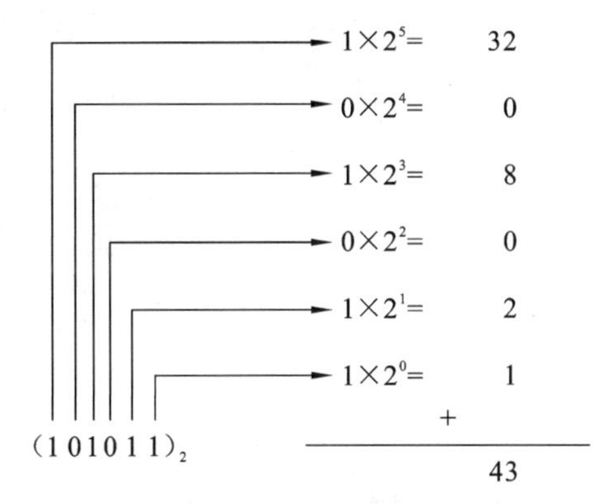

图 6-4　二-十进制转换(整数)

图 6-4 所示是整数转换，小数转换如图 6-5 所示。

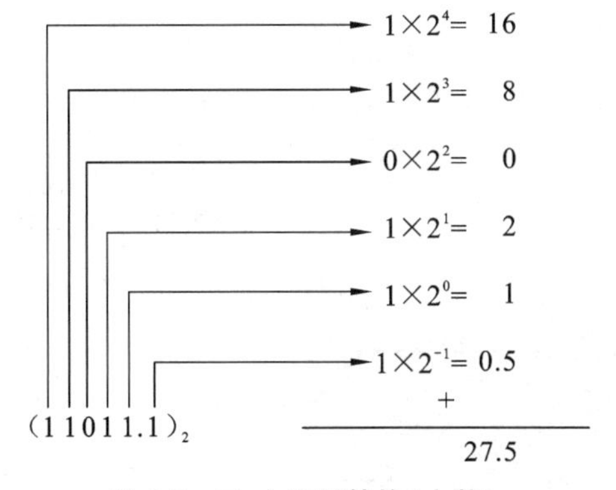

图 6-5　二-十进制转换(小数)

6. 十进制与二进制的转换

十进制与其他进制转换采用的方法主要是将整数部分和小数部分分别进行转换。整数部分除以基数，然后从下往上取余数；小数部分乘以基数，然后从上往下取整数，转换后再合并。

例 6-1 将十进制数 37.375 转换成二进制数。

整数部分用除基取余法，先得到的余数为低位，后得到的余数为高位，如图 6-6(a)所示；小数部分用乘基取整法，先得到的整数为高位，后得到的整数为低位，如图 6-6(b)所示。

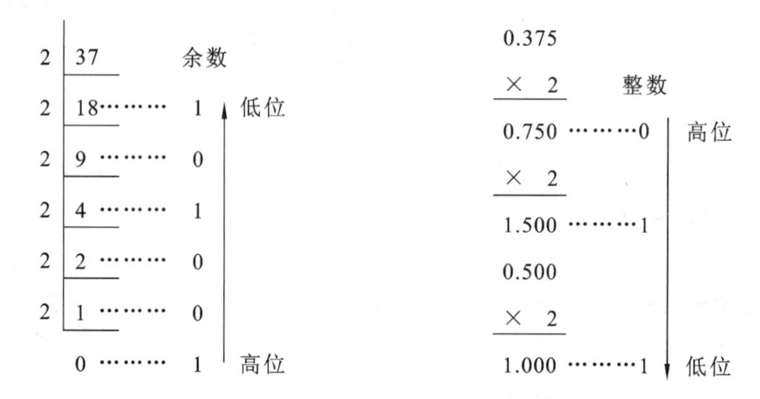

(a) 整数部分用除基取余法　　(b) 小数部分用乘基取整法

图 6-6 例 6-1 图

所以
$$(37.375)_{10}=(100101.011)_2$$

7. 二进制与八进制的转换

将二进制数按从右向左的顺序每三位分成一组，按权展开，就可以转换成八进制数，如图 6-7 所示。

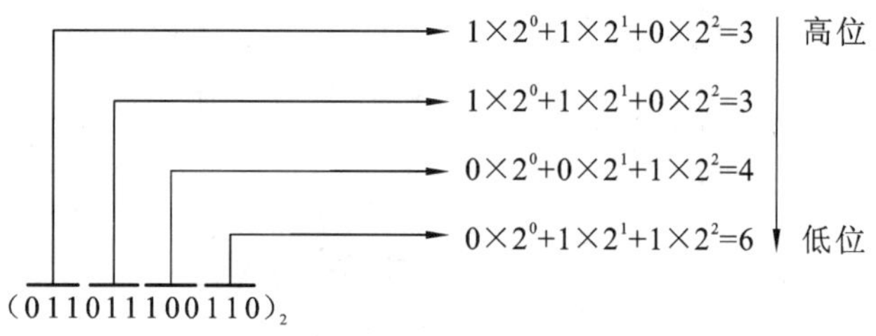

图 6-7 二-八进制转换(整数)

所以
$$(011011100110)_2=(3346)_8$$

如果是小数转换，那么将二进制数由小数点开始，整数部分向左，小数部分向右，每三位分成一组，不够三位用 0 补齐，转换方式如图 6-8 所示。

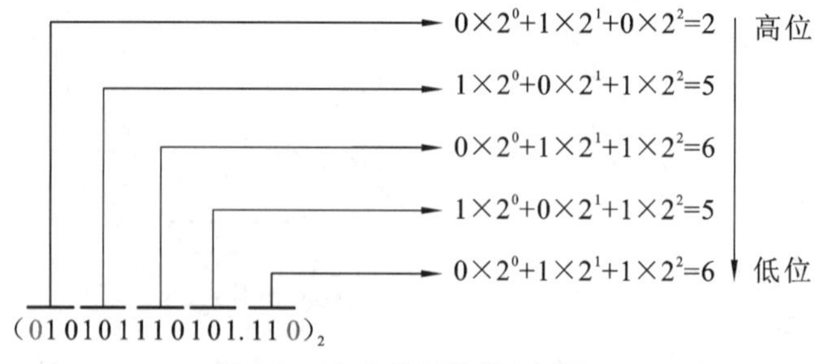

图 6-8 二-八进制转换(小数)

所以
$$(10101110101.11)_2=(2565.6)_8$$

图 6-8 里，$(010101110101.110)_2$ 中最左、最右的两个 0 就是在转换过程中因位数不够而

添加的，转换时这种方法很常用。

8. 八进制与二进制的转换

在八进制与二进制的转换过程中，将每位八进制数用二进制数表示出来即可。

例 6-2 将八进制数 123.54 转换成二进制数。

$$(123.54)_8=(001010011.101100)_2=(1010011.1011)_2$$

从上面这个转换等式我们能够观察到，$(001010011.101100)_2$ 中最左、最右的 00 是在转换过程中为了方便初学者理解加上去的，熟悉转换规则后，这 4 个 0 是可以去掉的，直接写出相应的结果即可。

9. 二进制与十六进制的转换

每四位二进制数对应一位十六进制数，将二进制数按从右向左的顺序每四位分成一组，按权展开，就可以转换成十六进制数，如图 6-9 所示。

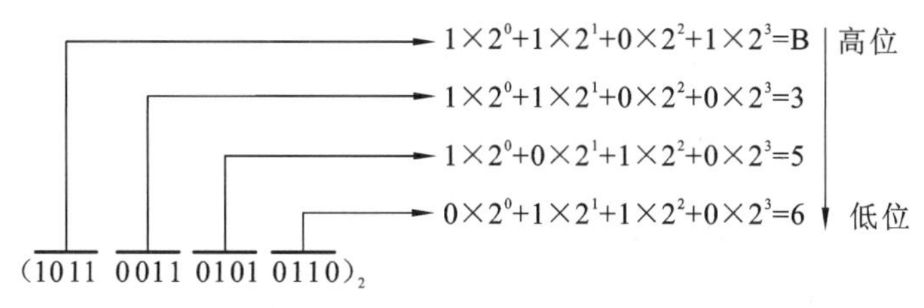

图 6-9 二-十六进制转换(整数)

所以 $$(1011001101010110)_2=(B356)_{16}$$

如果是小数转换，那么将二进制数由小数点开始，整数部分向左，小数部分向右，每四位分成一组，不够四位用 0 补齐，转换方式如图 6-10 所示。

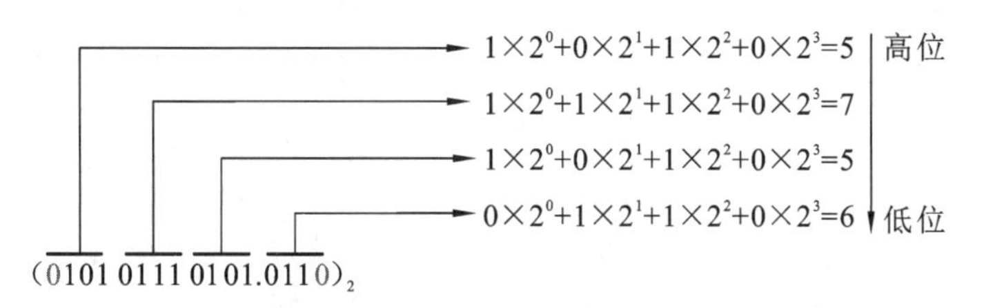

图 6-10 二-十六进制转换(小数)

所以 $$(10101110101.011)_2=(575.6)_{16}$$

图 6-10 里，$(010101110101.0110)_2$ 中最左、最右的两个 0 就是在转换过程中因位数不够而添加的，转换时这种方法很常用。

10. 十六进制与二进制的转换

在十六进制与二进制的转换过程中，每位十六进制数用二进制数表示出来即可。

例 6-3 将十六进制数 2E36.98 转换成二进制数。

$$(2E36.98)_2=(0010111000110110.10011000)_2=(10111000110110.10011)_2$$

从上面这个转换等式我们能够观察到，$(0010111000110110.10011000)_2$ 中最左边的 00 和最右边的 000 是在转换过程中为了方便初学者理解加上去的，熟悉转换规则后，这 5 个 0 是可以去掉的，直接写出相应的结果即可。

经过以上进制的转换，总结出二进制、八进制、十进制以及十六进制之间数制转换对照表，如表 6-1 所示。

表 6-1　数制转换对照表

二进制	八进制	十进制	十六进制
0000	0	0	0
0001	1	1	1
0010	2	2	2
0011	3	3	3
0100	4	4	4
0101	5	5	5
0110	6	6	6
0111	7	7	7
1000	10	8	8
1001	11	9	9
1010	12	10	A
1011	13	11	B
1100	14	12	C
1101	15	13	D
1110	16	14	E
1111	17	15	F

二、基本逻辑门电路介绍

在数字电路中，人们一般用数字“0”和“1”来表示逻辑状态，如真和假、开和关、赞成和反对等。复杂的电路建立在基础单元电路之上，下面介绍几类常用的门电路。

1. 与门

当决定事件发生的所有条件都满足时，事件才能发生。要表达这种情况，就需要用与门电路。下面用开关控制灯的亮灭来观察现象，如图 6-11 所示。

通过观察实验现象得出结论：所有条件同时满足，才能产生结果。逻辑函数表达式为：

$$Y=AB$$

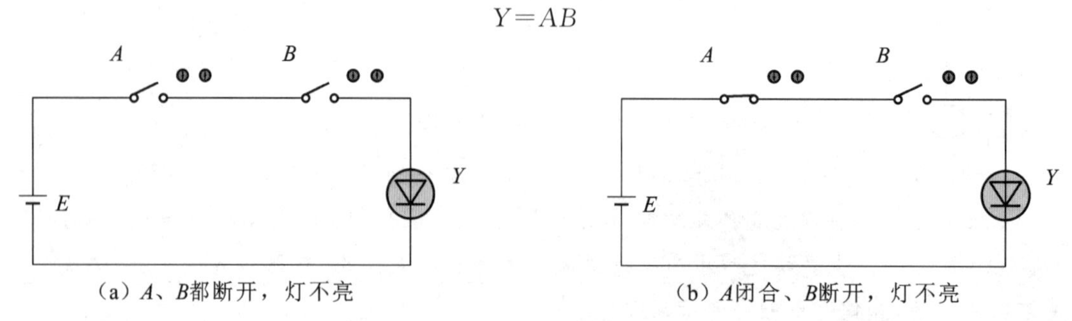

(a) A、B都断开，灯不亮　　(b) A闭合、B断开，灯不亮

图 6-11　与门电路仿真实验

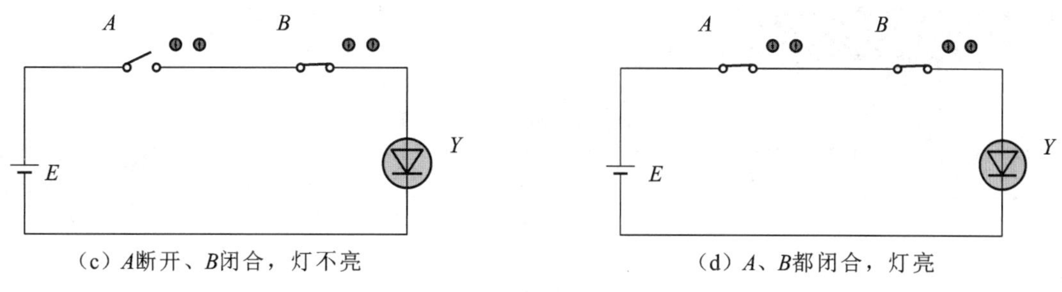

(c) A断开、B闭合，灯不亮　　(d) A、B都闭合，灯亮

续图 6-11

根据图 6-11,可以写出功能表如表 6-2 所示。

表 6-2　与门电路仿真实验功能表

开关 A	开关 B	灯 Y
断开	断开	灭
闭合	断开	灭
断开	闭合	灭
闭合	闭合	亮

在上述实验中,将开关闭合记作 1、断开记作 0,将灯亮记作 1、灯灭记作 0,对具体的问题进行逻辑抽象。把所有可能的条件组合及其对应结果一一列出来的表格叫作真值表。根据上面的功能表,可以写出真值表,如表 6-3 所示。

表 6-3　与门电路仿真实验真值表

A	B	Y
0	0	0
1	0	0
0	1	0
1	1	1

根据真值表可以总结得出结论:对与门电路进行运算时,有 0 出 0,全 1 出 1。

实现与逻辑的电路称为与门,与门的逻辑符号如图 6-12 所示。图中两种符号都可以表示与门。

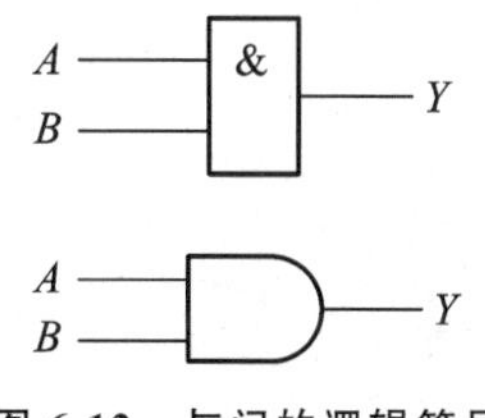

图 6-12　与门的逻辑符号

例 6-4　班里举行干部选拔会议,假如需要 3 名老师全部到场才能进行。A、B、C 分别代表 3 名老师,到场用 1 表示,没到场用 0 表示;Y 代表会议结果,选拔能举行用 1 表示,

不能举行用 0 表示。用与逻辑写出真值表、画出逻辑电路图并写出表达式。

解:根据题目的要求,写出真值表如表 6-4 所示。

表 6-4　干部选拔会议真值表 1

老师 A	老师 B	老师 C	Y
0	0	0	0
0	0	1	0
0	1	0	0
0	1	1	0
1	0	0	0
1	0	1	0
1	1	0	0
1	1	1	1

逻辑函数表达式为:　　$Y=ABC$

逻辑电路图如图 6-13 所示。

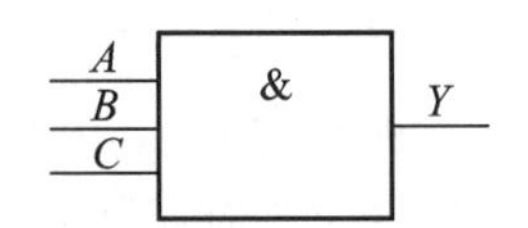

图 6-13　例 6-4 逻辑电路图

2. 或门

当决定事件发生的条件中,有一个或者多个条件满足时,事件就会发生。要表达这种情况,就需要用或门电路。下面用开关控制灯的亮灭来观察现象,如图 6-14 所示。

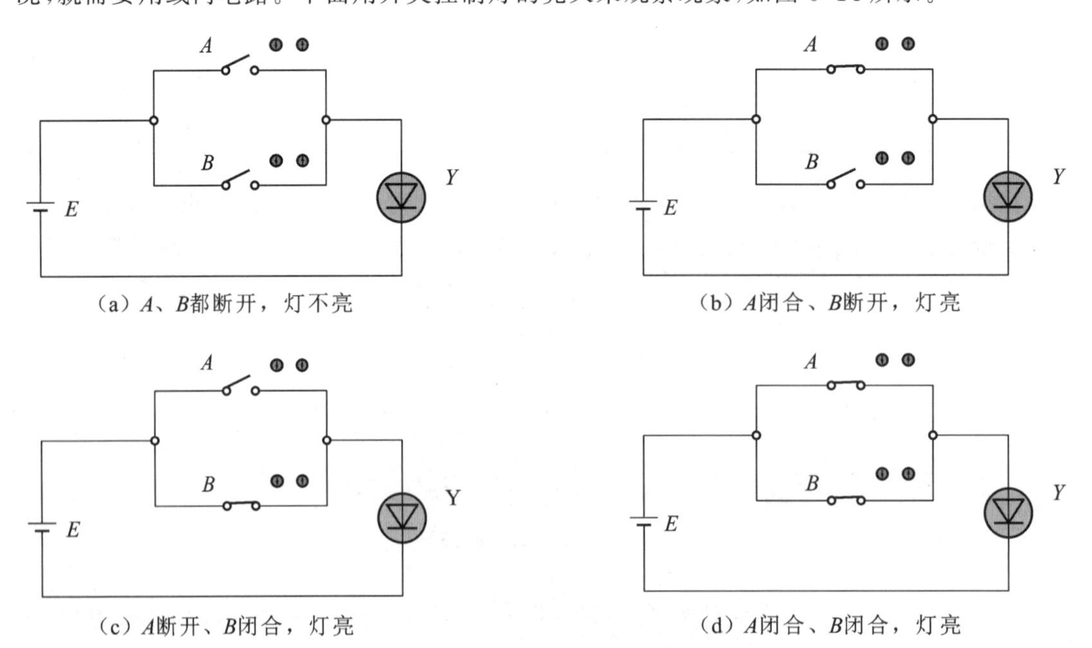

图 6-14　或门电路仿真实验

通过观察实验现象得出结论：只要有一个条件满足，就能产生结果。逻辑函数表达式为：

$$Y=A+B$$

根据图 6-14，可以写出功能表如表 6-5 所示。

表 6-5　或门电路仿真实验功能表

开关 A	开关 B	灯 Y
断开	断开	灭
闭合	断开	亮
断开	闭合	亮
闭合	闭合	亮

在上述实验中，将开关闭合记作 1、断开记作 0，将灯亮记作 1、灯灭记作 0。根据上面的功能表，可以写出真值表，如表 6-6 所示。

表 6-6　或门电路仿真实验真值表

A	B	Y
0	0	0
1	0	1
0	1	1
1	1	1

根据真值表可以总结得出结论：对或门电路进行运算时，有 1 出 1，全 0 出 0。

实现或逻辑的电路称为或门，或门的逻辑符号如图 6-15 所示。图中两种符号都可以表示或门。

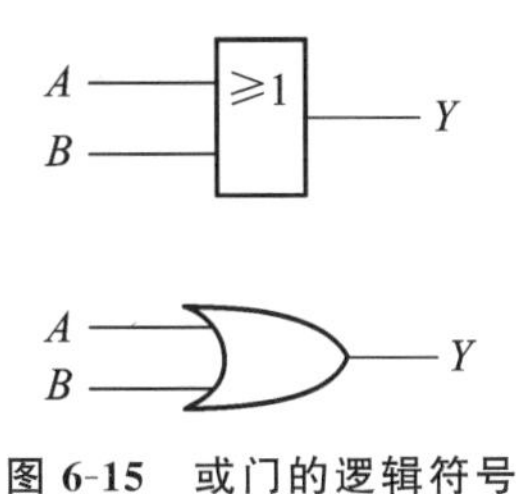

图 6-15　或门的逻辑符号

例 6-5　班里举行干部选拔会议，假如 3 名老师至少 1 名到场就能进行。A、B、C 分别代表 3 名老师，到场用 1 表示，没到场用 0 表示；Y 代表会议结果，选拔能举行用 1 表示，不能举行用 0 表示。用或逻辑写出真值表、画出逻辑电路图并写出表达式。

解：根据题目的要求，写出真值表如表 6-7 所示。

表 6-7　干部选拔会议真值表 2

老师 A	老师 B	老师 C	Y
0	0	0	0
0	0	1	1
0	1	0	1
0	1	1	1

续表

老师 A	老师 B	老师 C	Y
1	0	0	1
1	0	1	1
1	1	0	1
1	1	1	1

逻辑函数表达式为：　　$Y=A+B+C$

逻辑电路图如图 6-16 所示。

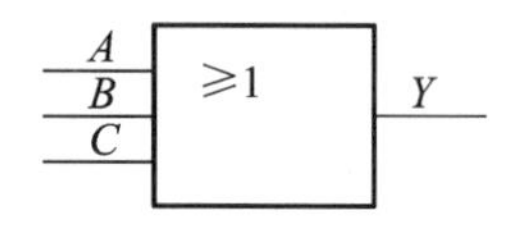

图 6-16　例 6-5 逻辑电路图

3. 非门

当决定事件发生的条件满足时，事件不发生；条件不满足时，事件反而发生。要表达这种情况，就需要用非门电路。下面用开关控制灯的亮灭来观察现象，如图 6-17 所示。

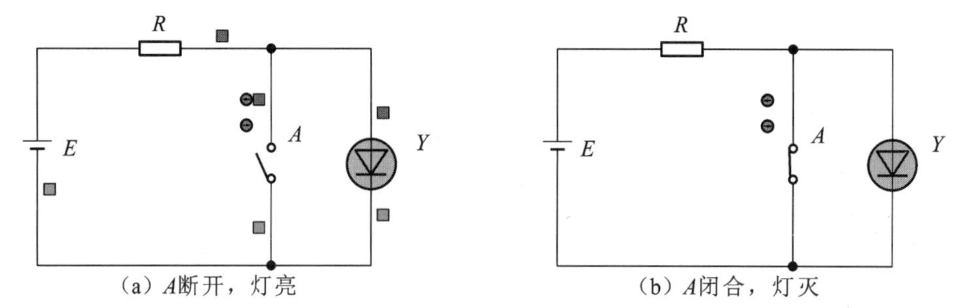

图 6-17　非门电路仿真实验

通过观察实验现象得出结论：只有条件不满足时，才能产生结果。逻辑函数表达式为：

$$Y=\overline{A}$$

根据图 6-17，可以写出功能表如表 6-8 所示。

表 6-8　非门电路仿真实验功能表

开关 A	灯 Y
断开	亮
闭合	灭

在上述实验中，将开关闭合记作 1、断开记作 0，将灯亮记作 1、灯灭记作 0。根据上面的功能表，可以写出真值表，如表 6-9 所示。

表 6-9　非门电路仿真实验真值表

A	Y
0	1
1	0

根据真值表可以总结得出结论：对非门电路进行运算时，有 0 出 1，有 1 出 0。

实现非逻辑的电路称为非门，非门的逻辑符号如图 6-18 所示。图中两种符号都可以表示非门。

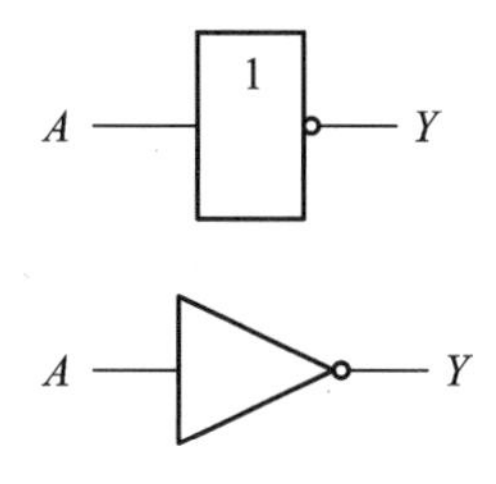

图 6-18 非门的逻辑符号

例 6-6 学校计划明天举行运动会，天晴就如期举行，下雨就延期举行；天晴用 0 表示，下雨用 1 表示；Y 代表运动会结果，能举行用 1 表示，不能举行用 0 表示。用非逻辑写出真值表、画出逻辑电路图并写出表达式。

解：根据题目的要求，写出真值表如表 6-10 所示。

表 6-10 运动会真值表

A	Y
0	1
1	0

逻辑函数表达式为：$$Y=\overline{A}$$

逻辑电路图如图 6-19 所示。

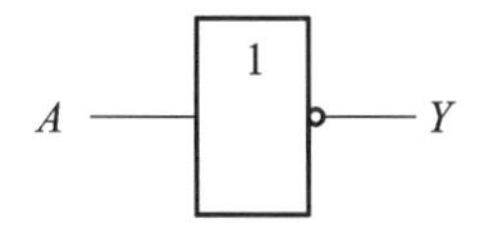

图 6-19 例 6-6 逻辑电路图

三、复合逻辑门电路介绍

三种基本逻辑关系都可以由具体电路来实现。通常把实现与逻辑运算的单元电路称为与门，把实现或逻辑运算的单元电路称为或门，把实现非逻辑运算的单元电路称为非门（或称为反相器）。

常把与、或、非三种基本逻辑运算合理地组合起来使用，这就是复合逻辑运算。与之对应的门电路称为复合逻辑门电路。常用的复合逻辑运算有与非运算、或非运算、与或非运算、异或运算、同或运算等。

1. 与非门

与非逻辑是把与逻辑和非逻辑组合起来实现的。先进行与逻辑运算，再把与逻辑运算的结果进行非逻辑运算。与非逻辑的真值表（以两变量为例）如表 6-11 所示。

表 6-11　与非门逻辑真值表

A	B	Y
0	0	1
0	1	1
1	0	1
1	1	0

与非门的逻辑函数表达式为：　　$Y=\overline{A\cdot B}$

与非门的逻辑符号如图 6-20 所示。图中两种符号都可以表示与非门。

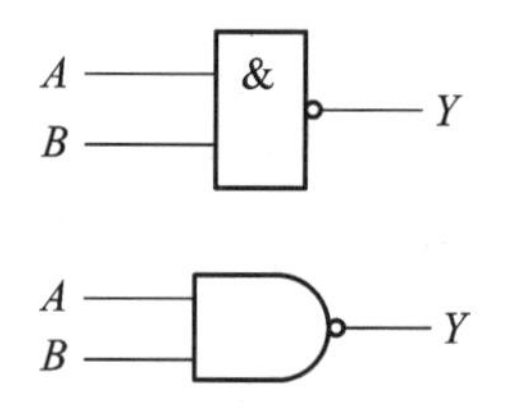

图 6-20　与非门的逻辑符号

从与非门逻辑真值表中能观察出与非门的运算规则：有 0 出 1，全 1 出 0。

2. 或非门

或非逻辑是把或逻辑和非逻辑组合起来实现的。先进行或逻辑运算，再把或逻辑运算的结果进行非逻辑运算。或非逻辑的真值表（以三变量为例）如表 6-12 所示。

表 6-12　或非门逻辑真值表

A	B	C	Y
0	0	0	1
0	0	1	0
0	1	0	0
0	1	1	0
1	0	0	0
1	0	1	0
1	1	0	0
1	1	1	0

或非门的逻辑函数表达式为：　　$Y=\overline{A+B+C}$

或非门的逻辑符号如图 6-21 所示。图中两种符号都可以表示或非门。

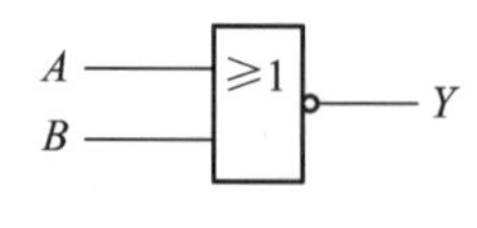

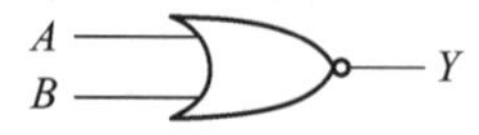

图 6-21　或非门的逻辑符号

从或非门逻辑真值表中能观察出或非门的运算规则:有1出0,全0出1。

3. 与或非门

与或非逻辑是把与逻辑、或逻辑和非逻辑组合起来实现的。先进行与逻辑运算,再把与逻辑运算的结果进行或逻辑运算,最后进行非逻辑运算。与或非逻辑的真值表(以四变量为例)如表6-13所示。

表6-13 与或非门逻辑真值表

A	B	C	D	Y
0	0	0	0	1
0	0	0	1	1
0	0	1	0	1
0	0	1	1	0
0	1	0	0	1
0	1	0	1	1
0	1	1	0	1
0	1	1	1	0
1	0	0	0	1
1	0	0	1	1
1	0	1	0	1
1	0	1	1	0
1	1	0	0	0
1	1	0	1	0
1	1	1	0	0
1	1	1	1	0

与或非门的逻辑函数表达式为: $Y=\overline{AB+CD}$

与或非门的逻辑符号如图6-22所示。

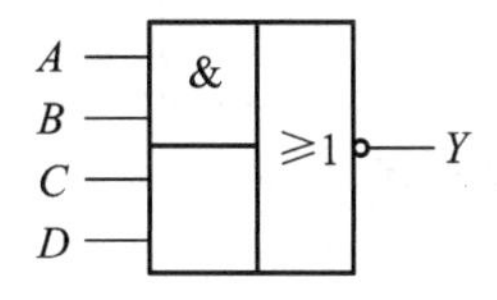

图6-22 与或非门的逻辑符号

4. 异或门

异或逻辑的逻辑关系是:当A、B两个变量取值不相同时,输出Y为1;而A、B两个变量取值相同时,输出Y为0。异或逻辑的真值表如表6-14所示。

表 6-14 异或门逻辑真值表

A	B	Y
0	0	0
0	1	1
1	0	1
1	1	0

异或门的逻辑函数表达式为：　　　$Y=A\oplus B$

异或门的逻辑符号如图 6-23 所示。

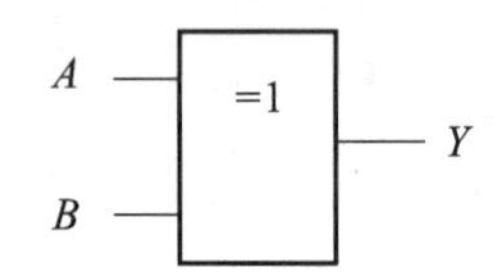

图 6-23 异或门的逻辑符号

从异或门逻辑真值表中能观察出异或门的运算规则：相同出 0，相反出 1。

5. 同或门

同或逻辑的逻辑关系是：当 A、B 两个变量取值相同时，输出 Y 为 1；而 A、B 两个变量取值不相同时，输出 Y 为 0。同或逻辑的真值表如表 6-15 所示。

表 6-15 同或门逻辑真值表

A	B	Y
0	0	1
0	1	0
1	0	0
1	1	1

同或门的逻辑函数表达式为：　　　$Y=A\odot B$

同或门的逻辑符号如图 6-24 所示。

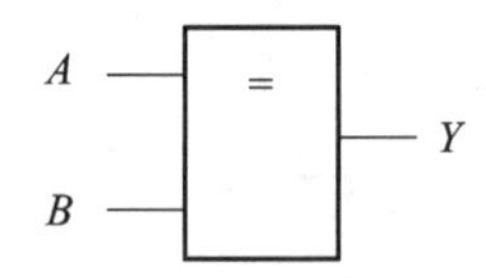

图 6-24 同或门的逻辑符号

从同或门逻辑真值表中能观察出同或门的运算规则：相同出 1，相反出 0。

四、逻辑函数的基本规则

逻辑函数的化简能够节省元器件，优化生产工艺，降低生产成本，提高系统的可靠性，提高产品的市场竞争力。逻辑函数的化简方法主要有代数法和图形法两种。代数法主要是利用公式定律进行化简，图形法主要是利用卡诺图进行化简。逻辑函数的基本公式如表 6-16 所示。

表 6-16　逻辑函数的基本公式

序号	公式	序号	公式
1	$0 \cdot A=0$	10	$1+A=1$
2	$1 \cdot A=A$	11	$0+A=A$
3	$\overline{A}+A=1$	12	$A \cdot \overline{A}=0$
4	$A \cdot A=A$	13	$A+A=A$
5	$A \cdot B=B \cdot A$	14	$A+B=B+A$
6	$A \cdot (B \cdot C)=(A \cdot B) \cdot C$	15	$A+(B+C)=(A+B)+C$
7	$A \cdot (B+C)=A \cdot B+A \cdot C$	16	$A+BC=(A+B)(A+C)$
8	$\overline{AB}=\overline{A}+\overline{B}$	17	$\overline{A+B}=\overline{A}\,\overline{B}$
9	$A+\overline{A}B=A+B$	18	$AB+\overline{A}C+BC=AB+\overline{A}C$

逻辑代数中有三个基本规则，充分应用这些规则，不仅可以扩大公式的应用范围，还可以减少一些公式的证明。

1. 代入规则

对于任意一个含有变量 A 的等式，若将所有出现 A 的位置都用另一个逻辑等式代替，则该等式仍然成立，这个规则称为代入规则。应用代入规则，可以扩大基本公式和常用公式的使用范围。

因为变量 A 只有“0”和“1”两种取值，将 $A=0$ 和 $A=1$ 代入等式，等式一定成立。任意一个逻辑等式也和逻辑变量一样，只有“0”和“1”两种取值，因此用它取代等式中的 A 时，等式自然会成立。因此，代入规则不需要证明，即可以认为是正确的。

2. 反演规则

对于任意一个逻辑函数表达式 Y，如果将式中所有的“·”换成“+”，“+”换成“·”；“0”换成“1”，“1”换成“0”；“原变量”换成“反变量”，“反变量”换成“原变量”，就可以得到原逻辑函数表达式 Y 的“非”，即 $\overline{Y}$，这个规则称为反演规则。

反演规则用于求一个已知逻辑函数表达式的“非”，即已知 Y 求 $\overline{Y}$。

应用反演规则时应该注意以下两点：

(1) 反演运算前后，函数表达式中运算的优先顺序(先“与”后“或”)应该保持不变；

(2) 不属于单个变量上的“非”号应该保持不变。

例 6-7　已知逻辑函数表达式 $Y=\overline{A}+CD$，求 $\overline{Y}$。

解：根据反演规则直接可以写出：

$$\overline{Y}=A \cdot (\overline{C}+\overline{D})$$

> **注意：**
> 为了保证运算前后的优先顺序不变，可以在适当的地方加括号。

例 6-8　已知 $Y=\overline{0+\overline{\overline{A}B}}$，求 $\overline{Y}$。

解:根据反演规则直接可以写出:

$$\overline{Y}=\overline{1\cdot\overline{A+\overline{B}}}$$

3. 对偶规则

对于任意一个逻辑函数表达式 Y,如果把 Y 中的所有的"·"换成"+","+"换成"·";"0"换成"1","1"换成"0",就可以得到一个新的逻辑表达式 Y'。Y' 与 Y 互为对偶式,Y' 称为函数 Y 的对偶函数。当某个逻辑恒等式成立时,它的对偶式也成立,这个规则称为对偶规则。应用对偶规则可以减少公式的证明。

例 6-9 已知 $Y=\overline{A}B+\overline{C}D$,求 Y'。

解:根据对偶规则直接可以写出:

$$Y'=(\overline{A}+B)(\overline{C}+D)$$

例 6-10 已知 $Y=\overline{A}B+\overline{C+\overline{D+E}}$,求 Y'。

解:根据对偶规则直接可以写出:

$$Y'=(\overline{A}+B)\cdot\overline{C\cdot\overline{D\cdot E}}$$

应用对偶规则时应该注意以下三点:

(1) 必须按照逻辑运算的优先顺序进行,即先括号,接着与,然后或,最后非,否则容易出错;

(2) 运算顺序不变;

(3) 一个非号下有多个变量,该非号保持不变。

任务 2 逻辑函数及其表示方法

一、逻辑函数的概念

如果将逻辑变量作为输入,将运算结果作为输出,那么在输入变量的取值确定之后,输出的值便被唯一地确定下来。这种输出与输入之间的关系就称为逻辑函数关系,简称为逻辑函数,用公式表示为 $Y=F(A,B,C,D,\cdots)$。这里的 $A,B,C,D,\cdots$ 为逻辑变量,Y 为逻辑函数,F 为某种对应的逻辑关系。

任何一个逻辑函数都可以有真值表、逻辑函数表达式、逻辑图、卡诺图和波形图五种表示方法。它们各有特点,可以相互转换。

1. 真值表

真值表是一个表格,是表示逻辑函数的一种方法。真值表分两大部分,一部分列出所有输入变量的取值的组合,另一部分是在各种输入变量取值组合下对应的函数的取值。对于一个确定的逻辑函数,它的真值表是唯一的。

作真值表的具体方法是:将输入变量所有的取值组合列在表的左边,分别求出对应的输出的值(即函数值),填在对应的位置上就可以得到该逻辑关系的真值表。

用真值表表示逻辑函数的优点有以下两个:

(1) 可以直观、明了地反映出函数值与变量取值之间的对应关系;

（2）由实际问题抽象出真值表比较容易。

用真值表表示逻辑函数的缺点有以下两个：

（1）由于一个变量有两种取值，两个变量有 $2^2=4$ 种取值组合，n 个变量有 2^n 种取值组合，因此变量多时真值表很庞大，一般情况下多于四个变量时不用真值表表示逻辑函数；

（2）不能直接用于化简。

例 6-11 已知 $A=B=0$，或者 $C=D=1$ 时，函数 $Y=0$，否则 $Y=1$，列出对应的真值表。

解：根据题意列出真值表如表 6-17 所示。

表 6-17 例 6-11 真值表

A	B	C	D	Y
0	0	0	0	0
0	0	0	1	0
0	0	1	0	0
0	0	1	1	0
0	1	0	0	1
0	1	0	1	1
0	1	1	0	1
0	1	1	1	0
1	0	0	0	1
1	0	0	1	1
1	0	1	0	1
1	0	1	1	0
1	1	0	0	1
1	1	0	1	1
1	1	1	0	1
1	1	1	1	0

2. 逻辑函数表达式表示法

逻辑函数表达式是将逻辑变量用与、或、非等运算符号按一定规则组合起来表示逻辑函数的一种方法。它是逻辑变量与运算结果之间逻辑关系的表达式，简称为表达式。例如，前面讲的三种基本逻辑关系的表达式就是逻辑函数表达式。

逻辑函数表达式表示法的优点有以下三个：

（1）简单，容易记忆；

（2）不受变量个数的限制；

（3）可以直接用公式法化简逻辑函数。

逻辑函数表达式表示法的缺点是：不能直观地反映出输出函数与输入变量之间的一一对应的逻辑关系。

例 6-12 分析逻辑函数表达式 $Y=AB\overline{C}+DEF$ 中各变量的关系。

解:在本例中,每一项中变量之间为逻辑乘,所以每一项称为一个乘积项;而该表达式两项之间为或的逻辑关系,所以该表达式称为与或表达式。

3. 逻辑图

由表示逻辑运算的逻辑符号所构成的电路原理图称为逻辑图。它的基本绘图规则是:输入变量在左,输出变量在右,根据逻辑函数表达式,从输入开始,按运算顺序用逻辑符号表示出从输入到输出的运算过程。

用逻辑图表示逻辑函数的优点是:最接近工程实际,图中每一个逻辑符号通常都有相应的门电路与之对应。

用逻辑图表示逻辑函数的缺点有以下两个:

(1) 不能用于化简;

(2) 不能直观地反映出输出值与输入变量之间的对应关系。

每一种表示方法都有其优点和缺点。表示逻辑函数时应该视具体情况而定,要扬长避短。

例 6-13 已知 $Y=AB+CD$,试画出逻辑图。

解:根据逻辑函数表达式,结合基本门电路结构,画出逻辑图如图 6-25 所示。

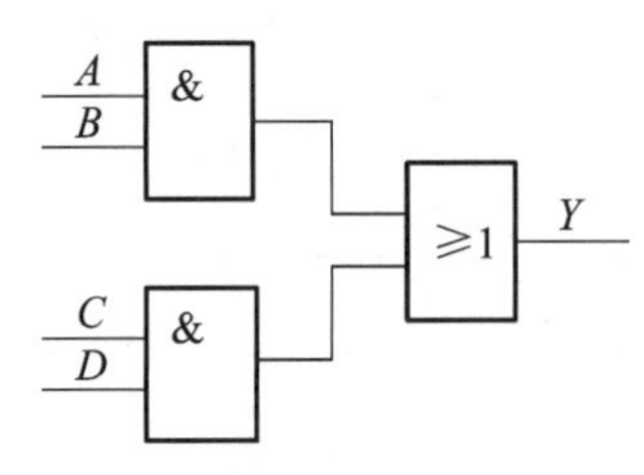

图 6-25 例 6-13 逻辑图

4. 卡诺图

真值表的另一种特定图示形式被称为卡诺图。它是将真值表按一定的规则画出的一种方格图。它用小方格来表示真值表中每一行变量的取值情况和对应的函数值,同时也能反映所有变量取值下函数的对应值,并能直接进行函数化简。

5. 波形图

波形图是指能反映输入、输出变量随时间变化的图形,也称时序图。波形图能直观地显示输入变量和输出值之间随时间变化的规律。可以根据真值表对应画出波形图,也可以根据表达式计算画出波形图。

二、逻辑函数表示方法之间的转换

1. 由真值表写出逻辑函数表达式

由真值表写逻辑函数表达式的一般方法如下。

(1) 找出使逻辑函数 $Y=1$ 的行,每一行用一个乘积项表示。其中,输入变量取值为“1”时用原变量表示,输入变量取值为“0”时用反变量表示。

(2) 将所有的乘积项做或逻辑运算,即可以得到逻辑函数表达式。

例 6-14 已知真值表如表 6-18 所示，写出逻辑函数表达式。

表 6-18 例 6-14 真值表

A	B	C	Y
0	0	0	0
0	0	1	0
0	1	0	0
0	1	1	0
1	0	0	1
1	0	1	1
1	1	0	1
1	1	1	0

解：由真值表写逻辑函数表达式的方法是将真值表中 Y 为 1 对应的输入变量用一个乘积项表示，输入变量取值为“1”时用原变量写出，输入变量取值为“0”时用反变量写出，将这些乘积项进行或逻辑运算，就能得到逻辑函数表达式。

$$Y=A\overline{B}\,\overline{C}+A\overline{B}C+AB\overline{C}$$

2. 由逻辑函数表达式列出真值表

真值表输入变量的取值组合是固定的，把真值表中输入变量的每一种取值组合代入逻辑函数表达式中，求出函数值，填在对应的位置上，列成表格即得到该逻辑函数的真值表。

例 6-15 已知 $Y=AB+\overline{A}C$，求真值表。

解：该逻辑函数由三个变量组成，所以用三个变量的真值表。三个变量有 $2^3=8$ 种变量取值组合，分别代入逻辑函数表达式中求出函数值，并填在对应的位置上，可以得到如表 6-19 所示的真值表。

表 6-19 例 6-15 真值表

A	B	C	Y
0	0	0	0
0	0	1	1
0	1	0	0
0	1	1	1
1	0	0	0
1	0	1	0
1	1	0	1
1	1	1	1

3. 由逻辑函数表达式画出逻辑图

把逻辑函数表达式中的每一种逻辑关系用相对应的逻辑符号表示出来，即可以得到该逻辑函数的逻辑图。

例 6-16 已知 $Y=A\overline{B}+\overline{A}B$，画出逻辑图。

解：由表达式可以知道，把$\overline{A}$、$\overline{B}$分别用非的逻辑符号表示，然后把 A 和$\overline{B}$、$\overline{A}$和 B 分别用与的逻辑符号表示，最后用或的逻辑符号表示 $A\overline{B}$和$\overline{A}B$ 的或运算，得到如图 6-26 所示的逻辑图。

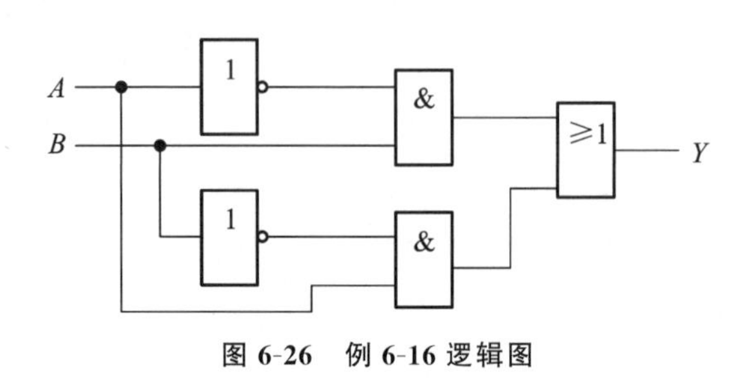

图 6-26 例 6-16 逻辑图

4.由逻辑图写出逻辑函数表达式

由逻辑图写逻辑函数表达式是从输入端到输出端逐级写出每一个逻辑符号所对应的逻辑函数表达式。

例 6-17 逻辑图如图 6-27 所示，写出该逻辑函数的表达式。

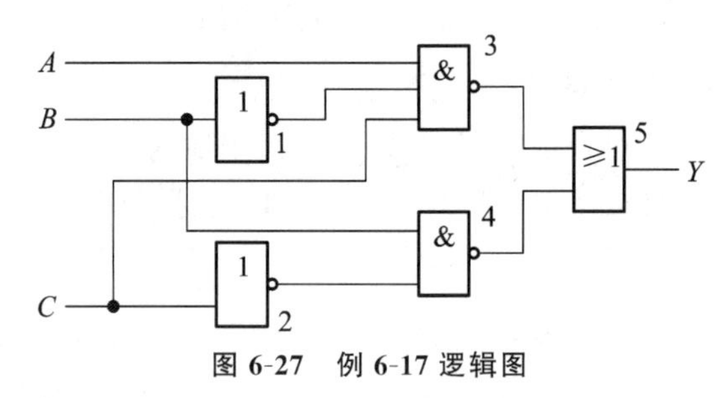

图 6-27 例 6-17 逻辑图

解：从输入端开始，逐个写出。设门 1 的输出为Y_1，则$Y_1=\overline{B}$；门 2 的输出为Y_2，则$Y_2=\overline{C}$；门 3 的输出为Y_3，则$Y_3=\overline{A\overline{B}C}$；门 4 的输出为 Y_4，则$Y_4=\overline{B\overline{C}}$；门 5 的输出为$Y_5$，则：

$$Y_5=Y_3+Y_4=\overline{A\overline{B}C}+\overline{B\overline{C}}$$

5. 由真值表得出逻辑图

方法：真值表→表达式(化简)→逻辑图。

6. 由逻辑图得出真值表

方法：逻辑图→表达式(化简)→真值表。

数字电路的分析和设计问题，本质上就是由真值表到逻辑图和由逻辑图到真值表的转换问题。

例 6-18 已知函数逻辑表达式为 $Y=AB+BC+AC$，试画出逻辑图，列出真值表。

解：根据逻辑函数表达式，画出逻辑图如图 6-28 所示。

该逻辑函数由三个变量组成，所以用三个变量的真值表。三个变量有 $2^3=8$ 种变量取值组合，分别代入逻辑函数表达式中求出函数值，并填在对应的位置上，可以得到如表 6-20 所示的真值表。

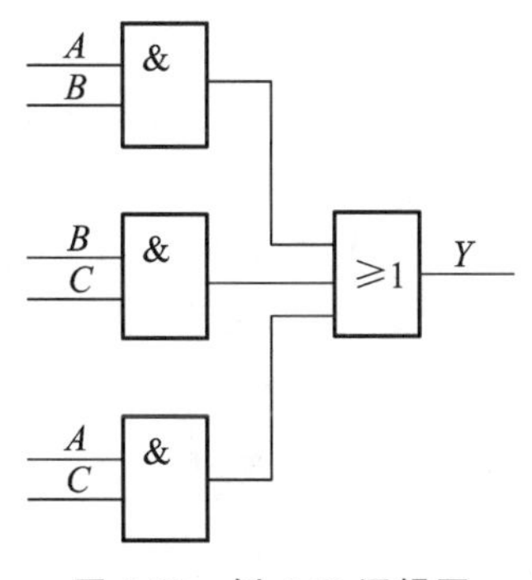

图 6-28　例 6-18 逻辑图

表 6-20　例 6-18 真值表

A	B	C	Y
0	0	0	0
0	0	1	0
0	1	0	0
0	1	1	1
1	0	0	0
1	0	1	1
1	1	0	1
1	1	1	1

任务3　逻辑函数的化简

关于逻辑函数的化简，我们必须先了解逻辑函数最小项的含义及其性质。如果一个函数的某个乘积项包含了函数的全部变量，其中每个变量都以原变量或反变量的形式出现，且仅出现一次，则这个乘积项被称为该函数的一个标准积项，这样的乘积项被称为最小项。

一般情况下，用符号 m_i 来表示最小项。下标 i 的确定方法是：把最小项中的原变量记为1、反变量记为0，在变量顺序确定后，可以按顺序排列成一个二进制数，则与这个二进制数相对应的十进制数就是这个最小项的下标 i。两变量的全部最小项真值表如表 6-21 所示。

表 6-21　两变量最小项真值表

A　B	m_0	m_1	m_2	m_3
0　0	1	0	0	0
0　1	0	1	0	0
1　0	0	0	1	0
1　1	0	0	0	1

从表 6-21 可以看出：任意一个最小项，只有一组变量取值使其值为 1；任意两个不同的最小项，乘积为 0；全部最小项的和为 1。

一、逻辑函数的公式化简法

同一个逻辑函数可以有多个不同的表达式，即逻辑函数的表达式不是唯一的。例如，$Y_1=BC+AB+BC$，$Y_2=BC$ 这两个表达式表示的就是同一个逻辑函数。可以看出，第一个表达式比较复杂，第二个表达式比较简单。如果用具体的门电路实现，第一个表达式需要用三个与门和两个或门实现；第二个表达式只需要用一个与门实现。由此可见，表达式越简单，实现起来所用的元器件越少，连线越少，工作越可靠，电路的成本越低。第二个表达式就是将第一个表达式化简得到的。因此，为了得到最简单的逻辑电路，就需要对逻辑函数表达式进行化简。这是使用小规模集成电路（如门电路）设计组合逻辑电路所必需的步骤之一。

（1）一个逻辑函数的表达式可以有以下 5 种表示形式。

① 与或表达式：$Y=\overline{A}B+AC$。

② 或与表达式：$Y=(A+B)(\overline{A}+C)$。

③ 与非-与非表达式：$Y=\overline{\overline{\overline{A}B}\cdot\overline{AC}}$。

④ 或非-或非表达式：$Y=\overline{\overline{A+B}+\overline{\overline{A}+C}}$。

⑤ 与或非表达式：$Y=\overline{\overline{A}\,\overline{B}+A\overline{C}}$。

（2）最简与或表达式应该同时满足以下两点要求：

① 乘积项的个数最少；

② 在乘积项的个数最少的前提下，每一个乘积项中变量的个数最少。

任意一个逻辑函数都可以表示成唯一的一组最小项之和（称为标准与或表达式）。

（3）最简或与表达式。

最简或与表达式的特点是：括号最少，并且每个括号内相加的变量也最少。

（4）最简与非-与非表达式。

最简与非-与非表达式的特点是：非号最少，并且每个非号下面乘积项中的变量也最少。

（5）最简或非-或非表达式。

最简或非-或非表达式的特点是：非号最少，并且每个非号下面相加的变量也最少。

（6）最简与或非表达式。

最简与或非表达式的特点是：非号下面相加的乘积项最少，并且每个乘积项中相乘的变量也最少。

（7）由真值表写最小项表达式。

某一函数的真值表如表 6-22 所示，试写出该函数的最小项表达式。

表 6-22 真值表

A	B	C	Y	最小项
0	0	0	0	m_0
0	0	1	1	m_1

续表

A	B	C	Y	最小项
0	1	0	1	m_2
0	1	1	0	m_3
1	0	0	0	m_4
1	0	1	1	m_5
1	1	0	0	m_6
1	1	1	1	m_7

最小项表达式为：

$$Y=m_1+m_2+m_5+m_7=\overline{A}\,\overline{B}C+\overline{A}B\overline{C}+A\overline{B}C+ABC$$

利用基本公式和常用公式，消去逻辑函数表达式中多余的乘积项和多余的变量，就可以得到最简单的与或表达式，这个过程称为逻辑函数的公式化简。公式化简法没有固定的步骤。运用公式化简法，不仅要求能熟练、灵活地运用基本公式和常用公式，而且还要求有一定的运算技巧。这里归纳的仅仅是几种常用的方法。

1. 合并项法

利用公式 $AB+A\overline{B}=A$ 把两项合并成一项，在合并的过程中消去一个取值互补的变量。

例 6-19 化简逻辑函数$Y_1=\overline{A}BC+\overline{A}B\overline{C}$；$Y_2=\overline{A}B\overline{C}+A\overline{C}+\overline{BC}$。

解：

$$Y_1=\overline{A}BC+\overline{A}B\overline{C}=\overline{A}B$$

$$Y_2=\overline{A}B\overline{C}+A\overline{C}+\overline{B}\,\overline{C}=\overline{A}B\overline{C}+(A+\overline{B})\cdot\overline{C}=\overline{A}B\overline{C}+\overline{\overline{A}B}\cdot\overline{C}=\overline{C}$$

2. 吸收法

利用公式 $A+AB=A$ 消去多余的乘积项。

例 6-20 化简逻辑函数$Y_1=\overline{B}C+A\overline{B}CD$。

解：

$$Y_1=\overline{B}C+A\overline{B}CD=\overline{B}C$$

3. 消变量法

利用公式 $A+\overline{A}B=A+B$ 消去乘积项中多余的变量。

例 6-21 化简逻辑函数 $Y=\overline{A}B+A\overline{C}+\overline{B}\,\overline{C}$。

解：

$$Y=\overline{A}B+A\overline{C}+\overline{B}\,\overline{C}=\overline{A}B+(A+\overline{B})\cdot\overline{C}=\overline{A}B+\overline{\overline{A}B}\,\overline{C}=\overline{A}B+\overline{C}$$

4. 配项法

利用公式 $A+\overline{A}=1$，在适当的项中乘 1，拆成两项后分别与其他项合并进行化简；利用 $A+A=A$ 在表达式中重复写入某一项，然后同其他项合并进行化简。

例 6-22 化简逻辑函数 $Y=A\overline{B}+\overline{A}B+B\overline{C}+\overline{B}C$。

解：

$$\begin{aligned}Y&=A\overline{B}+\overline{A}B+B\overline{C}+\overline{B}C\\&=A\overline{B}+\overline{A}B(C+\overline{C})+B\overline{C}+(A+\overline{A})\overline{B}C\\&=A\overline{B}+\overline{A}BC+\overline{A}B\overline{C}+B\overline{C}+A\overline{B}C+\overline{A}\,\overline{B}C\\&=(A\overline{B}+A\overline{B}C)+(B\overline{C}+\overline{A}B\overline{C})+(\overline{A}BC+\overline{A}\,\overline{B}C)\\&=A\overline{B}+B\overline{C}+\overline{A}C\end{aligned}$$

化简逻辑函数时往往需要综合应用以上各种方法，才能得到最简单的与或表达式。

例 6-23 化简逻辑函数 $Y=ABC\overline{D}+ABD+BC\overline{D}+ABC+BD+B\overline{C}$

解：

$$\begin{aligned} Y &= (ABC\overline{D}+ABC)+(ABD+BD)+BC\overline{D}+B\overline{C} \\ &=ABC+BD+BC\overline{D}+B\overline{C} \\ &=(ABC+B\overline{C})+(BD+BC\overline{D}) \\ &=AB+B\overline{C}+BD+BC \\ &=AB+(B\overline{C}+BC)+BD \\ &=AB+B+BD \\ &=B \end{aligned}$$

二、卡诺图化简逻辑函数

将逻辑函数真值表中的最小项重新排列成表格的矩阵形式，并使逻辑变量取值按照格雷码顺序排列，这种图被称作卡诺图。没有填逻辑函数值的卡诺图称为空白卡诺图。

n 变量具有 2^n 个最小项，我们把每一个最小项用一个小方格表示，把这些小方格按照一定的规则排列起来，组成的图形叫作 n 变量的卡诺图。两变量、三变量、四变量的空白卡诺图如图 6-29 所示。

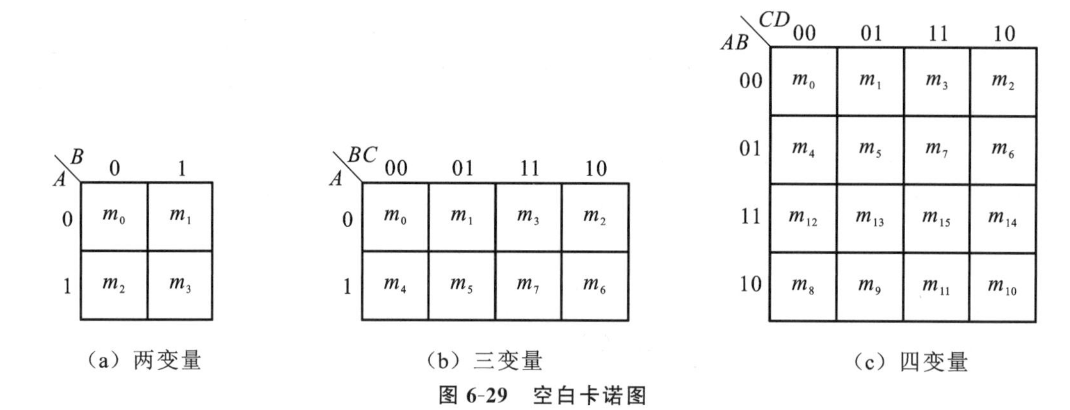

（a）两变量　（b）三变量　（c）四变量

图 6-29　空白卡诺图

任何逻辑函数都可以填到与之相对应的卡诺图中，从而得到逻辑函数的卡诺图。确定的逻辑函数的卡诺图也是唯一的。

1. 由真值表填卡诺图

由于卡诺图与真值表一一对应，即真值表的某一行对应着卡诺图的某一个小方格，因此如果真值表中某一行的函数值为“1”，卡诺图中对应的小方格填“1”；如果真值表某一行的函数值为“0”，卡诺图中对应的小方格填“0”，即可以得到逻辑函数的卡诺图。

例 6-24 已知逻辑函数 $Y=\overline{A}\,\overline{B}\,\overline{C}+AB+\overline{A}BC$，画出表示该逻辑函数的卡诺图。

解：先写出逻辑函数的真值表如表 6-23 所示。

表 6-23　例 6-24 真值表

A　B　C	Y
0　0　0	1
0　0　1	0

续表

$A\quad B\quad C$	Y
0　1　0	0
0　1　1	1
1　0　0	0
1　0　1	0
1　1　0	1
1　1　1	1

根据表 6-23 所显示的数据，将对应编号填写在卡诺图里，如图 6-30 所示。

A \ BC	00	01	11	10
0	1	0	1	0
1	0	0	1	1

图 6-30　例 6-24 卡诺图

如果已知逻辑函数的卡诺图，也可以写出该逻辑函数的表达式。具体方法与由真值表写表达式的方法相同，即把逻辑函数值为“1”的那些小方格代表的最小项写出，然后做或逻辑运算，就可以得到与之对应的逻辑函数表达式。

由于卡诺图与真值表一一对应，因此用卡诺图表示逻辑函数不仅具有用真值表表示逻辑函数的优点，而且还可以直接用来化简逻辑函数。但是变量多时使用起来麻烦，所以超过四变量时一般不用卡诺图表示。

2. 卡诺图化简逻辑函数

(1) 化简的依据：基本公式 $A+\overline{A}=1$；常用公式 $AB+A\overline{B}=A$；因为卡诺图中最小项的排列符合相邻性规则，因此可以直接在卡诺图上合并最小项，达到化简逻辑函数的目的。

(2) 合并最小项的规则。

① 如果相邻的两个小方格同时为“1”，可以合并一个两格组，合并后可以消去一个取值互补的变量，留下的是取值不变的变量。相邻的情况举例如图 6-31 所示。

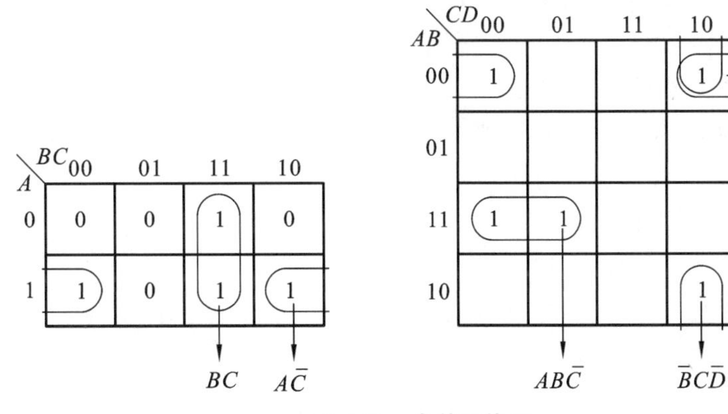

图 6-31　合并两格组

② 如果相邻的四个小方格同时为“1”，可以合并一个四格组，合并后可以消去两个取值互补的变量，留下的是取值不变的变量。相邻的情况举例如图 6-32 所示。

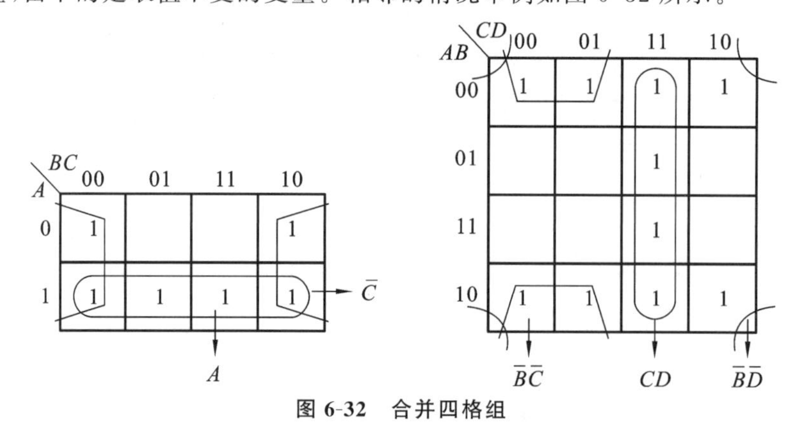

图 6-32 合并四格组

③ 如果相邻的八个小方格同时为“1”，可以合并一个八格组，合并后可以消去三个取值互补的变量，留下的是取值不变的变量。相邻的情况举例如图 6-33 所示。

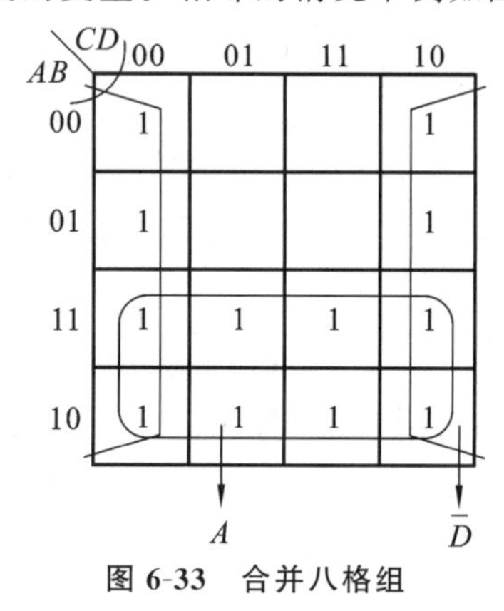

图 6-33 合并八格组

(3) 画圈的原则如下：

① 所有的“1”都要被圈到；

② 圈要尽可能大；

③ 圈的个数要尽可能少。

(4) 用卡诺图化简逻辑函数的步骤如下：

① 根据给定的逻辑函数表达式填写卡诺图；

② 找出可以合并的最小项(画圈，一个圈代表一个乘积项)；

③ 写出合并后的乘积项，并写成与或表达式。

(5) 化简逻辑函数时应该注意的问题如下：

① 合并最小项的个数只能为 2^n ($n=0,1,2,3$)个；

② 如果卡诺图中填满了“1”，则 $Y=1$；

③ 函数值为“1”的格可以重复使用，但是每一个圈中至少有一个“1”未被其他的圈使用过，否则得出的不是最简单的表达式。

例 6-25 用卡诺图化简逻辑函数 $Y=A\bar{B}+AC+BC+AB$。

解：首先画出逻辑函数 Y 的卡诺图，如图 6-34 所示。由图 6-34 可以看出，可以合并一个四格组和一个两格组。

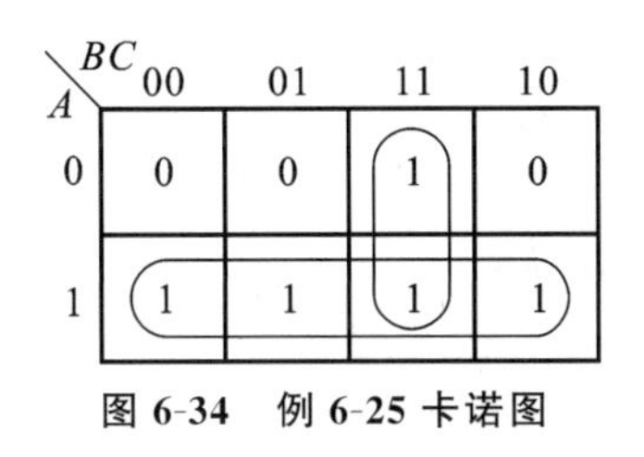

图 6-34 例 6-25 卡诺图

根据图 6-34 写出最简表达式为：

$$Y=A+BC$$

例 6-26 化简逻辑函数 $Y(A,B,C,D)=\sum m(0,2,4,7,8,9,10,11)$。

解：题目中的表达式采用的是逻辑函数的最小项表示法，表达式中出现的最小项对应的小方格填“1”，其余的小方格填“0”，得到逻辑函数的卡诺图如图 6-35 所示。合并两个四格组、一个两格组和一个孤立的“1”。

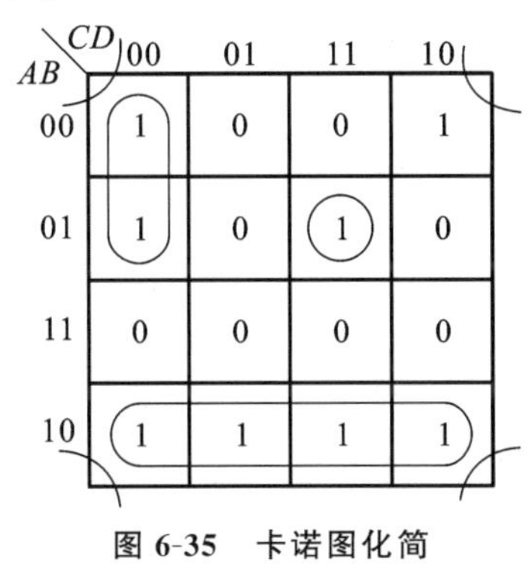

图 6-35 卡诺图化简

根据图 6-35 写出最简表达式为：

$$Y=\overline{B}\,\overline{D}+A\overline{B}+\overline{A}\,\overline{C}\,\overline{D}+\overline{A}BCD$$

用卡诺图化简逻辑函数，只要按照规则去做，一定能够得到最简单的表达式，但是受变量个数的限制。

用公式法化简逻辑函数，不受变量个数的限制，但是试探性较强，有时不能判断是否化简到了最简。

在实际化简的过程中可以使用一种化简方法，也可以把二者结合起来使用。

任务4 逻辑门电路

门电路包括由分立元件构成的门电路和集成的门电路。分立元件门电路结构简单，但性能较差，目前多用作集成门电路内部的逻辑单元。集成门电路种类比较多，功能比分立元件门电路强，使用方便，应用广泛。

一、分立元件门电路

1. 与门

由二极管组成的与门电路如图 6-36 所示。

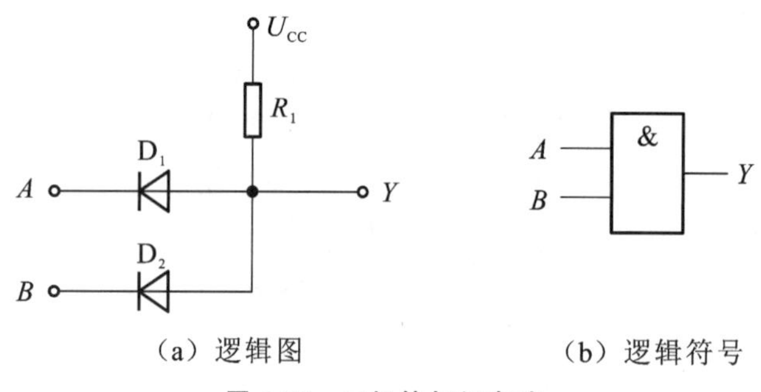

（a）逻辑图　　（b）逻辑符号

图 6-36　二极管与门电路

图 6-36(a)中，A、B 为两个输入端，Y 为输出端，R_1 为限流电阻。设 D_1、D_2 为理想二极管。当输入端有低电平输入时，D_1、D_2 至少有一个是导通的，所以 Y 输出低电平；当输入端都为高电平时，Y 输出高电平。输出与输入之间的关系为：有 0 出 0，全 1 出 1。

2. 或门

由二极管组成的或门电路如图 6-37 所示。

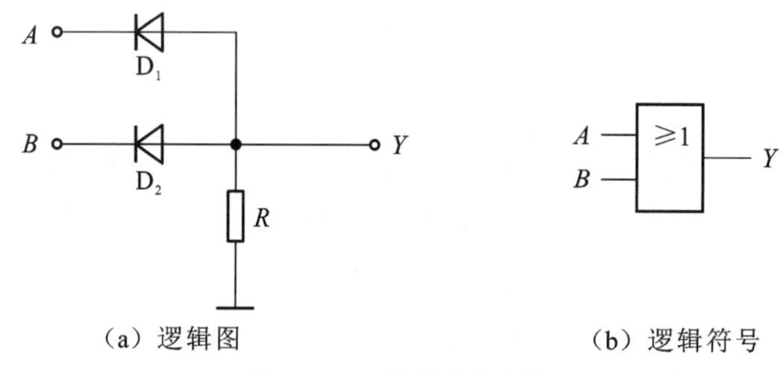

（a）逻辑图　　（b）逻辑符号

图 6-37　二极管或门电路

图 6-37(a)中，A、B 为两个输入端，Y 为输出端，R 为限流电阻。设 D_1、D_2 为理想二极管。当输入端有高电平输入时，D_1、D_2 至少有一个是导通的，所以 Y 输出高电平。当输入端都为低电平时，Y 输出低电平。输出与输入之间的关系为：有 1 出 1，全 0 出 0。

3. 三极管非门

三极管非门电路如图 6-38 所示。

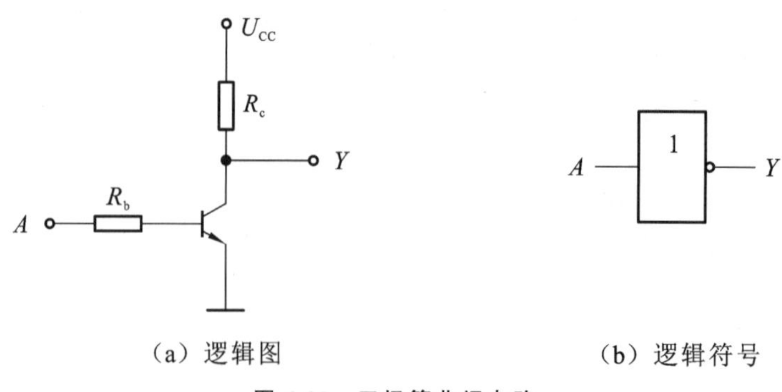

（a）逻辑图　　（b）逻辑符号

图 6-38　三极管非门电路

图 6-38(a)只有一个输入端 A、一个输出端 Y。当输入高电平时，三极管导通，输出低电

平;当输入低电平时,三极管截止,输出高电平。输出与输入之间的关系为:是 1 出 0,是 0 出 1。图 6-38(a)完成的是非的逻辑关系,逻辑函数表达式为 $Y=\overline{A}$。

二、TTL 集成逻辑门电路

集成门电路是将逻辑电路的元件和连线都制作在一块半导体基片上,然后封装起来。集成门电路若内部输入、输出级都采用晶体三极管,则称为晶体管-晶体管逻辑(transistor-transistor logic,TTL)电路。它具有开关速度较高、带负载能力较强的优点,但功耗大、线路较复杂,集成度受到一定的限制,广泛应用于中小规模逻辑电路中。

1. 命名

我国生产的 TTL 电路型号与国际 TTL 电路系列完全一致,共分为五个部分。以 CT74LS20CJ 为例,每一部分代表的含义如下。

(1)“CT”表示 Chinese TTL,指为中国生产的 TTL 电路。

(2)“74LS”表示国际代号。

(3)“20”表示逻辑功能,通常用数字表示。

(4)“C”表示工作温度。它表示的范围是 0~70 ℃。

(5)“J”表示封装形式。还有其他一些字母,如“B”表示塑料扁平,“D”表示陶瓷双列直插,“J”表示黑陶瓷双列直插,“F”表示全封闭扁平。

2. 性能指标

TTL 数字集成电路的工作电源通常为 5 V,正常情况下,电源电压波动不超过±10%。根据对电压传输特性的分析,我们可以确定 TTL 与非门逻辑电平如下。

(1) 高电平:$U_{OH}\geqslant 2.4$ V。

(2) 低电平:$U_{OL}\leqslant 0.4$ V。

(3) 最大输入低电平:$U_{IL}\leqslant 0.8$ V。

(4) 最小输入高电平:$U_{IH}\geqslant 1.8$ V。

3. 工作速度

逻辑门输出由低电平上升到高电平的传输时间,用t_{pdH}表示;逻辑门输出由高电平下降到低电平的传输时间,用t_{pdL}表示。

4. 注意事项

(1) TTL 电路的电源均采用 5 V,电源电压波动范围不超过±10%,使用时不能将电源与地接错,否则会因为电流过大损坏元件。

(2) 电路的各输入端不能直接与高于+5.5 V 和低于-0.5 V 的低内阻电源连接,因为低内阻电源能提供较大的电流,会由于过热而损坏元件。

(3) 输出不允许与电源或地短路,否则可能造成器件损坏,但可以通过电阻与电源相连,提高输出高电平。

(4) 在电源接通时,不要移动或插入集成电路,因为电源的冲击可能会造成其永久损坏。

(5) 多余的输入端最好不要悬空。虽然悬空相当于高电平,并不影响与门的逻辑功能,但悬空容易受到干扰,有时会造成电路误动作,这在时序电路中表现得更明显。因此,多余的输入端一般不采用悬空的办法，而要根据需要处理。例如，与非门、与门多余的输入端可接到U_{CC}上，也可将不同的输入端共用一个公用电阻连接到U_{CC}上，或将多余的输入端与使用端短接。不用的或门和或非门输入端可以直接接地，也可以将多余的输入端与使用端直接短接。

项目实施

任务5 准备工作

首先阅读图纸，对所绘制的电路图有一个大致的认识，示例如图6-1所示。在E盘的Student文件夹下新建一个文件夹，并取名为“项目6”，用以存放后面新建的所有文件。新建一个项目文件和一个原理图文件，步骤详见项目1任务4。

文件新建好后，接着在元件库找到相应元件并正确放置到原理图中。该项目元件的名称如表6-24所示。

表6-24 七彩声控旋转LED灯电路中元件的名称

元件	名称	元件	名称
C1	CAP-ELEC	R1、R2、R3	RES
Q1	NPN	VU1	VUMETER
U1	4017	D1～D10	LED-YELLOW

放置好的元件如图6-39所示。

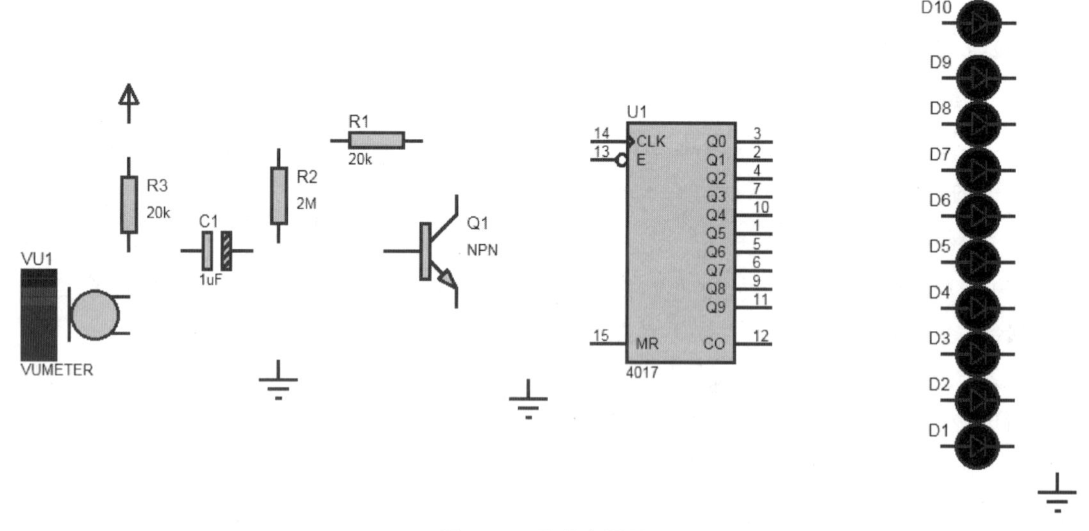

图6-39 元件布局图

元件放置好后，按照图6-1的设计，用导线将所有元件有序连接起来，最后进入调试阶段。

任务6　七彩声控旋转LED灯电路仿真调试

在上一步的基础上，我们进行最后的仿真调试工作，单击左下角的 ▶ 按钮，进行调试，如图6-40所示。

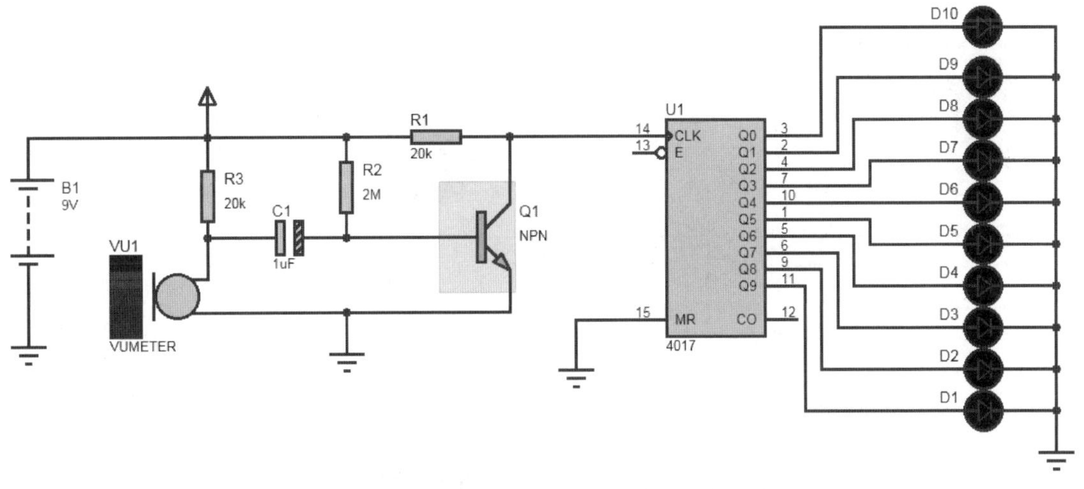

图6-40　七彩声控旋转LED灯电路仿真调试

单击仿真按钮后，对着麦克风说话，从MIC输入声音信号，我们能观察到LED灯会被随机点亮，说明电路调试正常。仿真电路调试成功后，可以将该电路制作成实物，具体要求参见本项目的“验收考核”。

任务7　七彩声控旋转LED灯电路制作

1. 制作准备

在制作电路之前，先按表6-25清点材料是否齐全。

表6-25　材料清单

代号	名称	实物	规格
R1	色环电阻		20 kΩ
R2			2 MΩ
R3			20 kΩ

续表

代号	名称	实物	规格
C1	电解电容		1 μF/50 V
VU1	驻极体		
Q1	三极管		9014
U1	芯片		4017
D1～D10	LED 灯		
B1	电池	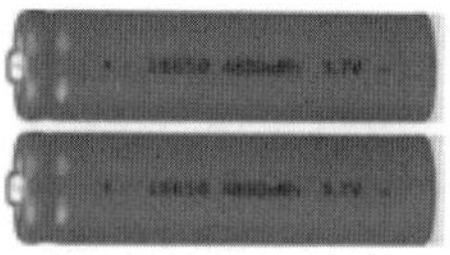	3 V
	万能板	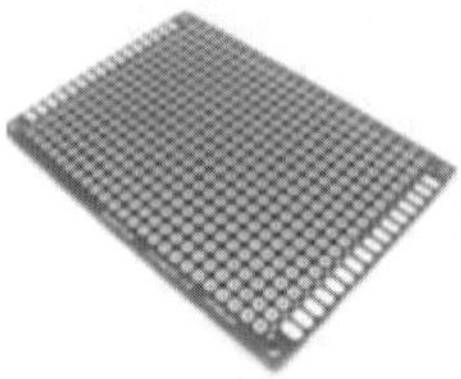	
	导线		

材料清点完成后，清理需要用到的工具，如表6-26所示。

表6-26 工具清单

工具名称	实物	工具名称	实物
电烙铁		烙铁架	
焊锡丝		助焊剂	
吸锡器		万用表	

2. 制作步骤

按照图6-1所示的布局，将元件按照由低到高的顺序依次固定在万能板上，大致步骤如下：①焊接电阻元件；②焊接芯片4017；③焊接三极管；④焊接驻极体；⑤焊接LED灯；⑥焊接电容；⑦焊接电源插座；⑧从电源插座引出VCC、GND。

然后利用导线正确进行连接。电路组装完成后，安装支承钢柱。

3. 比一比，赛一赛

电路制作完成后，我们可以通过小组互评进行评比，选出优秀的作品并进行展示。评比表如表6-27所示。

表6-27 作品评比表

评比项目	第一组	第二组	第三组	第四组	第五组	第六组
成功人数最多组						
板子最优秀组						
问题最少组						
文明规范组						

验收考核

任务完成后，以小组为单位进行自我检测并将结果填入表 6-28 中。

表 6-28 质量评价表

任务名称：______	小组成员：______		评价时间：______			
考核项目	考核要求	分值	评分标准	扣分	得分	备注
元器件整体布局	① 能够正确选择元器件 ② 能够按照原理图布置元器件 ③ 能够正确固定元器件	30	① 不按原理图固定元器件扣 5 分 ② 元器件安装不牢固、接点松动，每处扣 2 分 ③ 元器件安装不整齐、不均匀、不合理，每处扣 3 分 ④ 损坏元器件此项不得分			
元器件检测	① 能够检测电阻元件并读数 ② 能够检测电容元件并判断极性 ③ 能够检测二极管元件并判断极性 ④ 能够检测三极管引脚极性并正确安装	40	① 不能正确读取电阻元件读数扣 5 分 ② 不能正确读取电容元件读数扣 3 分 ③ 不能正确读取二极管元件读数扣 3 分 ④ 不能正确判断三极管引脚极性扣 5 分			
工艺规范	① 焊点饱满光滑 ② 不能出现虚焊、空焊 ③ 焊接线路美观	20	① 焊点出现尖角、瑕疵扣 3 分 ② 出现虚焊、空焊每处扣 2 分 ③ 线路不协调、不美观每处扣 3 分			
安全生产	自觉遵守安全文明生产规程	10	① 每违反一项规定，扣 3 分 ② 发生安全事故，0 分处理			
时间	1.5 小时		① 提前正确完成，每 5 分钟加 2 分 ② 超过规定时间，每 5 分钟扣 2 分			

开始时间		结束时间		实际时间	

项目总结

通过本项目的学习，学生应该掌握电阻元件的测量与读数、三极管的命名和引脚极性判断、电容元件的读数和正负极判断等；能够独立完成电路图的绘制并调试仿真；能使用万能板焊接成品并调试；撰写一份心得体会。

参考文献

[1] 王彰云，谢兰清.电子电路分析与制作[M].2版.北京：北京理工大学出版社，2019.
[2] [英]Keith Brindley.零基础学电子[M].黄宏，译.北京：人民邮电出版社，2015.
[3] 管小明，黎军华，王怀平，等.电子技能实训导论[M].北京：北京理工大学出版社，2016.